高职高专“十三五”规划教材

机械制造技术基础

● 赵显日　主编 ● 武海滨　主审

JIXIE ZHIZAO JISHU JICHU

化学工业出版社
·北京·

本书主要内容包括金属切削基本知识、金属切削加工方法、工件的装夹、机械加工工艺规程设计、机械加工质量及其控制、机械装配工艺基础等。全书内容精炼、重点突出，理论知识和实践有机结合，并根据易教易学的原则编写。

本书适合作为高等职业院校机电一体化、机械制造与自动化、数控技术、模具设计与制造等机械类专业和近机类专业的教学用书，也可供有关工程技术人员参考。

图书在版编目（CIP）数据

机械制造技术基础/赵显日主编. —北京：化学工业出版社，2018.5

高职高专“十三五”规划教材

ISBN 978-7-122-31851-0

Ⅰ.①机… Ⅱ.①赵… Ⅲ.①机械制造工艺-高等职业教育-教材 Ⅳ.①TH16

中国版本图书馆 CIP 数据核字（2018）第 061619 号

责任编辑：高　钰　　　　文字编辑：陈　喆

责任校对：王素芹　　　　装帧设计：刘丽华

出版发行：化学工业出版社（北京市东城区青年湖南街 13 号　邮政编码 100011）

印　　装：北京市白帆印务有限公司

787mm×1092mm　1/16　印张 11¼　字数 272 千字　2018 年 7 月北京第 1 版第 1 次印刷

购书咨询：010-64518888（传真：010-64519686）　售后服务：010-64518899

网　　址：http://www.cip.com.cn

凡购买本书，如有缺损质量问题，本社销售中心负责调换。

定　　价：32.00 元

前言

制造业是国民经济的主体，是立国之本、兴国之器、强国之基。打造具有国际竞争力的制造业，是我国提升综合国力、保障国家安全、建设世界强国的必由之路。2015 年 3 月全国两会提出了“中国制造 2025”的宏大计划，作出全面提升中国制造业发展质量和水平的重大战略部署。其根本目标是通过努力，使中国迈入制造强国行列，为到 2045 年将中国建成具有全球引领和影响力的制造强国奠定坚实基础。

制造业的发展归根结底还是要靠一支结构合理、掌握现代先进技术和高技能技巧的专业人才队伍，因此当前和今后一段时期，为生产第一线培养高素质技术技能型人才已经成为高等职业教育的第一要务。

本书根据机械制造课程实践性强、综合性强、灵活性大的特点，在编写过程中，遵循理论知识少而精、够用为度的原则，强调面向生产实际、知识与技能有机结合，做到内容简明扼要，概念清晰，重点突出，深入浅出。各章附有知识目标、能力目标、能力训练，可帮助读者明确学习目标、检验学习效果。书中配有大量插图，便于学生理解。

机械制造是一门理论与生产实践紧密结合的课程，教学中应注重理论联系实际，根据教学内容特点，灵活采用理论教学、现场教学、实习实训等教学方式，提高学生的动手能力及分析和解决生产实际问题的能力。

本书主要内容包括金属切削基本知识、金属切削加工方法、工件的装夹、机械加工工艺规程设计、机械加工质量及其控制及机械装配工艺基础等。

本书的内容已制作成用于多媒体教学的 PPT 课件，并将免费提供给采用本书作为教材的院校使用。如有需要，请发电子邮件至 cipedu@163.com 获取，或登录 www.cipedu.com.cn 免费下载。

本书由赵显日担任主编，顾兰智、王亮、高占华担任副主编，参加编写的还有高思远、杨红义、赵永军、石勇。其中第 1 章、第 3 章、第 4 章由赵显日编写，第 2 章由顾兰智编写，第 5 章由高占华编写，第 6 章由王亮编写，高思远、杨红义、赵永军、石勇参与了部分章节的编写工作。赵显日负责全书统稿，武海滨担任主审并提出宝贵意见。

在本书编写过程中，编者参阅了有关文献资料，谨向原作者表示衷心的感谢。

由于编者水平有限，书中存在不足之处敬请广大读者批评指正。

编　者

2018 年 3 月

目录

第1章 金属切削基本知识 1

第2章 金属切削加工方法 28

金属切削基本知识

知识目标

① 掌握金属切削加工基本概念：切削运动，加工表面，切削用量，切削层参数。

② 掌握刀具切削部分的几何角度：刀具标注角度，刀具工作角度。

③ 熟悉金属切削过程中的物理现象及其基本规律：切削变形，切削力，切削热与切削温度，刀具磨损与刀具耐用度。

④ 掌握金属切削基本规律的应用：刀具材料及其选择，刀具角度的选择，切削用量的选择，切削液的选择。

⑤ 了解改善材料切削加工性能的措施。

能力目标

① 能对金属切削运动进行运动分析。

② 认识刀具标注角度，分析刀具工作角度，会刃磨刀具。

③ 会分析金属切削过程中的物理现象，并控制金属切削过程。

④ 会查阅机械加工工艺手册。

⑤ 能根据加工条件，选择刀具材料、刀具角度、切削用量以及切削液。

1.1 金属切削的基本概念

金属切削是机械加工中，利用刀具与工件之间的相对运动，从工件上切除多余金属，从而获得尺寸精度、形状精度、位置精度以及表面粗糙度等均满足图样技术要求的零件加工方法。

1.1.1 切削运动

金属切削加工时，为使刀具在工件上切除多余金属，刀具与工件之间要有相对运动，这一运动，称为切削运动。切削运动可以分为主运动和进给运动，如图 1-1 所示。

(1) 主运动

主运动是切削运动中最基本的运动，其特征是速度高、消耗功率大。如车削时工件的旋转运动，铣削时刀具的旋转运动，刨削时刀具或工件的往复直线运动等。在切削加工中，主运动有且只有一个。

(2) 进给运动

配合主运动，使被切削金属层连续或间断投入切削，以切出整个工件所需要的运动，称为进给运动。如车削时车刀的纵向或横向移动，刨削时工件或刀具的横向移动等。在切削加工中，进给运动可以有一个或几个。

主运动和进给运动可以合成切削运动。如图 1-1 所示，刀具切削刃上选定点相对于工件的瞬间合成运动方向，称为合成切削运动方向，其速度称为合成切削速度。合成切削速度等于主运动速度与进给运动速度的矢量和。

1.1.2 加工表面

在金属切削过程中，工件上存在着三个不断变化的表面，如图 1-1 所示。

(1) 待加工表面

工件上即将被切除的表面。

(2) 已加工表面

工件上多余金属被切除后形成的新表面。

(3) 过渡表面

工件上切削刃正在切削的表面，它是待加工表面与已加工表面的连接表面。

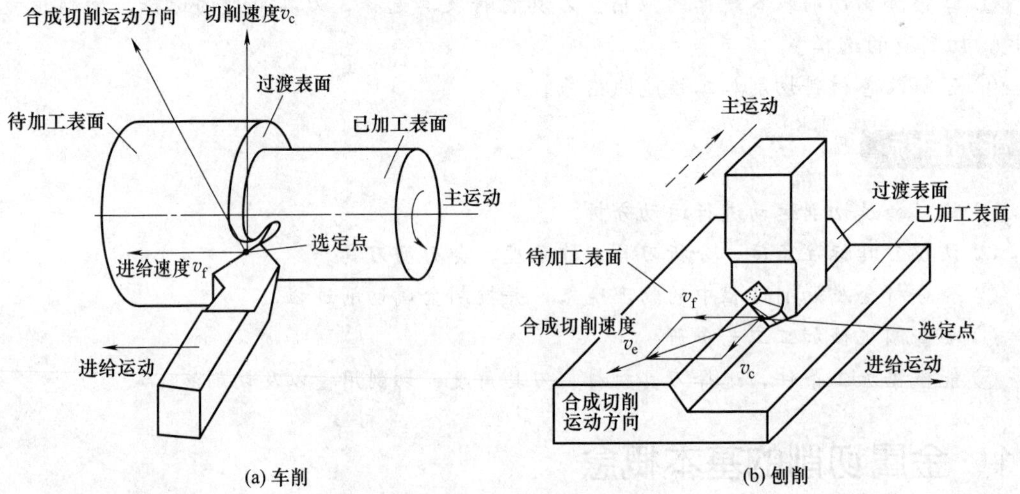

图 1-1 切削运动与加工表面

1.1.3 切削用量

切削用量是切削时各运动参数的总称，包括切削速度、进给量和背吃刀量三个要素。

(1) 切削速度 v_c

切削速度是刀具切削刃上选定点相对于工件在主运动方向上的瞬时速度，单位为 m/min 或 m/s。当主运动是旋转运动时，切削速度由下式确定：

$$v_c=\frac{\pi d_w n}{1000} \tag{1-1}$$

式中 v_c——切削速度，m/min 或 m/s；

d_w——刀具切削刃上选定点的回转直径，mm；

n——工件主运动的转速，r/min 或 r/s。

切削刃上各点的切削速度一般不同，计算时应以最大的切削速度为准。如车削时以待加工表面直径计算，因为此时速度最高、刀具磨损最快。

当主运动是往复直线运动时，切削速度为：

$$v_c=\frac{2Ln_r}{1000} \tag{1-2}$$

式中　L——往复直线运动的行程距离，mm；

n_r——主运动每分钟或每秒的往复次数，st/min 或 st/s。

(2) 进给量 f

进给量是工件或刀具的主运动每旋转一周或往复一次，两者在进给运动方向上的相对位移量，单位为 mm/r 或 mm/行程。

进给运动的速度还可用进给速度 v_f 表示，即单位时间内的进给量，单位为 mm/min 或 mm/s。

进给量、进给速度与主轴转速的关系可表示为：

$$v_f=fn \tag{1-3}$$

式中　v_f——进给速度，mm/s；

f——进给量，mm/r；

n——主轴转速，r/s。

(3) 背吃刀量 a_p

背吃刀量一般指工件上已加工表面与待加工表面之间的垂直距离，单位为 mm。车外圆时背吃刀量为：

$$a_p=\frac{d_w-d_m}{2} \tag{1-4}$$

式中　a_p——背吃刀量，mm；

d_w——工件待加工表面直径，mm；

d_m——工件已加工表面直径，mm。

1.1.4　切削层参数

切削层是指刀具切削刃沿进给运动方向移动一个进给量所切除的金属层。切削层参数反映了切削层的截面尺寸，规定在刀具基面内度量。切削层参数决定了切屑尺寸的大小、刀具切削部分所承受负荷的大小。它直接影响切削力、刀具磨损、表面质量和生产效率。下面以车外圆为例说明切削层参数的含义，见图 1-2。

(1) 切削厚度 h_D

通过切削刃上选定点垂直于过渡表面度量的切削层尺寸称为切削厚度，它反映了切削刃单位长度上工作负荷的大小。车外圆时，$h_D=f\sin\kappa_r$，其中 κ_r 为刀具主偏角，见图 1-2 (a)。

(2) 切削宽度 b_D

沿着过渡表面度量的切削层尺寸称为切削宽度，它反映了主切削刃参加切削的长度。刀具为直线刃时，$b_D=a_p/\sin\kappa_r$；刀具为曲线刃时，切削刃各点切削宽度不同。

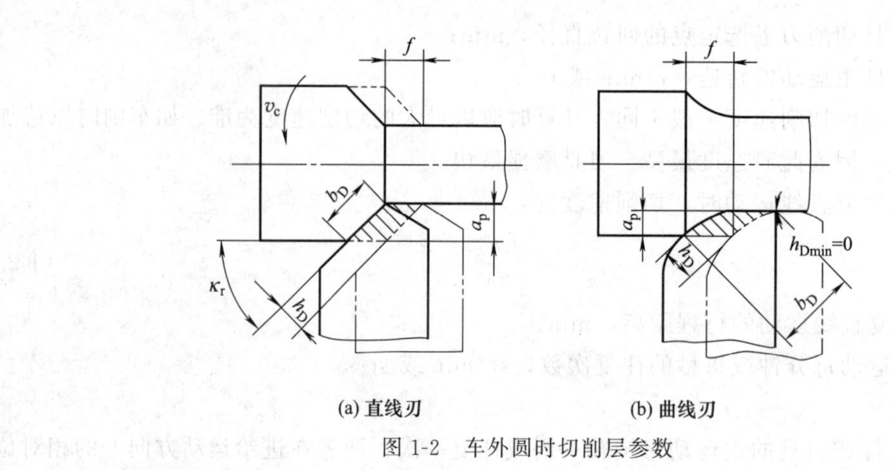

图 1-2　车外圆时切削层参数

(3) 切削面积 A_D

切削层在基面内的截面面积，即 $A_D = h_D b_D = f a_p$。

1.2　金属切削刀具的几何参数

金属切削刀具种类很多，其结构各异，但切削部分的特征基本相同，如图 1-3 所示。其中外圆车刀是最基本、最典型的刀具，下面就以外圆车刀为例，介绍刀具的几何参数。

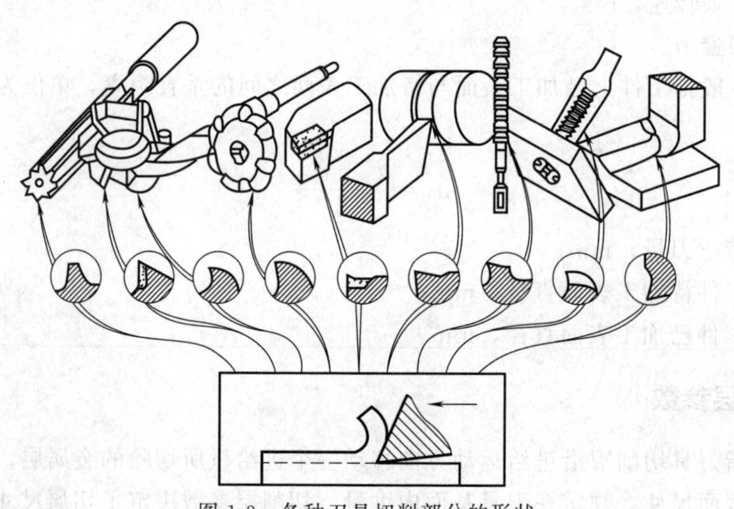

图 1-3　各种刀具切削部分的形状

1.2.1　刀具的组成

车刀由刀杆和刀头两部分组成，如图 1-4 所示，其中刀杆用于装夹，刀头用于切削。刀头的切削部分由“三面、两刃、一尖”组成。

① 前刀面 A_γ：刀具上切屑流过的表面。

② 主后刀面 A_α：刀具上与工件过渡表面相对的刀面。

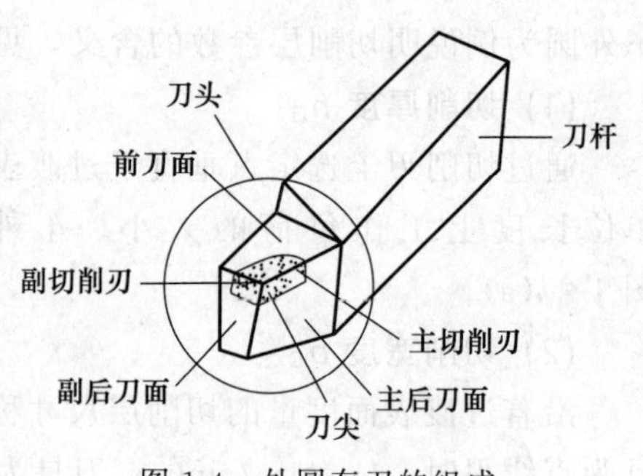

图 1-4　外圆车刀的组成

③ 副后刀面 A'_{α}：刀具上与工件已加工表面相对的刀面。

④ 主切削刃 S：前刀面与主后刀面汇交的边锋，它承担主要的切削工作。

⑤ 副切削刃 S'：前刀面与副后刀面汇交的边锋，它配合主切削刃完成切削工作。

⑥ 刀尖：主切削刃与副切削刃汇交的交点或一小段切削刃。

1.2.2 刀具的标注角度

为了确定刀具切削部分各几何要素的空间位置，需要建立参考系。参考系有两类：一类是静止参考系，一类是工作参考系。静止参考系是设计、制造、刃磨和测量刀具时用来定义其几何参数的参考系，由此定义的刀具角度称之为刀具标注角度。下面介绍静止参考系及刀具标注角度。

(1) 正交平面参考系及正交平面参考系内的标注角度

① 正交平面参考系的建立。正交平面参考系（P_r-P_s-P_o）由基面 P_r、切削平面 P_s 和正交平面 P_o 组成，如图 1-5 所示，它是目前生产中最常用的刀具标注角度参考系。

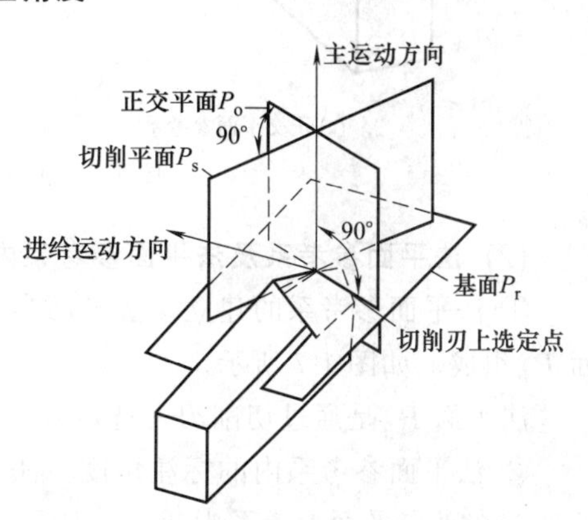

图 1-5　正交平面参考系的建立

基面 P_r 是通过切削刃上选定点，垂直于主运动方向的平面。

切削平面 P_s 是通过切削刃上选定点，与主切削刃相切并垂直于基面的平面。

正交平面 P_o 是通过切削刃上选定点，垂直于主切削刃在基面上的投影的平面。

② 正交平面参考系内的标注角度。标注刀具几何角度一般采用“一刃四角法”，即每一切削刃需且仅需四个基本角度，就能唯一地确定其空间位置。

前角 γ_o 是在正交平面 P_o 内，前刀面 A_γ 与基面 P_r 之间的夹角。前角 γ_o 有正、负之分：前刀面 A_γ 在基面 P_r 之下，为正值；前刀面 A_γ 在基面 P_r 之上，为负值；前刀面 A_γ 与基面 P_r 重合时为零。

后角 α_o 是在正交平面 P_o 内，后刀面 A_α 与切削平面 P_s 之间的夹角。后角 α_o 也有正、负之分，但在实际切削中后角 α_o 只有正值。

主偏角 κ_r 是主切削刃在基面 P_r 上的投影与进给运动方向之间的夹角。

刃倾角 λ_s 是在切削平面 P_s 内，主切削刃与基面 P_r 之间的夹角。刃倾角 λ_s 有正、负之分：当刀尖在主切削刃上最高点时，为正值；当刀尖在主切削刃上最低点时，为负值；当主切削刃在基面内时为零。

副偏角 κ'_r 是副切削刃在基面 P_r 上的投影与进给运动反方向之间的夹角。

副后角 α'_o 是在副正交平面 P'_o 内，副后刀面 A'_α 与副切削平面 P'_s 之间的夹角。

在图 1-6 中有两个派生角度，即楔角 β_o 和刀尖角 ε_r，这两个角度在刀具工作图中不必标出，可以用下式计算：

$$\left.\begin{aligned}\beta_o&=90^\circ-(\gamma_o+\alpha_o)\\ \varepsilon_r&=180^\circ-(\kappa_r+\kappa'_r)\end{aligned}\right\}\tag{1-5}$$

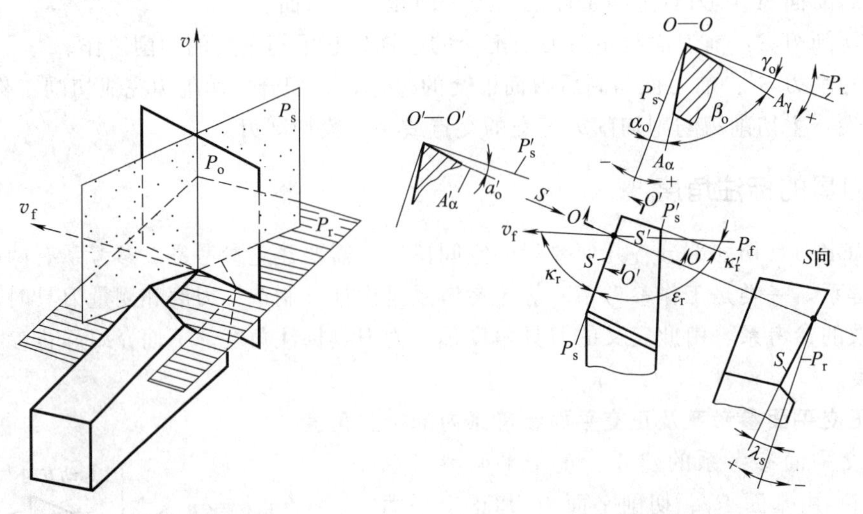

(a) 正交平面参考系　　(b) 正交平面参考系内的标注角度

图 1-6　正交平面参考系及其标注角度

(2) 法平面参考系及法平面参考系内的标注角度

① 法平面参考系的建立。法平面参考系（P_r-P_s-P_n）由基面 P_r、切削平面 P_s 和法平面 P_n 组成，如图 1-7 所示。

法平面 P_n 是通过切削刃上选定点，垂直于主切削刃的平面。

② 法平面参考系内的标注角度。法平面参考系中，在基面 P_r 和切削平面 P_s 内标注的角度与在正交平面参考系中相同，所不同的是采用法平面 P_n 来反映刀具空间位置的角度，即法前角 γ_n 和法后角 α_n，如图 1-8 所示。

法前角 γ_n 是在法平面 P_n 内前刀面 A_γ 与基面 P_r 之间的夹角。

法后角 α_n 是在法平面 P_n 内后刀面 A_α 与切削平面 P_s 之间的夹角。

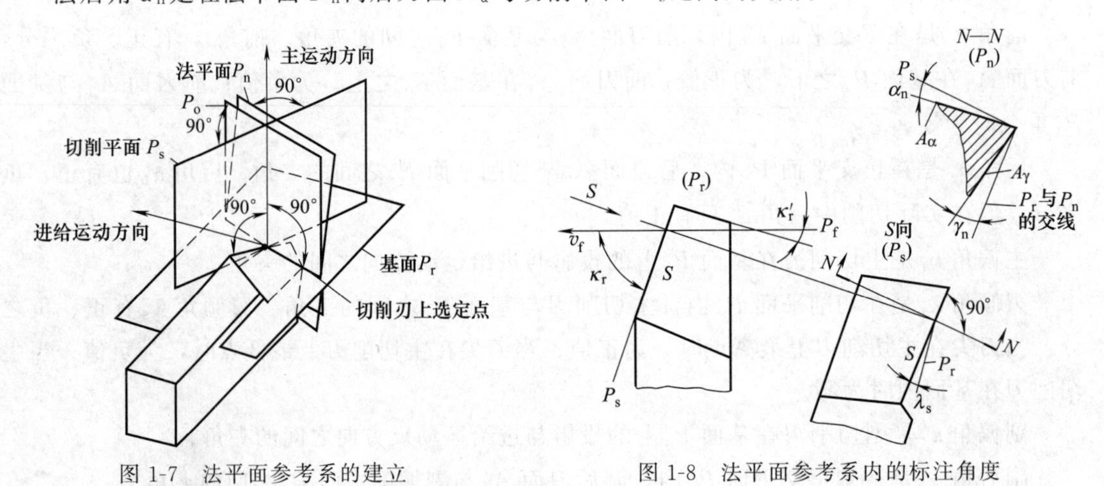

图 1-7　法平面参考系的建立　　图 1-8　法平面参考系内的标注角度

(3) 假定工作平面、背平面参考系及其标注角度

① 假定工作平面、背平面参考系的建立。假定工作平面、背平面参考系（P_r-P_f-P_p）由基面 P_r、假定工作平面 P_f 和背平面 P_p 组成，如图 1-9 所示。

假定工作平面 P_f 是通过切削刃上选定点，平行于假定进给运动方向并垂直于基面 P_r 的平面。

背平面 P_p 是通过切削刃上选定点，垂直于假定工作平面 P_f 和基面 P_r 的平面。

② 假定工作平面、背平面参考系内的标注角度。在假定工作平面、背平面参考系中的标注角度如图1-10所示，在基面 P_r 内标注的角度与在正交平面参考系中相同，在假定工作平面内标注的角度有侧前角 γ_f、侧后角 α_f，在背平面内标注的角度有背前角 γ_p、背后角 α_p。

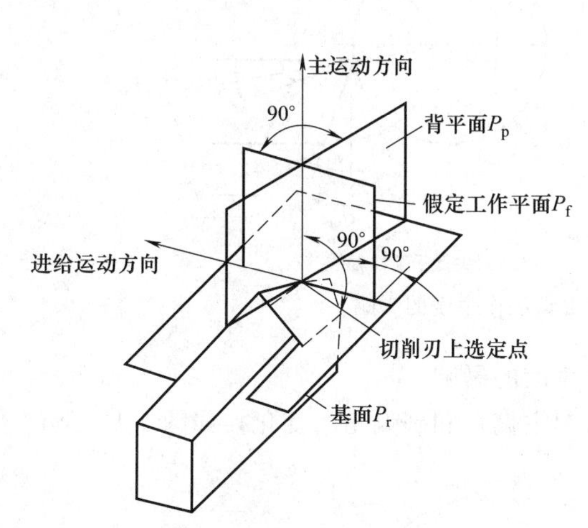

图1-9 假定工作平面、背平面参考系的建立

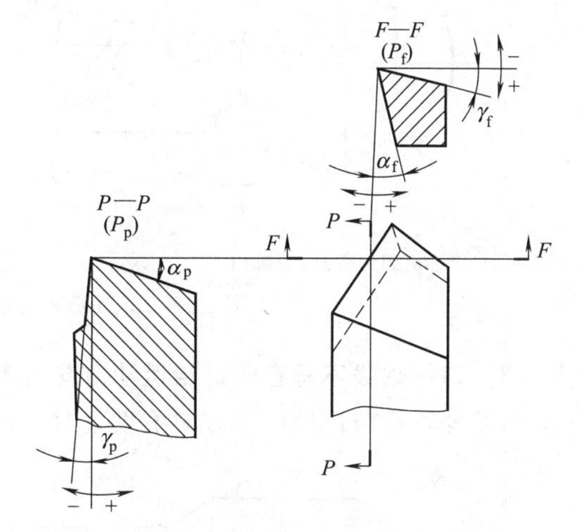

图1-10 假定工作平面、背平面参考系内的标注角度

1.2.3 刀具的工作角度

刀具工作时，由于受到进给运动、刀具安装等因素的影响，使刀具的实际工作角度不等于标注角度。刀具工作角度的度量，应放在工作参考系下讨论，即根据合成切削速度方向确定工作参考平面。

(1) 横向进给运动对刀具工作角度的影响

车刀车削端面或切断工件如图1-11所示，当不考虑进给运动的影响，按切削速度方向确定的基面为 P_r、切削平面为 P_s；当考虑进给运动的影响后，刀具在横向进给时，刀具在工件上的实际运动轨迹是阿基米德螺旋线，此时按合成切削速度方向确定的工作基面为 P_{re}、工作切削平面为 P_{se}。故刀具的工作前角 γ_{oe}、工作后角 α_{oe} 分别为：

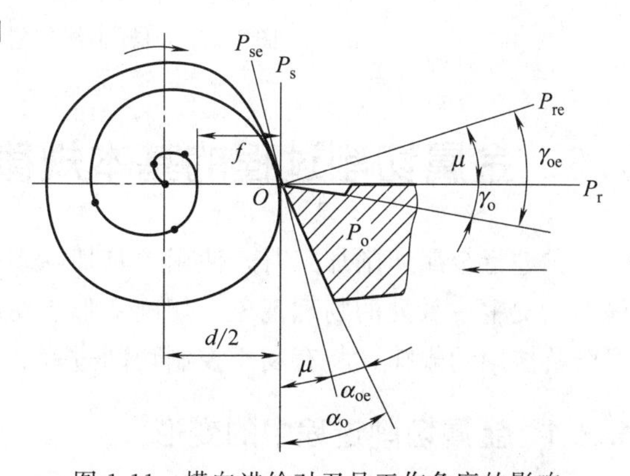

图1-11 横向进给对刀具工作角度的影响

$$\left.\begin{aligned}\gamma_{oe}&=\gamma_o+\mu\\ \alpha_{oe}&=\alpha_o-\mu\\ \tan\mu&=\frac{v_f}{v}=\frac{fn}{\pi dn}=\frac{f}{\pi d}\end{aligned}\right\}\qquad(1\text{-}6)$$

由上式可知，进给量 f 越大，μ 也越大，说明对于大进给量的切削，不能忽略进给运动对刀具角度的影响。此外，随着刀具横向进给的进行，d 越来越小，μ 值也越来越大，当进给接近中心时，工作后角将变为负值。

(2) 刀尖安装高低对刀具工作角度的影响

以车刀车外圆为例，不考虑进给运动，刀尖安装高于或低于工件轴线时，将引起前角和后角的变化，如图 1-12 所示。

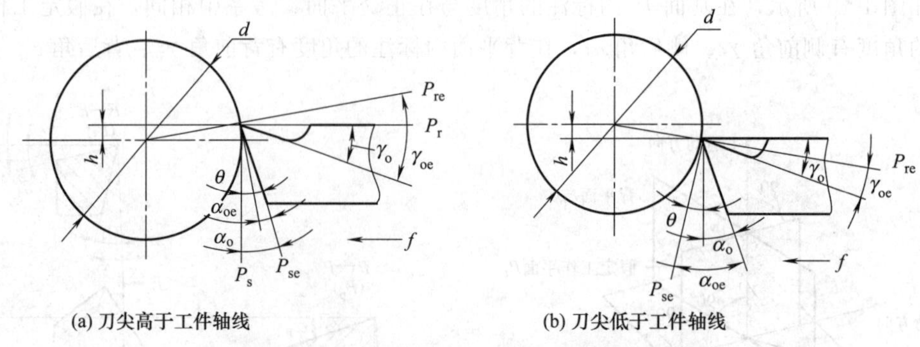

图 1-12 车刀安装高低对刀具工作角度的影响

(3) 刀杆轴线不垂直于进给运动方向对工作角度的影响

当刀杆轴线与进给运动方向不垂直时，将引起主偏角和副偏角的变化，如图 1-13 所示。

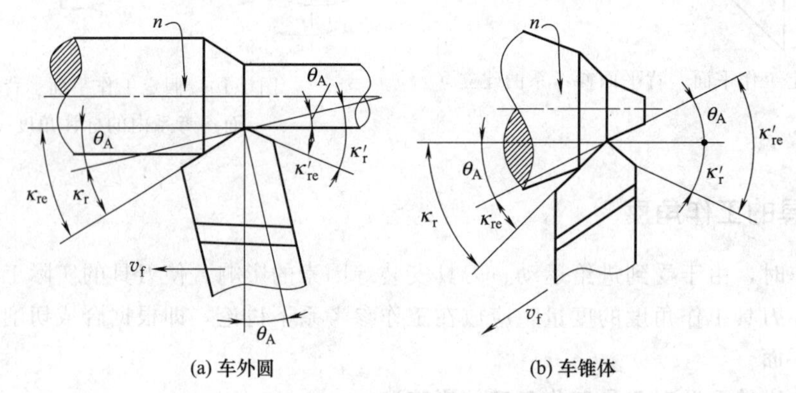

图 1-13 刀杆轴线偏斜对刀具工作角度的影响

1.3 金属切削过程的基本规律

在进行金属切削加工时，使用刀具切除多余金属使之成为切屑，并形成已加工表面的过程中，发生一系列的物理现象：切削变形、切削力、切削热、刀具磨损等，分析其产生的原因以及作用的规律，将有利于控制切削过程。

1.3.1 金属切削过程中的变形

(1) 切屑的形成

金属切削过程是刀具前刀面对材料产生挤压作用的过程。切削塑性材料时，在刀具前刀面的挤压作用下，切削层金属首先产生弹性变形。随着切削的深入，剪应力不断增大，当达到材料的屈服极限时，产生塑性变形，如图 1-14 所示，此时金属晶格由 *OA* 始滑移面滑向 *AOMA* 塑性变形区。随着前刀面的逐步趋近，塑性变形逐渐增大，并伴有变形强化，至 *OM* 终滑移面时，切削层金属的应力和塑性变形达到最大值，剪切滑移基本完成。此后，切削层金属离开工件母体，沿刀具前刀面流出而形成切屑。

根据切屑的形成过程，切削区划分成三个变形区。

第Ⅰ变形区，即图1-14中 $AOMA$ 区域，它是金属切削过程中剪切滑移的主要变形区。由于切屑形成速率很快，使第Ⅰ变形区区域窄小，一般只有0.02～0.2mm。该区的主要特征是切削层金属产生塑性变形并伴有加工硬化现象，以及在此过程中消耗大部分的功率和产生大量的切削热。

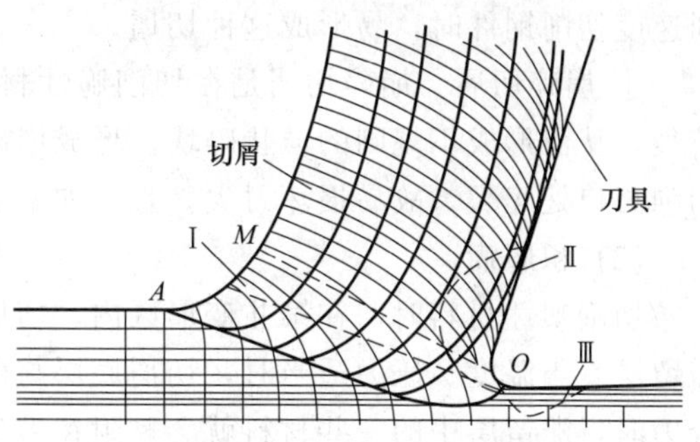

图1-14　金属切削过程中的滑移线和流线示意图

第Ⅱ变形区，即切屑沿前刀面流出时其底层与前刀面接触的区域。在第Ⅱ变形区内，切屑的底层进一步受到挤压而产生摩擦，使切屑底层薄薄的一层金属流动滞缓，称为滞留层。滞留层的变形程度比切屑上层大几倍到几十倍。

第Ⅲ变形区，即刀具后刀面与已加工表面接触的区域。在第Ⅲ变形区内，已加工表面受到刀具切削刃钝圆部分和后刀面的挤压、摩擦作用，造成已加工表层金属的纤维化和加工硬化，并产生一定的残余应力，将影响到工件的表面质量和使用性能。

(2) 切屑的种类

在金属切削过程中，切削条件不同，切削过程中的变形程度就不同，那么切屑形态也各不相同。归纳起来，切屑有四种类型，如图1-15所示。

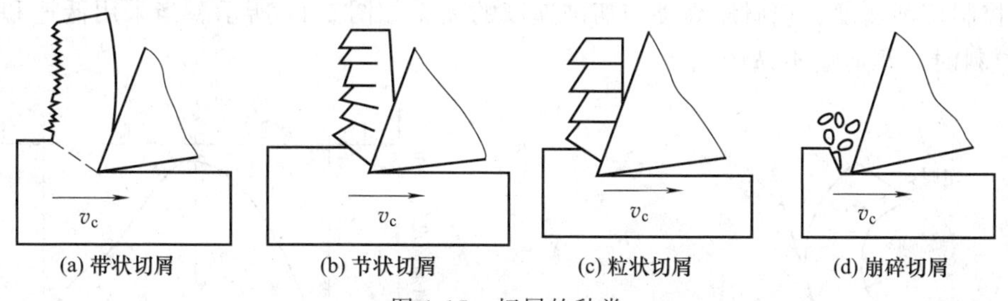

图1-15　切屑的种类

① 带状切屑。带状切屑呈连绵不断的带状，其底面光滑、背面毛茸，在显微镜下可观察到剪切面的条纹，如图1-15（a）所示。通常在切削塑性材料（如低碳钢、铜、铝等）时，采用较大的刀具前角、较小的切削厚度、较高的切削速度时，会形成这种切屑。实践表明，形成带状切屑时切削过程平稳、切削力波动小、已加工表面的粗糙度值较小。在自动化生产线及自动机床生产时，应注意断屑，以保证生产正常进行。

② 节状切屑。节状切屑背面有较大的裂纹，呈锯齿形，如图1-15（b）所示。节状切屑是由切削层变形较大以及局部切应力达到了材料的强度极限所致。通常在切削塑性较低的金属材料（如黄铜）时，采用较小的刀具前角、较大的切削厚度、较低的切削速度的条件下，易形成这种切屑。形成节状切屑时，切削过程不太平稳，切削力波动较大，已加工表面的粗糙度值也较大。

③ 粒状切屑。粒状切屑基本呈分离的梯形单元，如图1-15（c）所示。它是由整个剪切面上的切应力超过材料的强度极限所致。当采用小前角或负前角、大的切削厚度、很低的切

削速度切削钢件时，易形成这种切屑。

④ 崩碎切屑。崩碎切屑是在切削脆性材料时，切削层在弹性变形后未经塑性变形就被挤裂，从而形成不规则的粒状碎块。形成崩碎切屑时，切削力波动大，因切削层金属集中在切削刃口处碎裂，故易损坏刀尖，且已加工表面的粗糙度值也大。

(3) 积屑瘤

切削塑性材料时，在第Ⅱ变形区内，切屑底层与前刀面之间产生挤压、摩擦作用，形成滞留层。当温度、压力适当时，切屑底层与前刀面之间的摩擦力大于材料内部晶格之间的结合力时，滞留层中的一些材料就会黏附在刀尖上，产生冷焊，逐步形成楔状硬块，其硬度是工件材料的 2～3 倍，称之为积屑瘤，如图 1-16 所示。

积屑瘤产生以后，覆盖在切削刃上，可以代替切削刃进行切削。它黏附在刀尖上，增大了刀具的实际前角，使切削轻快，从而减少切削力和切削变形，同时起到保护切削刃的作用。但是，积屑瘤的顶端伸出切削刃之外，随着积屑瘤的时现时消、时大时小，切削层厚度发生变化，并引起切削力的波动，从而影响工件的尺寸精度和表面质量；积屑瘤可能造成硬质合金刀具的剥落，影响刀具寿命；破裂的积屑瘤碎片黏附在已加工表面上，使工件表面变得粗糙。

综上所述，积屑瘤对切削过程有利也有弊。粗加工时，允许其产生；精加工时，应避免其产生。

控制积屑瘤方法有以下几种途径。

① 降低工件材料的塑性。通过热处理提高工件材料的硬度，减少其塑性和加工硬化倾向。

② 控制切削速度。积屑瘤高度与切削速度的关系如图 1-17 所示。当采用低速和高速切削塑性材料时，积屑瘤不易产生。

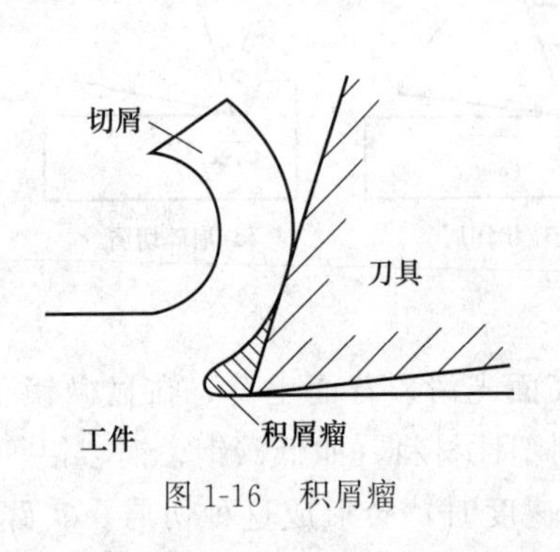

图 1-16 积屑瘤

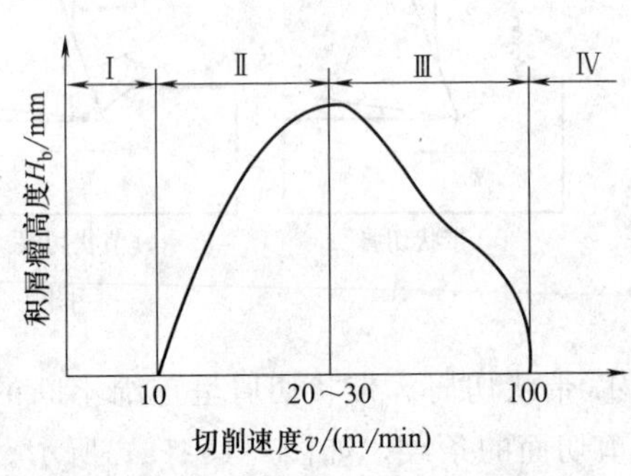

图 1-17 切削速度与积屑瘤高度的关系

③ 增大刀具前角。增大刀具前角，可以减小前刀面与切屑的接触压力，从而影响积屑瘤的产生。

④ 使用切削液。使用润滑性能良好的切削液，可以有效减少摩擦、降低切削温度，从而抑制积屑瘤产生。

(4) 影响切屑变形的因素

① 工件材料对切屑变形的影响。工件材料塑性越大，切削层金属越容易产生剪切滑移和塑性变形，切屑变形也越大；反之，工件材料强度、硬度增大，切屑变形则越小。

② 刀具几何角度对切屑变形的影响。刀具前角增大时，切屑流出时阻力减小，切屑变形减小。

③ 切削速度对切屑变形的影响。切削塑性材料时，切削速度对切屑变形的影响呈波浪形，如图1-18所示。在低速（$v_c<5$m/min）时，切屑底层与前刀面不易产生黏结，不形成积屑瘤。当速度达到v_{c1}时，开始有积屑瘤产生；当速度达到v_{c2}时，积屑瘤高度增大到最大值，前刀面的实际前角也增加到最大值，此时切屑变形最小；当速度进入到v_{c3}时，积屑瘤高度逐渐降低，实际前角在减小，切屑变形随之增大。当速度超过40m/min时，温度升高，摩擦系数降低，切屑变形减小；当高速切削时，切削层来不及变形已被切离，故切屑变形更小。由于低速、高速时不易产生积屑瘤，生产中常利用这一阶段对工件进行精加工。

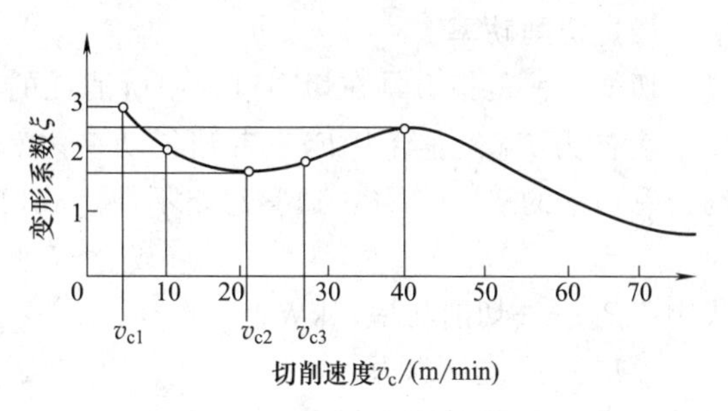

图1-18 切削速度v_c对变形系数ξ的影响

加工条件：工件材料45钢，刀具材料W18Cr4V，$\gamma_o=5°$，$f=0.23$mm/r，直角自由切削

④ 进给量对切屑变形的影响。进给量增大时，切削厚度增加，但滞流层的厚度增加并不多，即变形程度严重的金属层所占切屑体积的百分比随着切削厚度增加而下降。因此从切削层整体来说，变形系数减小，切屑变形也减小。生产中使用的强力车刀和轮切式拉刀等，都是根据这个原理制造的。

1.3.2 切削力

金属切削加工时，刀具切除工件多余金属使之变为切屑所需要的力称为切削力。切削力主要来源于两个方面：一是克服工件材料的弹性变形、塑性变形的力；二是克服刀具、切屑、工件接触面之间的摩擦力。

(1) 切削力的分解

作用在刀具上的切削合力F可分解成三个互相垂直方向的分力，如图1-19所示。

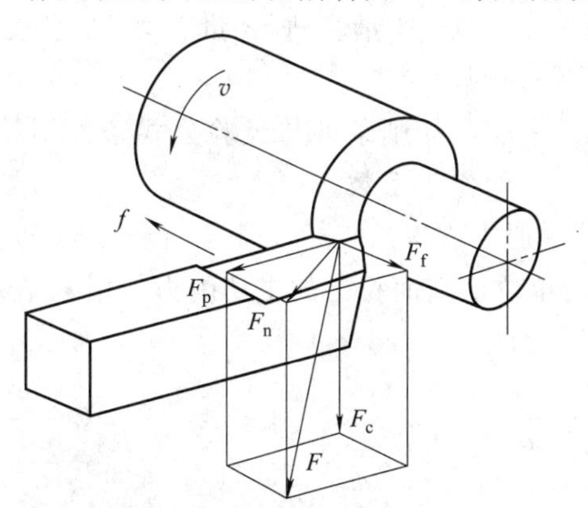

图1-19 工件对刀具的切削合力F的分解

主切削力（切向力）F_c是切削合力F在主运动方向上的分力。主切削力消耗机床的大部分功率，它是设计机床主运动机构、选择机床功率、校验刀具和夹具的强度和刚性的主要依据。

背向力（径向力）F_p是切削合力F在垂直于假定工作平面上的分力。背向力作用在工艺系统刚性最差的方向上，它使工件产生弯曲变形，并可能引起振动。

进给力（轴向力）F_f是切削合力F在进给运动方向上的分力。进给力是设计进给机构和计算进给功率的依据。

切削合力F与其分力F_c、F_p、F_f之间的关系，可由下式表示：

$$F=\sqrt{F_c^2+F_n^2}\sqrt{F_c^2+F_p^2+F_f^2} \tag{1-7}$$

(2) 切削功率

切削功率是指刀具在切削过程中所消耗的功率，用 P_c表示。在数值上它等于主切削力 F_c、背向力 F_p、进给力 F_f三者消耗功率之和。其中 F_p消耗功率为零；F_f消耗功率极小，约为总功率的 1%～5%，通常忽略不计。故切削功率 P_c为：

$$P_c \approx F_c v_c \times 10^{-3} \tag{1-8}$$

式中 P_c——切削功率，kW；

F_c——主切削力，N；

v_c——切削速度，m/s。

根据切削功率选择电动机的功率时，还应考虑机床的传动效率，即：

$$P_E \geqslant \frac{P_c}{\eta} \tag{1-9}$$

式中 P_E——机床的电动机功率，kW；

η——机床的传动效率，一般取 0.75～0.85。

(3) 切削力的求法

① 利用测力仪测量切削力。通常使用的测力仪有两种：电阻应变片式测力仪和压电晶体式测力仪。两种测力仪都可以测出 F_c、F_p、F_f三个分力，后者精度较高。

② 通过测量机床功率计算切削力。通过功率表测量机床主电动机、进给电动机的功率，由此计算切削力的大小。该方法简便，但误差较大。

③ 利用经验公式计算切削力。切削力的大小一般采用由实验结果建立起来的经验公式计算，其指数公式为：

$$\left.\begin{aligned} F_c &= C_{Fc} a_p^{x_{Fc}} f^{y_{Fc}} v_c^{n_{Fc}} K_{Fc} \\ F_p &= C_{Fp} a_p^{x_{Fp}} f^{y_{Fp}} v_c^{n_{Fp}} K_{Fp} \\ F_f &= C_{Ff} a_p^{x_{Ff}} f^{y_{Ff}} v_c^{n_{Ff}} K_{Ff} \end{aligned}\right\} \tag{1-10}$$

式中 C_{Fc}，C_{Fp}，C_{Ff}——系数，与工件材料和切削条件有关；

x_{Fc}，y_{Fc}，n_{Fc}，x_{Fp}，y_{Fp}，n_{Fp}，x_{Ff}，y_{Ff}，n_{Ff}——背吃刀量、进给量、切削速度的指数；

K_{Fc}，K_{Fp}，K_{Ff}——实际切削条件与经验公式条件不符时的修正系数。

公式中的系数和指数可在相关的机械加工工艺手册中查得。

④ 用单位切削力计算切削力。单位切削力是指单位切削面积上的主切削力，用 k_c表示，其计算式为：

$$k_c = \frac{F_c}{A_D} = \frac{F_c}{b_D h_D} = \frac{F_c}{a_p f} \tag{1-11}$$

单位切削力 k_c可在切削用量手册中查得。

(4) 影响切削力的主要因素

① 工件材料对切削力的影响。工件材料的力学性能、加工硬化、化学成分和热处理状态等，都会对切削力产生影响。

工件材料的强度、硬度越高，切削力越大；有些材料虽然强度、硬度不高，但塑性、韧性大，切削力仍很大，如 1Cr18Ni9Ti 不锈钢等。在普通钢中添加硫或铅等化学元素，使之成为易切钢，切削力可降低 20%～30%。同种金属材料的热处理状态不同，切削力差别也较大。切削脆性材料时，由于塑性变形小、加工硬化小，而且切屑与刀具的接触面积小，摩擦小，因此切削力也较小。

② 切削用量对切削力的影响。切削用量中，背吃刀量和进给量对切削力的影响较大。实验证明，当背吃刀量增大一倍时，切削力增加一倍；进给量增大一倍时，切削力增加70%～80%。因此，当切削面积A_D不变时，为了减小切削力，应选择大的进给量和小的背吃刀量。

切削速度对切削力的影响与工件材料的性质有关。对于塑性材料，切削速度对切削力的影响呈波浪形变化，如图1-20所示。当切削速度小于50m/min时，随着切削速度的增加，积屑瘤由小变大又变小，切削力则随之由大变小又变大。当切削速度大于50m/min时，切削力逐渐下降，但变化较小，如切削速度从50m/min增加至500m/min时，切削力约减少10%。生产中的高速切削技术，就是利用了切削速度的大幅增加，对切削力影响较小的这一原理。对于脆性材料，切削速度对切削力的影响不大。

③ 刀具几何角度对切削力的影响。刀具的几何角度对切削力的影响各不相同。

前角γ_o对切削力的影响最大。切削塑性材料时，γ_o增大，切屑易于从前刀面流出，切屑变形小，摩擦力小，因而切削力小。前角对切削力的影响程度随切削速度的增大而减小。切削脆性材料时，γ_o对切削力的影响不明显。

主偏角对切削力的影响如图1-21所示。主偏角κ_r对切削力的影响主要通过切削厚度和刀尖圆弧曲线长度的变化来影响变形，从而影响切削力。实验表明，κ_r对主切削力F_c的影响不大；随着κ_r的增加，F_p减小，F_f增大。

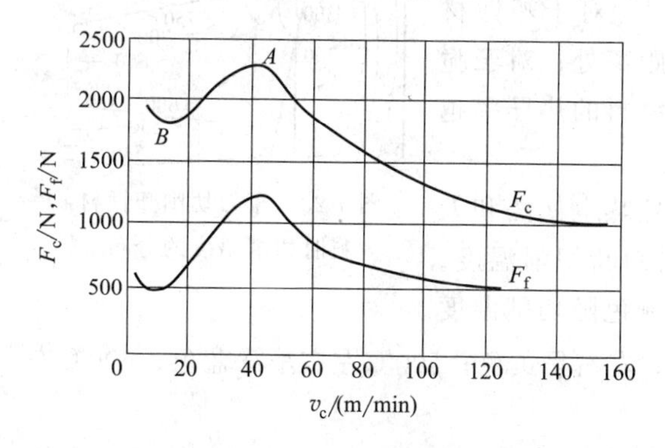

图1-20 切削塑性材料时切削速度对切削力的影响

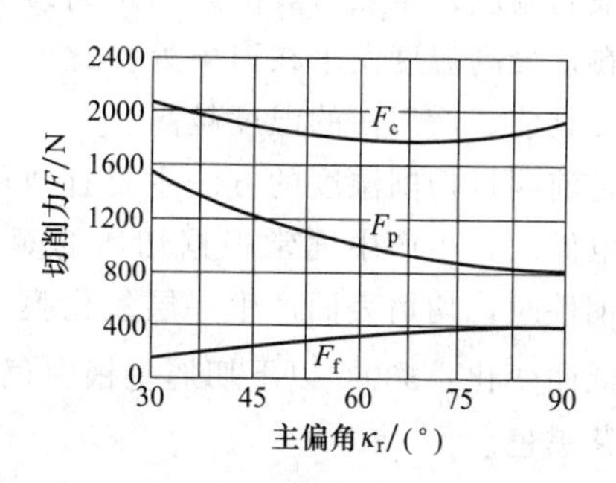

图1-21 主偏角对切削力的影响

刃倾角λ_s对主切削力的影响很小，但对F_p和F_f有影响，如刃倾角从正值变为负值时，F_p增大，F_f减小。故车削刚性较差的工件时，一般取正的刃倾角。

④ 其他因素的影响。刀具材料不同时，刀具与切屑之间的摩擦状态不同，则切削力不同，如用YT硬质合金刀具切削钢料比用高速钢刀具切削钢料时F_c降低5%～10%。刀具后刀面磨损后，会增大切削力。刀具有负倒棱时，切削力也会增大。此外，合理地使用切削液可降低切削力。

1.3.3 切削热与切削温度

切削热以及由其产生的切削温度是影响刀具磨损和加工精度的主要因素。高的切削温度使刀具磨损加剧；刀具和工件受热膨胀将直接影响工件尺寸精度。

(1) 切削热的来源与传出

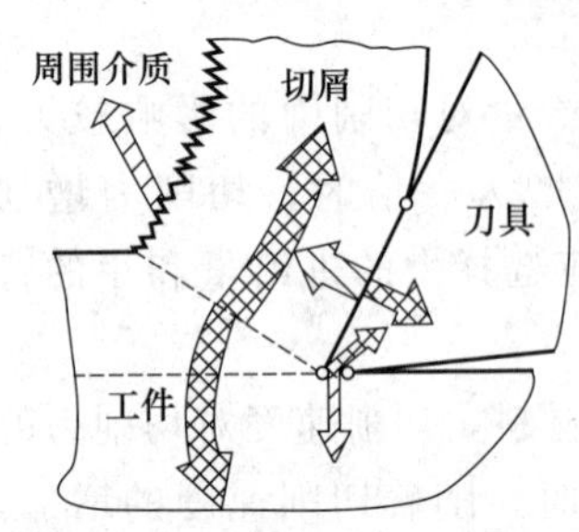

图 1-22 切削热来源与传出

金属切削过程中，三个变形区因变形和摩擦所做的功绝大部分转变成热能。对于塑性材料，切削热主要来源于剪切区的变形、刀具前刀面与切屑的摩擦所消耗的功；对于脆性材料，切削热主要来源于刀具后刀面与工件的摩擦所消耗的功。

切削热产生后，主要以热传导的方式分别由切屑、工件、刀具和周围介质传出，如图 1-22 所示，各部分传出热量的百分比随加工方式、工件材质、刀具材料、切削用量、刀具几何参数等的不同而不同。表 1-1 为车削和钻削时各传热媒体传热所占的比例。

表 1-1 切削热传出的比例

传热媒体	切屑	工件	刀具	周围介质
车削	50%～86%	10%～40%	3%～9%	1%
钻削	28%	52.5%	14.5%	5%

(2) 切削区的温度及其分布

金属切削时，切屑、刀具和工件及其不同部位的温度是不同的。通常所说的切削区温度是指切削区的平均温度。图1-23所示为车刀切削钢件时所测得的正交平面内的温度分布情况。实验表明，切削时的最高温度发生的位置不同，对于塑性材料，最高温度发生在刀具前刀面距离刀尖一段距离处；对于脆性材料，最高温度发生在刀尖处。此外，工件材料的热导率越低，刀具前、后刀面的温度越高。

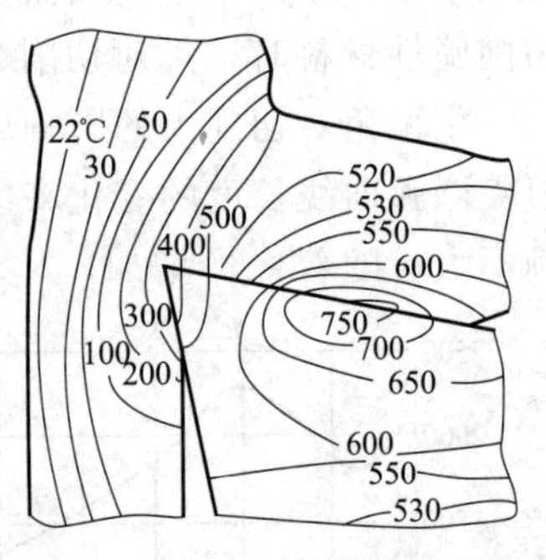

图 1-23 车刀切削塑性材料时切削温度的分布

目前测量切削温度的方法主要有两种：自然热电偶法和人工热电偶法。生产中通常根据切屑的颜色大致判断切削温度。切削钢件时，切屑表面产生一层氧化膜，它的颜色随切削温度的高低而变化：300℃以下切屑呈银白色；400℃左右呈黄色；500℃左右呈深蓝色；600℃左右呈紫黑色。

(3) 切削温度的影响因素

① 工件材料对切削温度的影响。工件材料的强度越大、硬度越高，切削时消耗的功越多，产生的热量也越多，切削温度就越高。工件材料的导热性好，则热量传出容易。若产生的切削热相同，则热容量大的材料切削温度低。切削脆性材料时，因其变形小、摩擦小，故切削温度较低。

② 切削用量对切削温度的影响。切削用量中，切削速度 v_c 对切削温度的影响最大，其次是进给量 f，再次是背吃刀量 a_p。

切削速度增大时，切削路径增长，变形功和摩擦转变的热量急剧增多，虽然切屑带走的热量也相应增多，但刀具传热的能力没有明显变化，因此切削温度显著提升。

进给量对切削温度的影响次之。由于进给量增加时，一方面单位时间切削体积增加，产生的热量增加；另一方面，切削厚度增加，变形减小，且切屑的热容量增大，切屑带走的热量较多，故切削温度上升不显著。

背吃刀量增加，产生的热量成正比增加，但切削宽度也成正比增加，刀具的传热面积增大，故切削温度只是略有提高。

因此，在切削用量三要素中控制切削速度是控制切削温度最有效的措施。

③ 刀具几何角度对切削温度的影响。刀具几何角度中，对切削温度影响较大的是前角、主偏角和刀尖圆弧半径。

前角增大，切削刃锋利，切屑变形小，前刀面摩擦小，产生的热量减小，所以切削温度随前角的增大而降低。但前角过大时，楔角变小，刀具散热体积减小，切削温度会提高。

主偏角减小，在背吃刀量不变的条件下主切削刃工作长度增加，散热面积增加，因此切削温度下降。

刀尖圆弧半径增大，平均主偏角减小，切削宽度增加，散热面积增加，切削温度降低。

④ 其他影响因素。选择合适的冷却液能带走大量的切削热，有效降低切削温度。冷却液的温度越低，冷却效果越明显。

1.3.4 刀具磨损与刀具耐用度

刀具在切削过程中，与切屑、工件之间发生剧烈的挤压、摩擦，使刀具产生磨损，有时刀具磨损到尚未需要重新刃磨便发生突然损坏，使之失效，称之为破损。本节仅对刀具磨损进行讨论。

(1) 刀具磨损的过程

在金属切削过程中，随着时间的推移，刀具磨损逐渐增加，图 1-24 所示为刀具后刀面的磨损 VB 与切削时间的关系。由图可知，刀具磨损划分为三个阶段。

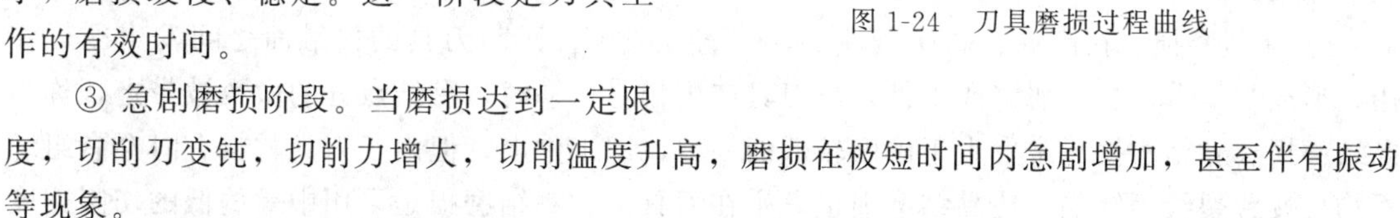

图 1-24 刀具磨损过程曲线

① 初期磨损阶段。由于新刃磨刀具的刀面比较粗糙，刀具与工件之间为峰点接触，故磨损很快。初期磨损量与刀具刃磨质量有关，经研磨后的刀具，其磨损量较小。

② 正常磨损阶段。经过初期磨损后，刀面微观粗糙表面被磨平，压应力相对减小，磨损缓慢、稳定。这一阶段是刀具工作的有效时间。

③ 急剧磨损阶段。当磨损达到一定限度，切削刃变钝，切削力增大，切削温度升高，磨损在极短时间内急剧增加，甚至伴有振动等现象。

(2) 刀具磨损的形式

刀具磨损形式可以归纳为三种。

① 前刀面磨损。在切削塑性材料时，如果采用较高的切削速度、较大的进给量，则切屑在刀具的前刀面处就会逐渐磨出一个月牙洼状的凹坑，如图 1-25（a）所示。随着切削的进行，月牙洼长度基本不变，宽度逐渐扩展，深度逐渐加深。前刀面磨损量可用月牙洼宽度 KB 和深度 KT 表示，如图 1-25（b）所示。

② 后刀面磨损。在切削脆性材料或采用较低的切削速度和较小切削厚度切削塑性材料时，在刀具后刀面毗邻切削刃的地方逐渐磨出一条宽度不匀、深浅不一的小棱面，如图1-25

(a) 所示。由于刀尖部分（C 区）强度低散热差，磨损较严重，磨损带最大宽度用 VC 表示；主切削刃靠近工件的外表处（N 区）由于毛坯的硬皮或加工硬化等原因，也磨出较大的深沟，磨损带最大宽度用 VN 表示；中间部位（B 区）磨损比较均匀，磨损带平均宽度以 VB 表示，最大宽度用 VB_{max} 表示，如图 1-25 (b) 所示。

③ 前、后刀面同时磨损。在切削塑性材料时，如果切削速度、进给量适中，则经常发生前、后刀面同时磨损的现象。

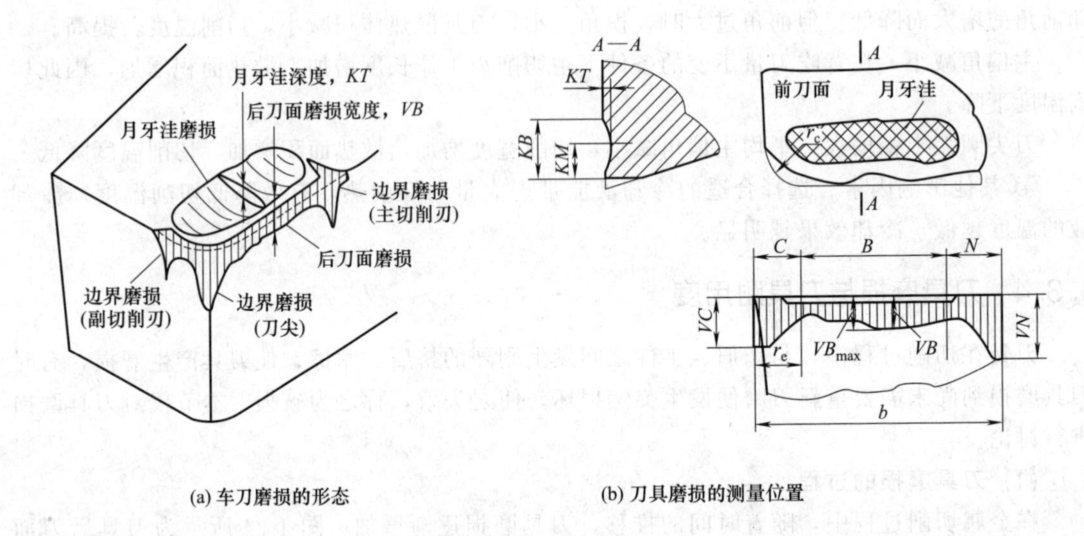

(a) 车刀磨损的形态　　(b) 刀具磨损的测量位置

图 1-25　刀具的磨损

由于各类刀具都有后刀面磨损，而且后刀面磨损易于测量，所以通常用 VB 和 VB_{max} 表示刀具的磨损量。

(3) 刀具磨损的原因

刀具磨损经常是机械作用和热、化学作用的综合结果，一般认为主要原因如下。

① 硬质点的刻划作用。金属材料中的硬质点对刀具表面产生刻划作用，从而造成刀具的机械磨损。硬质点的刻划作用是任何切削速度下都存在的，而且是低速切削时刀具磨损的主要原因。

② 黏结磨损。在高温、高压条件下，切屑（或工件）与刀具的接触面之间发生冷焊作用，形成黏结点，当切屑（或工件）与刀具产生相对运动时，黏结点处的微粒被带走，称为黏结磨损。黏结磨损通常发生于硬度较低的一方，即工件上，但由于刀具材料有时会有组织不均、疲劳裂纹等缺陷，使黏结磨损也发生在刀具上。黏结磨损是采用中等偏低的切削速度切削塑性材料时，刀具磨损的主要原因。

③ 扩散磨损。在高温条件下，工件材料与刀具材料中有亲和作用的元素相互扩散到对方中去，使刀具的切削能力下降，称为扩散磨损。

④ 相变磨损。刀具材料因切削温度升高到相变温度而发生金相组织的变化，使刀具硬度降低而造成的磨损，称为相变磨损。

此外，还有氧化磨损、热-化学磨损、电-化学磨损等。

(4) 刀具磨钝标准

刀具磨损到一定的限度不能继续使用，这个限度称为磨钝标准。通常情况下，刀具都有后刀面磨损，相比前刀面，后刀面磨损对切削力、切削温度、加工质量的影响更大，且后刀面磨损易于测量，因此常以后刀面磨损来制定磨钝标准。

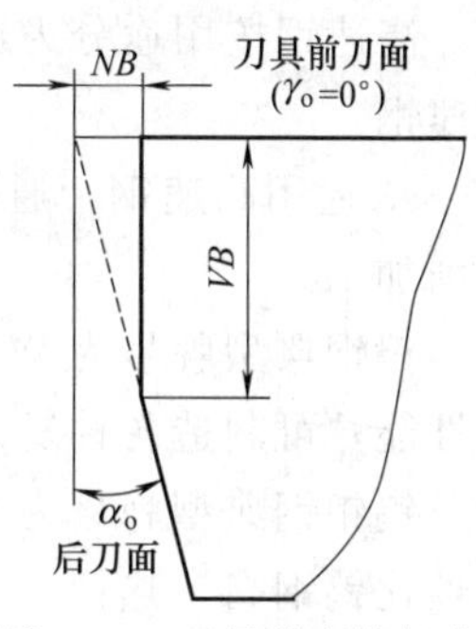

图 1-26 刀具的磨钝标准

国际标准（ISO）规定以 1/2 背吃刀量处后刀面磨损带宽度 VB 作为刀具的磨钝标准；自动化生产中的精加工刀具常以工件径向上刀具磨损量 NB 作为衡量刀具的磨钝标准，称为刀具径向磨损量，如图 1-26 所示。

实际生产中常根据加工中的现象，如粗加工时切屑的形状和颜色、是否出现挤压亮带、非正常切削声音或振动等，精加工时尺寸精度及表面粗糙度等，判断刀具是否达到磨钝标准。

(5) 刀具耐用度

刀具耐用度是指刃磨后的刀具从开始切削至达到磨钝标准时，所用的切削时间，用 T 表示。刀具寿命是刀具耐用度与其重磨次数的乘积，即一把新刀具从开始投入使用至报废为止的总切削时间。

显然，凡是影响刀具磨损的因素，也同样影响刀具耐用度。影响刀具磨损的主要因素是切削温度，而切削速度对切削温度影响最大，因此，切削速度对刀具耐用度的影响最大。

1.4 金属切削过程控制

1.4.1 刀具材料的选择

在金属切削加工中，刀具材料影响工件的加工质量、生产效率、加工成本以及刀具寿命，因此必须合理选择。

(1) 刀具材料应具有的性能

① 高的硬度和耐磨性。刀具材料只有具备高的硬度和耐磨性才能切入工件，并能承受剧烈的摩擦。一般情况下，材料硬度越高，耐磨性也越好。刀具切削部分的硬度应高于工件硬度一倍至几倍，常温下刀具材料的硬度应高于 60HRC。

② 足够的强度和韧性。刀具材料只有具备足够的抗弯强度和冲击韧性，才能承受切削过程中的切削力以及冲击和振动，避免切削过程中崩刃或脆性断裂。

③ 高的耐热性。耐热性是指刀具切削部分材料在高温下仍能保持原有硬度的性能。一般用红硬性或高温硬度来表示。

④ 良好的工艺性和经济性。刀具在制造时，其材料应具有良好的工艺性，如锻造性能、焊接性能、热处理性能、磨削性能等，同时应满足资源丰富、价格低廉等要求。

(2) 刀具材料的种类与选用

目前金属切削刀具材料主要有高速钢、硬质合金、涂层材料、陶瓷、立方氮化硼和金刚石等。其中高速钢、硬质合金、涂层材料应用广泛。

① 高速钢。高速钢是在合金工具钢中加入钨、钼、铬、钒等合金元素形成的高合金工具钢，又称锋钢。高速钢具有较高的抗弯强度和冲击韧性，许用切削速度为 25～55m/min，常温硬度为 63～65HRC，红硬性达 600～660℃。由于具有良好的工艺性，因此适宜制造刃形复杂的刀具，如钻头、丝锥、拉刀、滚刀等。

高速钢按用途分为通用高速钢和高性能高速钢；按制造工艺分为熔炼高速钢和粉末冶金高速钢。

a. 通用高速钢。通用高速钢按含钨量分为钨钢和钨钼钢，它可以满足通用工程材料的切削加工。

钨钢典型牌号为 W18Cr4V（含 W 18%、Cr 4%、V 1%），简称 W18，它具有良好的综合性能，可制造各种复杂刀具和精加工刀具。

钨钼钢典型牌号为 W6Mo5Cr4V2（含 W 6%、Mo 5%、Cr 4%、V 2%）等，其强度和韧性比钨钢高，热稳定性低于钨钢，它具有良好的热塑性，适宜制造抗冲击力及热成形的刀具。

b. 高性能高速钢。高性能高速钢是在普通高速钢中增大含碳量，加入钴、铝、钒等合金元素，从而进一步提高耐磨性和耐热性。典型牌号有高碳高速钢 9W18Cr4V、高钒高速钢 W6Mo5Cr4V3、钴高速钢 W2Mo9Cr4VCo8、铝高速钢 W6Mo5Cr4V2Al 等。高性能高速钢具有更好的切削性能，耐用度是普通高速钢的 1.3～3 倍。此类高速钢主要用于对高温合金、钛合金、不锈钢、超高强度钢等难加工材料的切削。

c. 粉末冶金高速钢。粉末冶金高速钢是用高压氩气或氮气将熔融的高速钢水雾化成细小粉末，然后在高温高压下制成致密的钢坯，再锻轧成材或刀具形状。其强度和韧性分别是熔炼高速钢的 2 倍和 2.5～3 倍，耐磨性提高 20%～30%，热处理变形小。此类高速钢适宜制造精密刀具和形状复杂刀具。

② 硬质合金。硬质合金是由高硬度、高熔点的金属碳化物（WC、TiC、TaC、NbC 等）用金属黏结剂（Co、Ni、Mo 等）以粉末冶金法烧结而成。硬质合金常温硬度为 78～82HRC，红硬性达 800～1000℃，许用切削速度高达 100m/min 以上，具有良好的耐磨性；但抗弯强度低，冲击韧性差，制造工艺性差，不宜制造形状复杂的刀具。硬质合金可以加工包括淬硬钢在内的多种材料。

国际标准化组织将硬质合金分为 K、P、M 三类，外包装分别用红色、蓝色和黄色作标志。我国对硬质合金刀具材料的分类见表 1-2。

表 1-2 常用硬质合金牌号及应用范围

合金牌号		相似 ISO	WC	TiC	TaC (NbC)	Co	硬度 (HRC)	抗弯强度/GPa	冲击韧性 /(kJ/m^2)	使用范围
WC+Co	YG3X	K01	96.5	—	<0.5	3	80	1.00	—	铸铁、有色金属及其合金的精加工，合金钢、淬火钢等的精加工
	YG6X	K10	93.5	—	<0.5	6	78	1.35	—	铸铁、冷硬铸铁、合金铸铁、耐热钢、合金钢的半精加工、精加工
	YG6	K20	94	—	—	6	75	1.40	26.0	铸铁、有色金属及其合金的粗加工、半精加工
	YG8	K30	92	—	—	8	74	1.50	—	铸铁、有色金属及其合金、非金属的粗加工
WC+TiC+Co	YT30	P01	66	30	—	4	80.5	0.90	3.0	碳钢、合金钢连续切削时的精加工
	YT15	P10	79	15	—	6	78	1.15	—	碳钢、合金钢连续切削时的半精加工、精加工

续表

合金牌号		相似ISO	WC	TiC	TaC(NbC)	Co	硬度(HRC)	抗弯强度/GPa	冲击韧性/(kJ/m^2)	使用范围
WC+TiC+Co	YT14	P20	78	14	—	8	77	1.20	7.0	碳钢、合金钢的连续切削、断续切削时的精加工
	YT5	P30	85	5	—	10	75	1.30	—	碳钢、合金钢的粗加工，也可用于断续切削
WC+TiC TaC(NbC)+Co	YW1	M10	84	6	4	6	80	1.25	—	不锈钢、耐热钢、高锰钢等难加工钢材、普通钢料、铸铁的精加工
	YW2	M20	82	6	4	8	78	1.50	—	不锈钢、耐热钢、高锰钢等难加工钢材、普通钢料、铸铁的半精加工
TiC+WC+Ni-Mo	YN05	P01	8	71	—	Ni-7 Mo-14	82	0.9	—	碳钢、铸铁、合金铸铁的高速精加工
	YN10	P05	15	62	1	Ni-12 Mo-10	80.5	1.10	—	碳钢、合金钢、工具钢及淬硬钢的连续面精加工

a. 钨钴类（WC＋Co）硬质合金。常用牌号有YG3、YG3X、YG6、YG6X、YG8等。这类硬质合金具有较高的抗弯强度和抗冲击韧性，但硬度和耐磨性差，主要用于加工铸铁和有色金属及非金属材料。Co含量越高，韧性越好，适合于粗加工；反之，适合于精加工。

b. 钨钴钛类（WC＋TiC＋Co）硬质合金。常用牌号有YT30、YT15、YT14、YT5等。这类硬质合金与YG类相比，硬度、耐磨性、耐热性都明显提高，但韧性、抗冲击性差，主要用于加工钢件。TiC含量越多、Co含量越少，耐磨性越好，适合于精加工；TiC含量越少、Co含量越多，承受冲击性越好，适合于粗加工。

c. 添加稀有碳化物类［WC＋TiC＋TaC(NbC)＋Co］硬质合金。在上述两类硬质合金的基础上添加某些碳化物，可改善其性能。如在YG类硬质合金中添加TaC（NbC），可细化晶粒，提高硬度和耐磨性，还可提高高温硬度、高温强度和抗氧化能力，但保持韧性不变，如YG6A、YG8N等。在YT类硬质合金中加入TaC（NbC），可提高抗弯强度、冲击韧性和耐磨性，以及高温强度和抗氧化能力，如YW1、YW2等，它们适合于加工铸铁、有色金属和钢料等，被称为通用硬质合金。

d. 碳化钛基类（TiC＋WC＋Ni-Mo）硬质合金。它是以TiC为主要硬质相，含少量WC，用Ni或Mo作黏结剂，制成的硬质合金。常用牌号有YN05、YN10。其耐磨性优于WC基硬质合金，介于硬质合金和陶瓷之间，又称金属陶瓷。适合于钢和铸铁的半精加工和精加工。

③ 涂层材料。涂层材料是在韧性较好的高速钢和硬质合金基体上，涂覆一薄层高硬度、高熔点、耐磨性好的金属化合物（如TiC、TiN、Al_2O_3等），而得到的刀具材料。它既具有基体材料强度高、韧性好的特点，又具有表层材料硬度高、耐磨性好的特点。它可提高切削速度30％～50％。

TiC涂层刀片呈银灰色，耐磨性好，在低速切削时有较高的耐磨性；TiN涂层刀片呈金黄色，润滑性能好，有较高的抗月牙洼形磨损的能力；Al_2O_3涂层刀片有较高的高温硬度和化学稳定性，适合于高速切削。此外，还有TiC-TiN、TiC＋TiN＋Al_2O_3等二层、三层的复合涂层，其性能更优。

涂层刀片广泛用于各种钢、铸铁的半精加工和精加工，以及负荷较轻的粗加工。

④ 陶瓷。制作刀具的陶瓷材料以人造化合物（如 Al_2O_3、Si_3N_4）为主要原料，在高压下成型、高温烧结而成。它具有很高硬度（达 78HRC）、耐磨性和耐热性（1200℃以上），化学稳定性好，与金属亲和力小，可承受较高的切削速度，但陶瓷材料抗弯强度低、冲击韧性差。

陶瓷刀具可以加工传统刀具难以加工的高硬材料，适合于高速切削和硬切削，并实现“以车代磨”。

⑤ 立方氮化硼。立方氮化硼（CBN）由软的六方氮化硼在高温高压条件下加入催化剂转变而成。其特点是硬度高、耐磨性好，耐热性高达 1400℃，化学稳定性好，与铁元素亲和力小等。

立方氮化硼是目前加工黑色金属材料以及实现高效、高速和高精度切削加工的最佳刀具材料，如果用立方氮化硼刀具以硬质合金刀具加工普通钢和铸铁的切削速度切削淬硬钢、冷硬铸铁和高温合金时，加工精度可达 IT5，表面粗糙度可达 $Ra0.05\mu m$。目前多用立方氮化硼制作模具和磨料，也可做成整体聚晶刀具，以及立方氮化硼和硬质合金的复合刀具。立方氮化硼与水起反应。

⑥ 金刚石。金刚石分天然和人造两种，都是碳的同素异形体，它是目前已知的最硬物质。金刚石硬度高、耐磨性好、摩擦系数小、导热性好，但热稳定性差（超过 800℃时发生碳化）、韧性差，而且与铁元素有很强的亲和力，因此金刚石不宜加工黑色金属，多用于加工有色金属及非金属材料，也用于制造磨具和磨料。

1.4.2 刀具几何参数的选择

刀具几何参数包括切削刃形状、刀面形式和切削刃角度等，各参数之间既相互关联又相互制约，选择时应综合分析，注意发挥其有利因素、克服和限制不利影响。

(1) 前角与前刀面形式的选择

① 前角的功用。前角主要影响切屑变形、切削力大小以及刀具耐用度。增大前角，可以减小切屑变形，减小切屑与前刀面的摩擦，减小切削力，降低切削温度，提高已加工表面质量。但前角过大会使刀刃强度降低，刀头散热体积减小，易造成崩刃或刀头温度升高。因而，前角应有一个合理的取值。

② 前角的选择。当工件材料的强度、硬度低时，因切削力较小，可取较大前角，以使切削刃锋利；当工件材料的强度、硬度高时，应取较小前角，甚至负前角。加工塑性材料时，应取较大前角，以减小切屑变形和刀具磨损；加工脆性材料时，应取较小前角，以保证切削刃有足够的强度。

刀具材料的强度、韧性高时，前角取大值；反之，取小值。如高速钢刀具的前角比硬质合金刀具大，硬质合金刀具的前角比陶瓷刀具大。

粗加工，特别是断续切削或加工有硬皮的毛坯时，切削力大、切削热多，且有冲击载荷，为保证刀具强度和散热面积，应取较小前角；精加工时，为使刀具锋利，并获得较高的表面质量，应取较大前角。

此外，工艺系统刚性差、机床功率不足时，应取较大前角；出现振动时，可增大前角。数控机床、自动线上的刀具，为保证刀具工作的稳定性，常取较小前角。

③ 前刀面的形式及其选择。常见的前刀面形式如图1-27所示。

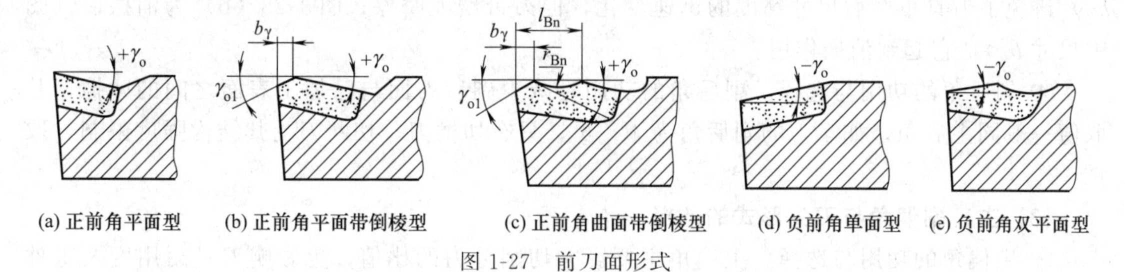

(a) 正前角平面型 (b) 正前角平面带倒棱型 (c) 正前角曲面带倒棱型 (d) 负前角单面型 (e) 负前角双平面型

图1-27 前刀面形式

图1-27（a）为正前角平面型，它是前刀面的基本形式，其制造简单、刀刃锋利，但刀尖强度较差，断屑能力差，常用于精加工。

图1-27（b）为正前角平面带倒棱型，它是在正前角平面型的基础上沿主切削刃磨出很窄的负倒棱，其刃口强度增强，用于脆性大的刀具材料及断续切削的场合。

图1-27（c）为正前角曲面带倒棱型，它是在正前角平面带倒棱型的基础上磨出曲面，曲面起到卷屑作用，同时增大前角，用于加工塑性材料。

图1-27（d）为负前角单面型，刀片承受压应力，切削刃强度好，抗冲击能力强，用于加工高强度、高硬度材料及带硬皮、有冲击的场合。

图1-27（e）为负前角双平面型，当刀具磨损同时发生在前、后刀面时，为充分利用刀具材料，增加刃磨次数，可采用负前角双平面型。

（2）后角与后刀面形式的选择

① 后角的功用。后角主要用于减小刀具与工件之间的摩擦，但后角过大，楔角减小，使刃口强度和刀头散热体积减小，故后角应有一个合理的取值。

② 后角的选择。当工件材料的强度、硬度高时，后角取小值，以保证切削刃的强度；当工件材料的强度低、韧性大时，后角取大值；加工脆性材料时，切削力主要集中在切削刃附近，为强化切削刃，应取较小后角。

精加工时切削厚度小，为使刀尖锋利，后角取大值；粗加工时切削厚度大，后角取小值。

工艺系统刚性差时，为防止振动，应取较小后角，甚至可以磨出消振棱。

此外，定尺寸刀具，为保证刀具耐用度，应取较小后角。

③ 后刀面形式。常见的后刀面形式见图1-28。

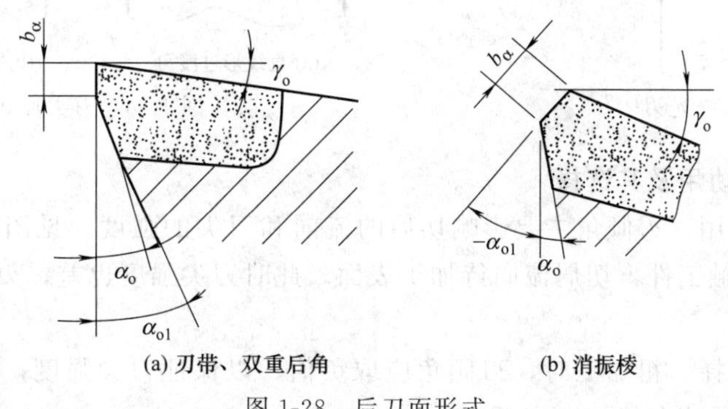

(a) 刃带、双重后角 (b) 消振棱

图1-28 后刀面形式

图 1-28（a）中，双重后角能保证刃口强度，减小刀具刃磨工作量；刃带（图中尺寸 b_α）避免了刀具重磨后尺寸精度的迅速变化，但刃带增大摩擦；图 1-28（b）为消振棱（图中尺寸 b_α），它起到消振作用。

④ 副后角的功用与选择。副后角的功用是减少副后刀面与已加工表面之间的摩擦，其取值一般同主后角，如车刀的副后角为 $4°\sim6°$，只有切槽刀、切断刀受其结构强度限制，取 $1°\sim2°$。

(3) 主、副偏角与刀尖形式的选择

① 主偏角的功用与选择。主偏角主要影响切削分力的比值，也影响刀具耐用度及工件表面粗糙度。主偏角减小，刀头强度增大，切削宽度增加，散热条件改善，已加工表面残留面积高度减小，主切削刃的工作长度增大，单位长度上的切削负荷减小，刀具耐用度提高，但进给力减小、背向力增大，断屑效果差。主偏角增大，则相反。

在工艺系统刚性较好时，主偏角应取小值；工艺系统刚性差（如车细长轴、薄壁筒）时，主偏角应取大值，以降低背向力。

② 副偏角的功用与选择。副偏角主要影响已加工表面的粗糙度，也影响切削分力的比值。副偏角减小，残留面积高度减小，表面粗糙度值小，但增大刀具与已加工表面之间的摩擦，且增大背向力。

当已加工表面粗糙度值小时，副偏角应取小值，甚至磨出修光刃，如图 1-29 中的 b_ε；工件强度、硬度高，或断续切削时，副偏角应取小值，以提高刀尖强度；工艺系统刚性差时，副偏角不宜太小，避免引起振动；切断时副偏角取 $1°\sim2°$。

③ 刀尖形式及其选择。为增强刀尖强度和改善散热条件，常将刀尖做成直线形过渡刃，如图 1-30（a）所示，过渡刃长 b_ε、偏角 $\kappa_{r\varepsilon}$；或将刀尖做成圆弧形过渡刃，如图 1-30（b）所示，过渡刃圆弧半径 r_ε。

直线形过渡刃，刃磨容易，一般适于粗加工；圆弧形过渡刃，刃磨较难，它可减小已加工表面粗糙度，较适于精加工。

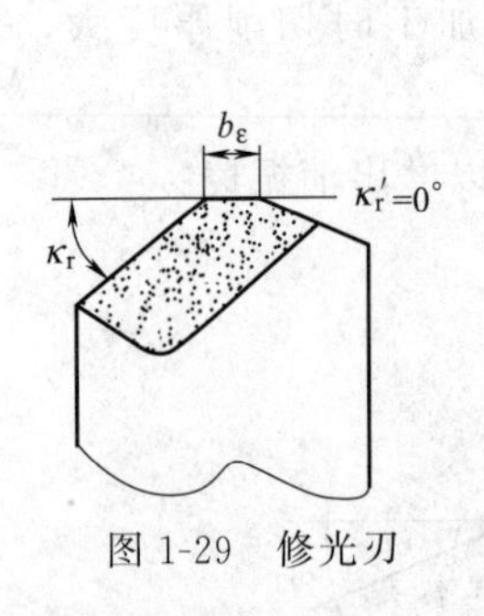

图 1-29 修光刃

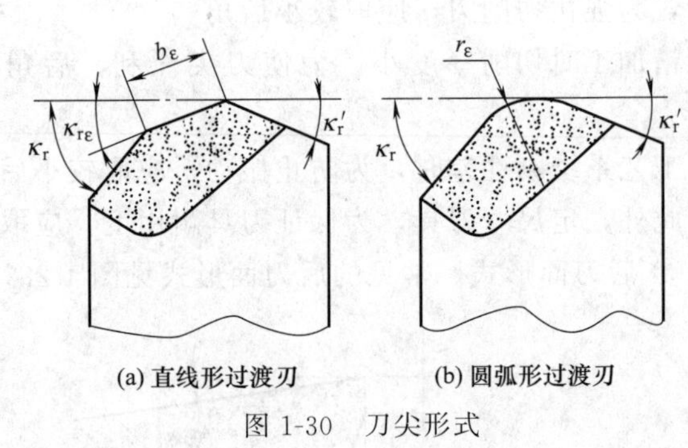

图 1-30 刀尖形式

(4) 刃倾角的功用及其选择

① 刃倾角的功用。刃倾角主要影响切屑的流向和刀尖的强度。见图 1-31，当刃倾角为正值时，刀尖先接触工件，切屑流向待加工表面，此时刀尖强度也差；刃倾角为负值时，则相反。

② 刃倾角的选择。粗加工时，刃倾角应取负值，以保证刀尖强度；精加工时，刃倾角应取正值，以使切屑流向待加工表面。

工件材料的强度、硬度高时，应取绝对值较大的负刃倾角，以提高刀尖强度。

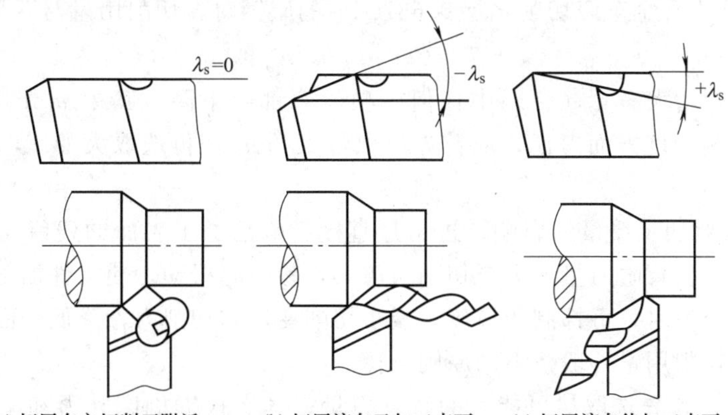

图 1-31 刃倾角对切屑流出方向的影响

在断续切削条件下，工件表面不规则，刃倾角宜取负值，以提高刀尖强度。

工艺系统刚性差时，刃倾角应取正值，以减小背向力，避免切削中的振动。

1.4.3 切削用量的选择

合理地选择切削用量直接影响工件加工质量、生产效率和加工成本，对批量生产、自动生产线和数控加工尤为重要。

(1) 切削用量选择的原则

所谓合理的切削用量，就是在保证加工质量的前提下，充分利用机床功率，发挥刀具性能，获得高的生产率和低的加工成本的切削速度、进给量和切削深度。

① 切削用量对生产率的影响。车削外圆时，按切削工时 t_m 计算的生产率为：

$$P=\frac{1}{t_m} \tag{1-12}$$

而

$$t_m=\frac{l_w\Delta}{n_w a_p f}=\frac{\pi d_w l_w \Delta}{10^3 v_c a_p f} \tag{1-13}$$

式中 t_m——工序切削时间，min；

d_w——工件车削前的直径，mm；

l_w——工件加工部分长度，mm；

Δ——半径方向上的加工余量，mm；

n_w——工件转速，r/min。

其中 d_w、l_w、Δ 均为常数，令

$$A_0=\frac{10^3}{\pi d_w l_w \Delta} \tag{1-14}$$

则 $P=A_0 v_c f a_p$

由上式可知，切削用量三要素同生产率保持线性关系，即提高切削速度、增大进给量和切削深度，都“同样地”提高生产率。

② 切削用量对刀具耐用度的影响。刀具耐用度的计算式为：

$$T=\frac{C_V}{v_c^{\frac{1}{m}} f^{\frac{1}{n}} a_p^{\frac{1}{p}}} \tag{1-15}$$

当用 YT5 硬质合金车刀切削 $\sigma_b=0.637GPa$ 的碳钢时，切削用量与刀具耐用度的关系：

$$T=C_v/v_c^5 f^{2.25} a_p^{0.75} \tag{1-16}$$

由上式可知，增大 v_c、f、a_p 中任何一项，T 都会下降，其中 v_c 影响最大，f 次之，a_p 最小。因此从耐用度方面考虑，应首先选取最大的 a_p，再选取大的 f，最后依据耐用度确定 v_c。

③ 切削用量对加工质量的影响。进给量直接影响已加工表面的残留高度，因而对表面粗糙度的影响最大。背吃刀量增大，切削力增大，易引起振动，使工件加工精度降低；当切削速度增大到一定值时，可抑制积屑瘤，减小切削变形和切削力，降低表面粗糙度值。

综上所述，切削用量一般按下列原则选择。

a. 粗加工时，首先选取尽可能大的背吃刀量；其次根据机床动力和刚性限制条件，选取尽可能大的进给量；最后根据刀具耐用度确定最佳的切削速度。

b. 精加工时，首先由粗加工后的余量确定背吃刀量；其次根据表面粗糙度要求选取较小的进给量；最后在保证刀具耐用度的前提下，选取尽可能大的切削速度。

（2）切削用量的确定

① 背吃刀量的确定。一般粗加工时，尽量一次走刀切除全部余量；当余量大、一次不能切除时，可分多次进给，但第一次、第二次进给的背吃刀量应大些。一般中等功率的机床，背吃刀量可达 8～10mm；半精加工时，背吃刀量取 0.25～2mm；精加工（Ra0.32～1.25μm）时，背吃刀量取 0.1～0.4mm。

② 进给量的确定。粗加工时，最大进给量主要受刀具强度、进给机构强度以及工艺系统刚性的限制，此时要结合具体实际，选取大的进给量。

精加工时，最大进给量主要受加工表面粗糙度的限制，此时应根据表面粗糙度要求，结合工件材料、刀尖圆弧半径、切削速度等，选取进给量。如精车时可取 0.1～0.2mm/r，精铣时可取 20～25mm/min。具体数值查阅《金属切削加工手册》。

③ 切削速度的确定。根据已经确定的 a_p、f 及 T，可利用公式计算切削速度：

$$v_c=\frac{C_v K_v}{T^m a_p^{x_v} f^{y_v}} \tag{1-17}$$

式中 C_v——切削速度系数；

K_v——切削速度修正系数；

T——刀具耐用度，min；

m——刀具耐用度指数；

x_v、y_v——背吃刀量、进给量对切削速度的影响指数。

以上各参数可在《切削用量手册》中查得。

切削速度也可根据生产经验在机床说明书允许的切削速度范围内查表选取。

1.4.4 切削液的选择

切削液在切削过程中起到冷却、润滑、清洗和防锈的作用。合理选择切削液，影响工件加工质量、刀具寿命和加工效率。

（1）切削液的种类

常用的切削液分为三大类：水溶液、切削油和乳化液。

① 水溶液。水溶液是以水为主要成分加入一定量的添加剂（如防锈添加剂等）制成的，

呈透明状。水溶液冷却效果好，润滑性能差，常用于粗加工和磨削加工。

② 切削油。切削油的主要成分是矿物油、动物油或复合油，在此基础上加入添加剂（如油性添加剂、防锈添加剂、极压添加剂等）。切削油润滑性能好，但冷却性能差。

③ 乳化液。用矿物油、乳化剂和添加剂配制成乳化油，再用95%～98%的水将其稀释，即为乳化液。乳化液呈乳白色或半透明状，具有良好的冷却作用，但润滑、防锈性能较差。通常再加入一定量的油性添加剂、极压添加剂和防锈添加剂，即配制成极压乳化液或防锈乳化液。

(2) 切削液的选用

切削液的使用效果除取决于切削液的性能外，还与刀具材料、工件材料、加工方法、加工要求等因素有关，选用时应综合考虑。

① 依据刀具材料、加工要求选择。高速钢刀具耐热性差，粗加工时加工余量大，切削用量大，切削热多，应选用以冷却为主的切削液，如低浓度的乳化液或水溶液；精加工时，要求表面粗糙度值较小，一般选用润滑性能较好的切削液，如高浓度的乳化液或含极压添加剂的切削油。硬质合金刀具耐热性好，一般不用切削液，如必要，可用低浓度乳化液或水溶液，但必须连续、充分地浇注，以免高温下刀片因冷热不均产生内应力而出现裂纹。

② 依据工件材料选择切削液。切削塑性材料时需用切削液；切削铸铁、黄铜等脆性材料时，一般不用切削液，避免崩碎切屑黏附在机床的运动部件上；切削高强度钢、高温合金等难加工材料时，由于切削加工处于极压润滑摩擦状态，故应选用含极压添加剂的切削液；切削有色金属及其合金时，为了得到较高的表面质量和精度，可选用10%～20%的乳化液、煤油或煤油与矿物油的混合液；切削铜时不宜用含硫的切削液，因为硫会腐蚀铜；切削镁合金时，不能用水溶液，以免燃烧。

③ 依据加工工种选择。钻孔、攻螺纹、铰孔、拉削等，排屑方式为半封闭、封闭状态，导向部、校正部与已加工表面的摩擦也严重，尤其对硬度高、强度大、韧性大、冷硬严重的难切削材料更为突出，此时宜用乳化液、极压乳化液和极压切削油；成形刀具、齿轮刀具等，要求保持形状、尺寸精度等，应采用润滑性好的极压切削油或高浓度极压乳化液；磨削加工温度很高，且磨屑细小，应采用具有较好冷却性能和清洗性能的水溶液或普通乳化液。

1.4.5 工件材料的切削加工性

工件材料的切削加工性是指工件材料被切削加工的难易程度，它与金属材料的化学成分、物理性能、金相组织和切削条件等诸多因素有关。

(1) 衡量工件材料切削加工性的指标

① 一定切削速度下刀具寿命 T 或一定刀具寿命下允许的切削速度 v_T。切削不同的工件材料，在相同生产率的条件下刀具寿命 T 越大，或在相同刀具寿命的条件下所允许的切削速度 v_T越高，则材料的切削加工性越好；反之，越差。

生产实际中，工件材料切削加工性常以相对加工性 K_v 表示，即以 45 钢（$\sigma_b=0.735$GPa）在刀具寿命 T 为 60min 时的切削速度 v_{60} 为基准，记作 $(v_{60})_j$，其他工件材料的 v_{60} 与 $(v_{60})_j$ 的比值，表达式为：

$$K_v=\frac{v_{60}}{(v_{60})_j} \tag{1-18}$$

当 $K_v>1$ 时，表明该材料比 45 钢易切削；当 $K_v<1$ 时，表明该材料比 45 钢难切削。

常用材料的相对加工性分为8级，如表1-3所示。

表1-3　材料的相对加工性等级

加工性等级	名称及种类		相对加工性	代表性材料
1	很容易切削材料	一般有色金属	＞3.0	5-5-5铜铅合金、9-4铝铜合金、铝镁合金
2	容易切削材料	易切削钢	2.5～3.0	退火15Cr,自动机钢
3		较易切削钢	1.6～2.5	正火30钢
4	普通材料	一般钢及铸铁	1.0～1.6	45钢,灰铸铁
5		稍难切削材料	0.65～1.0	调质2Cr13,85钢
6	难切削材料	较难切削材料	0.5～0.65	调质45Cr,调质65Mn
7		难切削材料	0.15～0.5	调质50CrV,1Cr18Ni9Ti,某些钛合金
8		很难切削材料	＜0.15	某些钛合金,铸造镍基高温合金

② 切削力或切削功率。在相同的切削条件下切削不同工件材料，切削力和切削功率越小，切削温度越低，则材料的切削加工性越好；反之越差。

③ 已加工表面质量。如果切削加工时容易获得好的加工表面质量，则材料的切削加工性好；反之差。

④ 切屑控制。如果切削加工时容易控制切屑的形状和断屑，则材料的切削加工性好；反之差。

(2) 改善材料切削加工性的措施

① 调整材料的化学成分。在钢中适当加入硫、钙、锰、铬、钼、磷、铅等元素，都将不同程度地影响材料的硬度、强度、韧性等，进而影响材料的切削加工性。

② 进行适当的热处理。低碳钢通过正火处理后，塑性降低，硬度提高；高碳钢球化退火后，硬度下降；不锈钢经调质后，硬度达到28HRC为宜；白口铸铁可在950～1000℃长时间退火而成可锻铸铁。以上均可改善材料切削加工性。

③ 选择加工性好的材料状态。低碳钢经冷拉后，塑性大为下降，加工性好；锻造的坯件余量不匀，且有硬皮，加工性很差，改以热轧后加工性得以改善。

此外选择合适的刀具材料，确定合理的刀具角度和切削用量，安排适当的加工工艺过程等，也可以改善材料的切削加工性能。

能力训练

1. 名词解释

(1) 切削用量

(2) 基面、切削平面、正交平面

(3) 法平面、假定工作平面、背平面

(4) 前角、后角、主偏角、副偏角、刃倾角

2. 简答题

(1) 切削运动可以分为主运动和进给运动，试说明其特点。

(2) 刀具的前角、后角、主偏角、副偏角、刃倾角分别在什么平面内测量？

(3) 何谓刀具的工作角度？分析车削内孔时，车刀刀尖安装高、低对刀具工作角度的影响。

(4) 切屑的形态有哪些？影响切削变形的主要因素有哪些？

(5) 何谓积屑瘤？它对切削过程有何影响？如何控制？

(6) 切削热是如何产生的？它对切削加工有何影响？通常采取哪些措施控制切削热？

(7) 刀具磨损的形式有哪些？试分析刀具磨损的原因。

(8) 何谓工件材料的切削加工性？如何改善材料的切削加工性？

(9) 金属切削对刀具材料的基本要求是什么？常用的刀具材料有哪些？

(10) 说明切削用量选择的原则。

3. 拓展训练

查阅资料，说明刃磨外圆车刀的操作步骤及注意事项。

金属切削加工方法

知识目标

① 熟悉机床型号编制方法。

② 熟悉常用金属切削机床的结构和传动路线及所用刀具。

③ 掌握各种金属切削加工方法的应用范围和工艺特点。

能力目标

① 能正确识别常用机床型号。

② 能根据零件形状结构特点和加工精度要求，选择恰当的加工方法。

2.1 金属切削机床的基本知识

金属切削机床是进行切削加工的主要设备，是指用刀具对金属毛坯进行切削加工时，用来提供必要的切削运动，以获得具有一定形状、尺寸和表面质量的机械零件的机器，简称机床。

2.1.1 机床的分类

金属切削机床的分类方法很多，最基本的是按加工方法和所用刀具进行分类。根据国家制定的机床型号编制方法，目前将机床分为 11 大类（见表 2-1）：车床、钻床、镗床、磨床、齿轮加工机床、螺纹加工机床、铣床、刨插床、拉床、锯床和其他机床。在每一类机床中，又按工艺范围、布局形式和结构性能分为若干组，每一组又分为若干个系（系列）。

除了上述基本分类方法外，还有其他分类方法。

(1) 按照万能性程度分类

① 通用机床。这类机床的工艺范围很宽，可以加工一定尺寸范围内的多种类型零件，完成多种多样的工序。例如，卧式车床、万能升降台铣床、万能外圆磨床等。

② 专门化机床。这类机床的工艺范围较窄，只能用于加工不同尺寸的一类（或几类）零件的一种（或几种）特定工序。例如，丝杠车床、凸轮轴车床等。

③ 专用机床。这类机床的工艺范围最窄，通常只能完成某一特定零件的特定工序。例如，加工机床主轴箱体孔的专用镗床、加工机床导轨的专用导轨磨床等。它是根据特定的工

艺要求专门设计制造的，生产率和自动化程度较高，适用于大批量生产，组合机床也属于专用机床。

(2) 按照机床的工作精度分类

按照机床的工作精度可以分为普通精度机床、精密机床和高精度机床。

(3) 按照机床的重量和尺寸分类

按照机床的重量和尺寸可以分为仪表机床、中型机床（一般机床）、大型机床（质量大于 10t）、重型机床（质量在 30t 以上）和超重型机床（质量在 100t 以上）。

(4) 按照机床主要工作部件的数目分类

按照机床主要工作部件的数目可以分为单轴、多轴、单刀、多刀机床等。

(5) 按照机床的自动化程度分类

按照机床的自动化程度可以分为普通机床、半自动机床和自动机床。自动机床具有完整的自动工作循环，包括自动装卸工件。半自动机床也有完整的自动工作循环，但装卸工件还需人工完成，因此不能连续地加工。

2.1.2　机床的型号编制

机床型号是机床产品的代号，用以简明表示机床的类型、主要技术参数与性能等。根据 GB/T 15375—2008《金属切削机床　型号编制方法》，机床型号由汉语拼音字母和阿拉伯数字按一定规律组合而成。

(1) 通用机床型号编制

通用机床型号由基本部分和辅助部分组成，中间用“/”隔开，读作“之”。前者需要统一管理，后者纳入型号与否由企业自定。型号构成如图 2-1 所示。

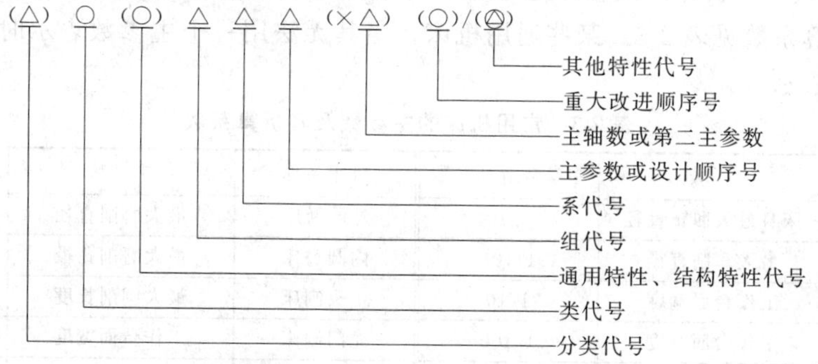

注：① 有“（）”的代号或数字，当无内容时则不表示，若有内容则不带括号；
② 有“○”符号的，为大写的汉语拼音字母；
③ 有“△”符号的，为阿拉伯数字；
④ 有“◎”符号的，为大写的汉语拼音字母或阿拉伯数字，或两者兼有之。

图 2-1　机床型号的表示方法

① 类代号和分类代号。机床的类代号，用大写的汉语拼音字母表示。必要时，每类可分为若干分类，分类代号在类代号之前，作为型号的首位，并用阿拉伯数字表示。机床的分类和代号见表 2-1。

② 通用特性代号和结构特性代号。这两种特性代号，用大写的汉语拼音字母表示，位于类代号之后。

通用特性代号有统一规定的含义，在各类机床的型号中表示的含义相同。机床的通用特性及其代号见表 2-2。

表 2-1 机床的类别及其代号

类别	车床	钻床	镗床	磨床			齿轮加工机床	螺纹加工机床	铣床	刨插床	拉床	锯床	其他机床
代号	C	Z	T	M	2M	3M	Y	S	X	B	L	G	Q
读音	车	钻	镗	磨	2磨	3磨	牙	丝	铣	刨	拉	割	其

对主参数值相同而结构、性能不同的机床，在型号中加结构特性代号予以区分，如CA6140中的“A”。结构特性代号用汉语拼音字母（通用特性代号已用的字母和“I”“O”两个字母不能用）A、B、C、D、E、L、N、P、T、Y表示，可将两个字母组合起来使用，如AD、AE等。

当型号中有通用特性代号时，结构特性代号应排在通用特性代号之后。

表 2-2 机床的通用特性及其代号

通用特性	高精度	精密	自动	半自动	数控	加工中心	仿形	轻型	重型	简式或经济型	柔性加工单元	数显	高速
代号	G	M	Z	B	K	H	F	Q	C	J	R	X	S
读音	高	密	自	半	控	换	仿	轻	重	简	柔	显	速

③ 组、系代号。根据工艺范围、布局形式和主要结构的不同，每类机床又划分为10个组，每组又划分为10个系（系列）。机床的组、系代号用数字表示，位于机床类别代号、通用特性和结构特性代号之后，组代号在前，系代号在后。机床的组、系代号可查阅GB/T 15375—2008。

④ 主参数代号。机床的规格用主参数代号表示，它是机床主参数的折算值。常用机床的主参数及折算系数见表2-3。某些通用机床，当其无法用一个主参数表示时，则在型号中用设计顺序号表示。

表 2-3 常用机床的主参数及其折算系数

机床名称	主参数	主参数折算系数	机床名称	主参数	主参数折算系数
卧式车床	床身最大回转直径	1/10	外圆磨床	最大磨削直径	1/10
立式车床	最大车削直径	1/100	内圆磨床	最大磨削孔径	1/10
升降台铣床	工作台面宽度	1/10	牛头刨床	最大刨削长度	1/10
龙门铣床	工作台面宽度	1/100	龙门刨床	工作台面宽度	1/100
摇臂钻床	最大钻孔直径	1/1	矩台平面磨床	工作台面宽度	1/10
拉床	额定拉力	1/10	圆台平面磨床	工作台面直径	1/10

⑤ 主轴数或第二主参数。机床主轴数以实际数据列入型号，位于主参数之后，用乘号“×”分开，如C2150×6。第二主参数是指最大跨距、最大工件长度、最大模数等，一般折算成两位数，如Z3040×16。

⑥ 重大改进序号。当机床的结构、性能有重大改进和变化时，在原机床型号的尾部加改进顺序号，以区别于原型号，以A、B、C……字母的顺序表示。

⑦ 其他特性代号。其他特性代号置于辅助部分之首，主要反映各类机床的特性。如对于数控机床，可以用来反映不同的数控系统等；对于加工中心，可以用来反映控制系统、联动轴数、自动交换主轴头、自动交换工作台等；对于一般机床，可以用它来反映同一型号机床的变型等。其他特性代号可用汉语拼音字母表示，也可用阿拉伯数字表示，还可以两者组

合起来表示。

通用机床型号示例。

示例1：型号THM6350表示工作台最大宽度为500mm的精密卧式加工中心。

示例2：型号Z3040×16表示最大钻孔直径为40mm，最大跨距为1600mm的摇臂钻床。

示例3：型号CX5112A表示最大车削直径为1250mm，经过第一次重大改进的数显单柱立式车床。

(2) 专用机床型号的编制

专用机床型号一般由设计单位代号和设计顺序号（从001起始）组成。例如沈阳第一机床厂设计的第一台专用机床的型号是S1-001。

2.1.3 机床的传动

(1) 机床的传动联系

在金属切削机床上要实现加工过程中的各种运动，机床必须具备以下3个基本部分。

① 动力源。提供运动和动力的装置，一般为电动机。

② 执行件。执行机床运动的部件，如主轴、刀架、工作台等。

③ 传动装置。传递运动和动力的传动装置。常用的传动装置有机械传动、液压传动、气压传动、电气传动以及兼有以上几种传动的复合传动等，其中机械传动装置应用最广。通过传动装置把动力源和执行件或相关的执行件连接起来，构成传动联系，实现必要的运动。

(2) 机床的传动链

用一系列传动元件构成具有传动联系的机构，称之为传动链。传动链按功用可分为主运动传动链和进给运动传动链；按性质可分为外联系传动链和内联系传动链。

① 外联系传动链。一般连接动力源和执行件，把动力源提供的运动和动力传至执行件。外联系传动链的传动比只决定切削速度和进给量的大小，不影响成形运动的精度，故传动比不要求非常准确，如车床的主运动传动链等。

② 内联系传动链。连接的是两个相关的执行件，保证它们具有准确的传动比关系，故内联系传动链的传动比要求非常准确，如车螺纹时，联系主轴—刀架之间的螺纹传动链，就是传动比有严格要求的内联系传动链。

(3) 传动原理图

传动原理图是用一些简明的符号表示机床在实现某种表面成形运动时的传动联系示意图，如图2-2所示。图中虚线表示定比传动机构，菱形表示可调变速机构。

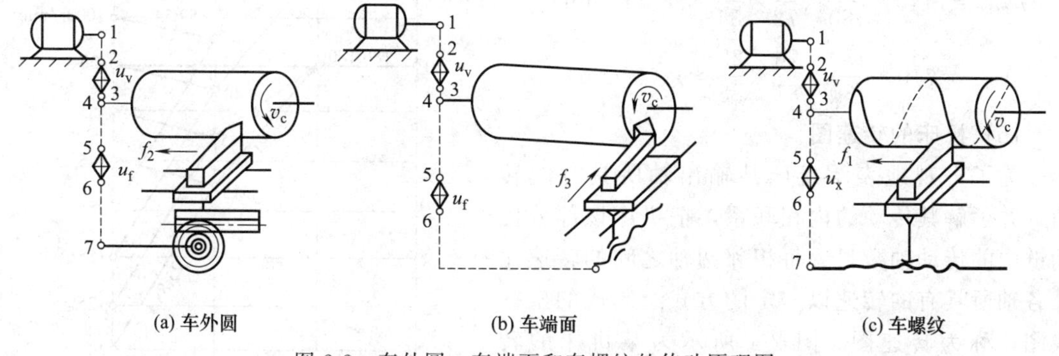

图2-2 车外圆、车端面和车螺纹的传动原理图

图 2-2 (a)、(b) 为车床车外圆柱面、端面时的传动原理图。图中 4—5—u_f—6—7 表示纵向、横向进给传动链，它使工件与车刀的运动保持着联系，但没有严格的传动比关系，不影响加工精度，属外联系传动链。

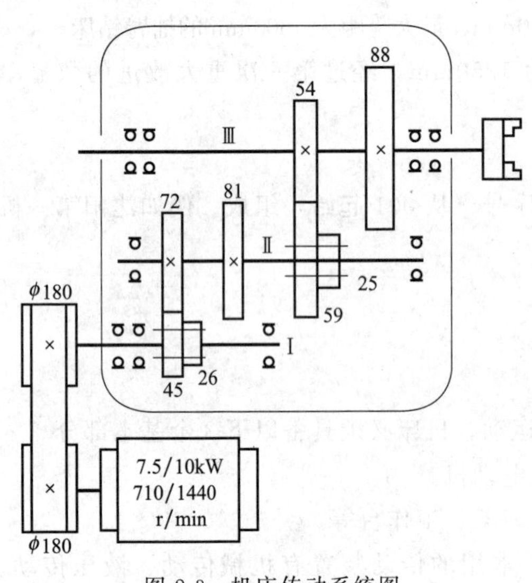

图 2-3 机床传动系统图

图 2-2 (c) 为车螺纹时的传动原理图。图中 4—5—u_x—6—7 表示形成螺纹表面需要两个运动，即工件的旋转与刀具纵向直线运动，以及工件与刀具之间保持准确的传动比关系，即工件转一周刀具准确地移动一个导程，故属内联系传动链。

(4) 机床的传动系统图及传动路线表达式

机床的传动系统图是表示机床各个传动链和传动结构的综合简图。机床传动系统图一般绘制成平面展开图，按照运动传递顺序绘在一个能反映机床外形及各部件相对位置的轮廓线框内。

阅读传动系统图时，首先找出要分析的传动链的两个端件，即输入、输出端，然后分析从输入端到输出端之间的传动顺序、传动结构及传动关系，最后写出传动路线表达式。

图 2-3 为某机床传动系统图中的主传动链图，其两端件是电动机和主轴，电动机经带传动带动轴Ⅰ转动，然后经轴Ⅰ—Ⅱ和Ⅱ—Ⅲ间的滑移齿轮变速机构传给主轴。由电动机至主轴的传动路线表达为：

$$\text{电动机}\left\{\frac{7.5/10\text{kW}}{710/1440\text{r/min}}\right\}—\frac{\phi180}{\phi180}—\text{Ⅰ}—\begin{bmatrix}\frac{45}{72}\\ \frac{26}{81}\end{bmatrix}—\text{Ⅱ}—\begin{bmatrix}\frac{59}{54}\\ \frac{25}{88}\end{bmatrix}—\text{Ⅲ(主轴)}$$

利用传动路线表达式可以计算该传动链执行件的速度级数，如上式主轴可获得 1×2×2=4 级转速。

利用传动路线表达式还可以计算该传动链执行件的各级转速，如上式主轴的最大、最小转速为：

$$n_{\max}=1440\times\frac{180}{180}\times\frac{45}{72}\times\frac{59}{54}\approx980(\text{r/min})$$

$$n_{\min}=710\times\frac{180}{180}\times\frac{26}{81}\times\frac{25}{88}\approx65(\text{r/min})$$

(5) 机床的转速图

为了直观地表示机床某输出轴所具有的转速，并了解其传动的内在联系，把机床该部分传动链中的传动轴数目、每相邻两轴之间的转速比及各轴所具有的转速以一定的方式绘制成的坐标线图，称为转速图。图 2-4 所示为某机床的转速图。

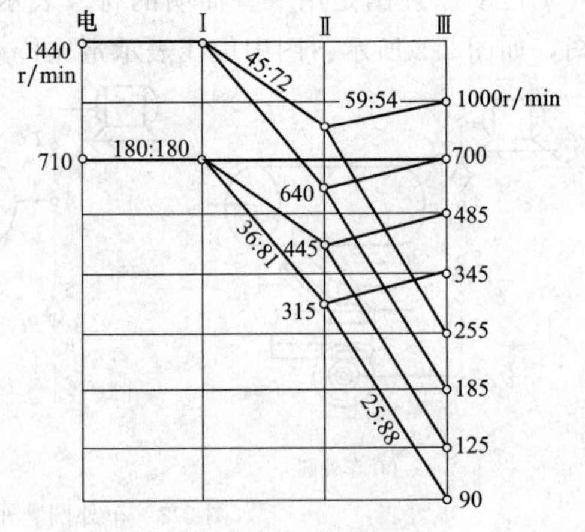

图 2-4 机床转速图

转速图的竖线上的小圆点表示各轴所能获得的转速，圆点数为该轴具有的转速级数。如Ⅰ轴具有两级转速，分别是 1440r/min 和 710r/min。

转速图还可表明获得某一转速的传动路线。如主轴转速 485r/min 时，传动路线为：

$$电动机(710r/min)—\frac{\phi180}{\phi180}—Ⅰ—\frac{45}{72}—Ⅱ—\frac{59}{54}—Ⅲ(主轴)$$

2.2 车削加工

2.2.1 车削加工的应用范围

车削加工是一种最基本和应用最广的切削加工方法，主要用于各回转表面的加工，如车外圆、车端面、切槽和切断、车内孔、车圆锥面、车成形面、车螺纹、钻中心孔、钻孔、铰孔等。另外，在车床上也可进行滚花、绕弹簧等操作。车削的工艺范围如图 2-5 所示。车削加工中，工件的旋转为主运动，刀具的运动为进给运动。

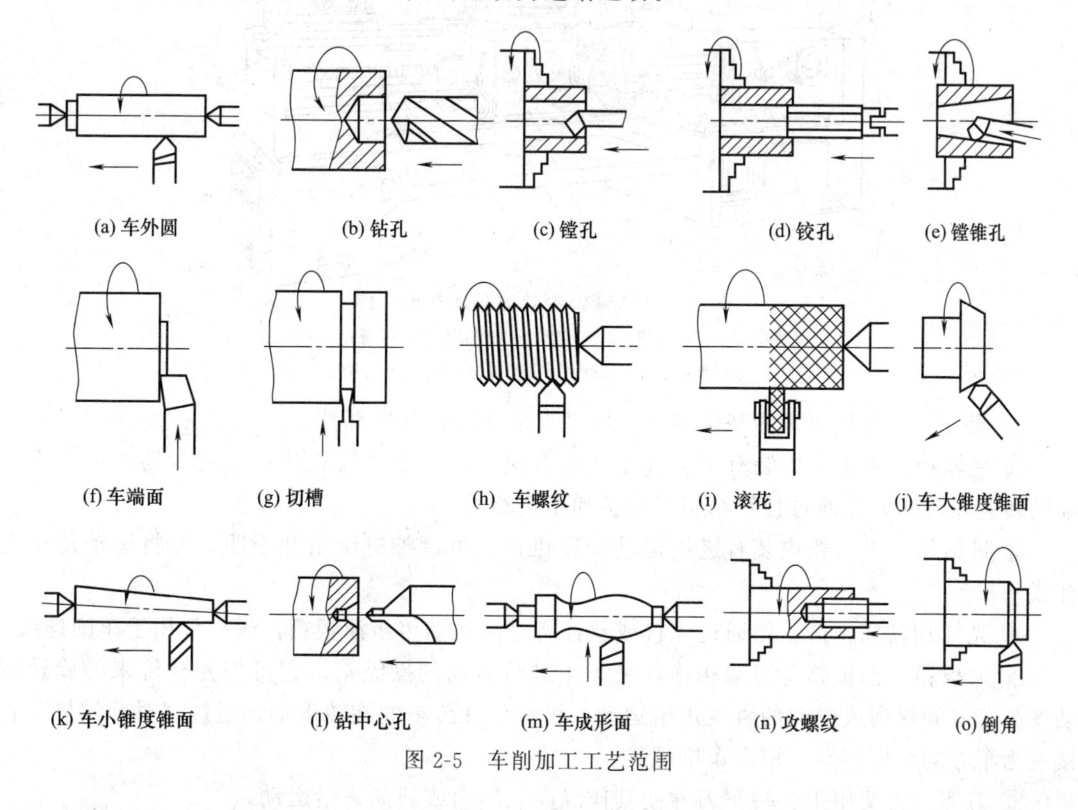

图 2-5 车削加工工艺范围

粗车时加工精度一般为 IT12～IT10，表面粗糙度 Ra 值为 50～12.5μm；精车时加工精度可达 IT8～IT6，表面粗糙度 Ra 值为 1.6～0.8μm。

车削加工有以下工艺特点：

① 易于保证零件各加工表面的相互位置精度。对于轴、套筒、盘类等零件，在一次安装中完成同一零件的多个表面，如不同直径的外圆、孔及端面等，可保证各外圆表面的同轴度，各外圆表面与内孔的同轴度，以及端面与轴线的垂直度。

② 生产率高、生产成本低。车削加工时，切削过程平稳，允许采用较大的切削用量，

还可以采用强力切削和高速切削；车刀是刀具中最简单的一种，制造、刃磨和安装方便，刀具费用低；车床附件多，装夹及调整时间较短，生产准备时间短。因此车削加工生产率高、生产成本低。

③ 应用范围广。车床上不仅可以完成多种表面的车削加工，还可以车削多种材料，如黑色金属、有色金属和非金属材料，特别适合于有色金属的精加工。

2.2.2 CA6140型卧式车床

车床的类型很多，生产上常用的有卧式车床、立式车床、转塔车床等，其中卧式车床应用最广。卧式车床的主轴水平布置，下面以CA6140卧式车床为例介绍卧式车床的结构与传动。

(1) CA6140型卧式车床的结构

CA6140主要组成部分如图2-6所示。

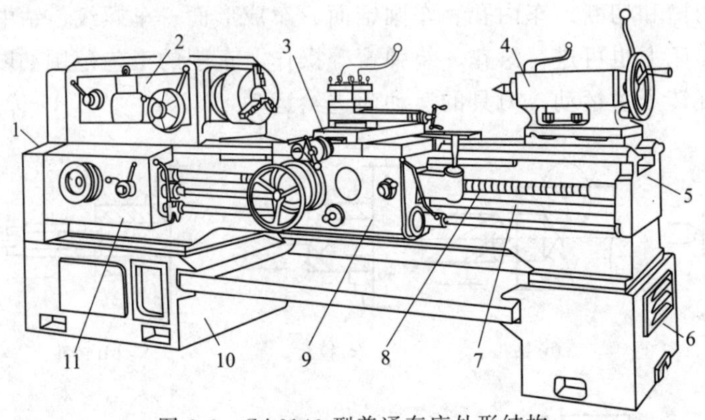

图2-6 CA6140型普通车床外形结构

1—变速机构；2—主轴箱；3—刀架；4—尾座；5—床身；6，10—底座；7—光杠；8—丝杠；9—溜板箱；11—进给箱

① 床身。床身是车床的基础零件，用来支承和连接其他部件。

② 主轴箱。主轴箱内装有主轴和主运动变速结构。通过齿轮传动和离合器，可变换主轴的转速和转向，并通过挂轮箱将运动传递给进给箱。

③ 进给箱。进给箱内装有进给运动变速机构，可调整进给量和螺距，并将运动传至光杠或丝杠。

④ 光杠和丝杠。进给箱通过光杠或丝杠将进给运动传至溜板箱，丝杠仅用于车削螺纹。

⑤ 溜板箱。溜板箱与刀架相连，是车床进给运动的操纵箱。它可将光杠传来的旋转运动变为车刀的纵向或横向的直线进给运动；可将丝杠传来的旋转运动，通过“对开螺母”直接变为车刀的纵向移动，用以车削螺纹。

⑥ 刀架。刀架用来夹持车刀并使其作纵向、横向或斜向进给运动。

⑦ 尾座。尾座安装在床身导轨上。在尾座的套筒内安装顶尖，支承工件；也可安装钻头、铰刀等刀具，在工件上进行孔加工；将尾座偏移，还可用来车削圆锥体。

(2) CA6140型卧式车床的传动

CA6140型卧式车床的传动系统如图2-7所示。

将电动机的旋转运动传给主轴的传动总和，称为主运动传动链。主运动传动链的传动路线表达式如下：

$$\underset{(7.5\text{kW}，1450\text{r/min})}{\text{电动机}}-\frac{\phi 130}{\phi 230}-\text{I}-\left\{\begin{array}{l}\underset{(\text{正转})}{\text{M}_1(\text{左})}-\begin{bmatrix}\frac{56}{38}\\ \frac{51}{43}\end{bmatrix}\\ \underset{(\text{反转})}{\text{M}_1(\text{右})}-\frac{50}{34}-\text{VII}-\frac{34}{30}\end{array}\right\}-\text{II}-\begin{bmatrix}\frac{39}{41}\\ \frac{30}{50}\\ \frac{22}{58}\end{bmatrix}-$$

$$-\text{III}-\left\{\begin{array}{l}\begin{bmatrix}\frac{20}{80}\\ \frac{50}{50}\end{bmatrix}-\text{IV}-\begin{bmatrix}\frac{20}{80}\\ \frac{51}{50}\end{bmatrix}-\text{V}-\frac{26}{58}-\text{M}_2(\text{右移})\\ \frac{63}{50}(\text{M}_2\ \text{左移})\end{array}\right\}-\text{VI}(\text{主轴})$$

运动由电动机经V带轮传到主轴箱中的Ⅰ轴，在Ⅰ轴上装有双向多片式摩擦离合器 M_1，其作用是控制主轴正转、反转或停止。当压紧 M_1 左部的摩擦片时，Ⅰ轴的运动经齿轮副56/38或者51/43传给Ⅱ轴。当压紧 M_1 右部的摩擦片时，Ⅰ轴的运动经齿轮 Z_{50} 传给Ⅶ轴上的空套齿轮 Z_{34}，然后再传到Ⅱ轴上的齿轮 Z_{30}，由于这条传动路线中多了一个中间齿轮 Z_{34}，因此Ⅱ轴的转动方向与 M_1 左部传动时转向相反。当 M_1 处于中间位置时，其左部和右部的摩擦片都没有被压紧，Ⅰ轴的运动不能传至Ⅱ轴，此时主轴停止转动。

Ⅱ轴的运动可分别通过三对齿轮副传给Ⅲ轴，Ⅲ轴正转共有2×3=6种转速，反转共有1×3=3种转速。Ⅲ轴运动可通过两条路线传给主轴。

a. 主轴上的滑移齿轮 Z_{50} 移至左端，使之与Ⅲ轴上的 Z_{63} 啮合，此时运动由Ⅲ轴经齿轮副63/50传给主轴，使主轴得到450～1400r/min的6种高转速。

b. 主轴上的滑移齿轮 Z_{50} 移至右端，使齿式离合器 M_2 啮合，此时Ⅲ轴上的运动经Ⅳ轴、Ⅴ轴、齿轮副26/58传至主轴，使主轴得到10～500r/min的低转速。

主轴正转时，利用各滑移齿轮的轴向位置的各种不同组合，共可得2×3×(1+2×2)=30种传动主轴的路线。从Ⅲ轴到Ⅴ轴之间的4条传动路线的传动比分别为：

$$i_1=\frac{20}{80}\times\frac{20}{80}=\frac{1}{16}\qquad i_2=\frac{20}{80}\times\frac{51}{50}\approx\frac{1}{4}$$

$$i_3=\frac{50}{50}\times\frac{20}{80}=\frac{1}{4}\qquad i_4=\frac{50}{50}\times\frac{51}{50}\approx 1$$

其中 i_2 和 i_3 基本相同，所以实际上只有3种不同的传动比。运动通过该路线传动时，主轴实际上只能得到2×3×(2×2−1)=18级转速。加上主轴6种高转速，主轴共可获得2×3×[1+(2×2−1)]=24级转速。

同理，主轴反转时可获得3×[1+(2×2−1)]=12级转速。

主轴的转速可按下列传动链方程式计算：

$$n_z=n_d\frac{d_1}{d_2}\varepsilon i_z \tag{2-1}$$

式中 n_z——主轴转速，r/min；

n_d——电动机转速，r/min；

d_1——主动带轮直径，mm；

d_2——从动带轮直径，mm；

ε——V带传动的滑动系数，ε=0.98；

i_z——所选传动路线齿轮总传动比。

其中，正转时的最高及最低转速计算如下：

$$n_{max}=1450\times\frac{130}{230}\times0.98\times\frac{56}{38}\times\frac{39}{41}\times\frac{63}{50}\approx1400(\text{r/min})$$

$$n_{min}=1450\times\frac{130}{230}\times0.98\times\frac{51}{43}\times\frac{22}{58}\times\frac{20}{80}\times\frac{20}{80}\times\frac{26}{58}\approx10(\text{r/min})$$

主轴的各级转速由主轴箱右边手柄操作调整。

(3) 车削螺纹传动链

CA6140型普通车床可以车削公制、英制、模数制和径节制四种标准的常用螺纹，还可以车削大导程、非标准和较精密的螺纹。既可车削右旋螺纹，也可车削左旋螺纹。

车削螺纹时，必须保证主轴转一转，刀具准确地移动一个螺纹导程的距离。为了车削不同标准、不同导程的螺纹，需要对车削螺纹传动路线进行适当的调整，使 $i_{总}$ 作相应的改变。

① 车削公制螺纹。车削公制螺纹时，进给箱中的离合器 M_3 和 M_4 脱开，M_5 接合。运动从主轴Ⅵ经Ⅸ轴（或再经Ⅺ轴上的中间齿轮 Z_{35} 使运动反向）传至Ⅹ轴，再经挂轮传至进给箱中的ⅩⅢ轴，然后经齿轮副26/36、ⅩⅣ—ⅩⅤ轴之间的滑移齿轮变速机构、齿轮副25/36×36/25传至ⅩⅥ轴，再经ⅩⅥ—ⅩⅧ轴之间的两组滑移齿轮变速机构和离合器 M_5 传给丝杠。合上溜板箱中的开合螺母，使之与丝杠啮合，就可以带动刀架纵向移动。车削公制螺纹时的传动路线表达式如下：

$$\text{主轴Ⅵ}-\frac{58}{58}\left\{\begin{array}{c}\frac{33}{33}\\(\text{右旋螺纹})\\\frac{33}{25}\times\frac{25}{33}\\(\text{左旋螺纹})\end{array}\right\}-\text{Ⅹ}-\frac{63}{100}\times\frac{100}{75}-\text{ⅩⅢ}-\frac{25}{36}-\text{ⅩⅣ}-\left[\begin{array}{c}\frac{26}{28}\\\frac{28}{28}\\\frac{32}{28}\\\frac{36}{28}\\\frac{19}{14}\\\frac{20}{14}\\\frac{33}{21}\\\frac{36}{21}\end{array}\right]-\text{ⅩⅤ}-\frac{25}{36}\times\frac{36}{25}-$$

$$-\text{ⅩⅥ}-\left[\begin{array}{c}\frac{28}{35}\times\frac{35}{28}\\\frac{18}{45}\times\frac{35}{28}\\\frac{28}{35}\times\frac{15}{48}\\\frac{18}{45}\times\frac{15}{48}\end{array}\right]-\text{ⅩⅧ}-M_5-\text{ⅩⅨ（丝杠）}-\text{刀架}$$

为适应车削右旋或左旋螺纹的需要，Ⅸ—Ⅹ轴之间的换向机构，可在主轴Ⅵ转向不变的情况下改变丝杠的旋转方向。ⅩⅣ—ⅩⅤ轴之间和ⅩⅥ—ⅩⅧ轴之间的齿轮变速机构，用于变换主轴至丝杠间的传动比，以便车削各种不同导程的螺纹。ⅩⅣ—ⅩⅤ轴之间的变速机构可变换8种不同的传动比，称为基本组。ⅩⅥ—ⅩⅧ轴之间的变速机构可变换4种传动比，称为增倍组。车削公制螺纹时，传动路线的方程式如下：

$$KP_1 = l_{(主轴)} i_{总} P_{丝} \tag{2-2}$$

式中 K——被加工螺纹的线数；

P_1——被加工螺纹的螺距，mm；

$i_{总}$——主轴至丝杠之间全部传动机构的总传动比；

$P_{丝}$——机床丝杠的螺距，mm；

$l_{(主轴)}$——主轴转一周。

CA6140型车床的丝杠螺距为12mm，计算可得到8×4=32种螺距，其中符合标准的有20种。

② 车削模数螺纹。车削模数螺纹主要用于车削公制蜗杆。模数螺纹的模数为m，则齿距为πm，设螺纹的线数为K，则模数螺纹的导程为$K\pi m$。由于导程中含有π，所以在车削模数螺纹时，挂轮需要换成64/100×100/97，其余部分的传动路线与车削公制螺纹时完全相同。

③ 车削英制螺纹。英制螺纹以每英寸长度上的扣数α表示，因此英制螺纹的螺距为$\frac{1}{\alpha}$(in)，换算成公制为$\frac{25.4}{\alpha}$mm，则其导程为$K\frac{25.4}{\alpha}$mm。车削英制螺纹时，挂轮为63/100×100/75，进给箱中的离合器M_3和M_5接合，M_4脱开。同时，ⅩⅥ轴左端的滑移齿轮Z_{25}左移，与固定在ⅩⅣ轴上的齿轮Z_{36}啮合。与车削公制螺纹时相反，运动由ⅩⅢ轴经离合器M_3先传到ⅩⅤ轴，然后由ⅩⅤ轴传到ⅩⅣ轴，再经齿轮副传至ⅩⅥ轴。其余部分传动路线与车削公制螺纹相同。

④ 车削径节螺纹。车削径节螺纹主要用于车削英制蜗杆。车削径节螺纹时，除挂轮需要换成64/100×100/97外，其余部分的传动路线与车削螺纹完全相同。

⑤ 车削大导程螺纹。在使用正常螺距传动路线时，车削的最大导程为12mm。当车削导程大于12mm的多线螺纹、螺旋油槽时，就要使用扩大螺距机构。这时应将主轴箱内Ⅸ轴上的滑移齿轮Z_{58}移至右端，使之与Ⅷ轴上的齿轮Z_{26}啮合。当主轴上的M_2向右接合时，Ⅸ轴的转速比主轴转速高4倍和16倍，从而使车出的螺纹导程也扩大了4倍和16倍。由于主轴M_2右移接合时，主轴处于低速状态，所以当主轴转速为10～32r/min时，导程可以扩大16倍；当主轴转速为40～125r/min时，导程可以扩大4倍；当主轴转速再高时，导程不能扩大。

⑥车削非标准和较精密的螺纹。车削非标准螺纹或精度要求较高的螺纹时，可将进给箱中的三个齿轮离合器M_3、M_4、M_5全部接合，把ⅩⅢ、ⅩⅤ、ⅩⅧ、ⅩⅨ轴（丝杠）连成一体，运动直接由Ⅷ轴传至丝杠，车削螺纹导程通过选配挂轮架上的交换齿轮得到。由于传动路线缩短，减小了传动误差，可车出精度较高的螺纹。

(4) 纵向、横向机动进给传动链

车削圆柱面和端面时，刀架纵向、横向机动进给，由主轴至进给箱ⅩⅧ轴的传动路线，与车削公制和英制螺纹的传动路线相同，其后运动由 XVIII 轴经齿轮副 28/56 传至光杠 XX，再经溜板箱中的齿轮副 36/32×32/56、超越离合器 M_9、安全离合器 M_6、XXII 轴、蜗杆蜗轮副 4/29 传至 XXV 轴。当运动由 XXV 轴经齿轮副 40/48 或 40/30×30/48、双向离合器 M_7、XXVI 轴、齿轮副 28/80 传至小齿轮 Z_{12}，小齿轮沿固定在床身上的齿条转动时，床鞍作纵向机动进给。当运动由 XXV 轴经齿轮副 40/48 或 40/30×30/48、M_8、XXVII 轴及齿轮副 48/48×59/18 传至 XXIX 横向进给丝杠后，刀架作横向机动进给。其传动路线表达式如下：

$$\text{主轴 VI}-\left\{\begin{array}{l}\text{英制螺纹传动路线}\\ \text{公制螺纹传动路线}\end{array}\right\}-\text{XVIII}-\frac{28}{26}-\text{XX（光杠）}-\frac{36}{32}\times\frac{32}{56}-M_9\text{（超越离合器）}-M_6\text{（安全离合器）}-\text{XXII}-\frac{4}{29}-\text{XXV}-$$

$$\left\{\begin{array}{l}\left\{\begin{array}{l}\frac{40}{48}-M_7\uparrow\\ \frac{40}{30}\times\frac{30}{48}-M_7\downarrow\end{array}\right\}-\text{XXVI}-\frac{28}{80}-\text{XXIII}-Z_{12}-\text{齿条}-\text{刀架(纵向进给)}\\ \left\{\begin{array}{l}\frac{40}{48}-M_8\uparrow\\ \frac{40}{30}\times\frac{30}{48}-M_8\downarrow\end{array}\right\}-\text{XXVII}-\frac{48}{48}\times\frac{59}{18}-\text{XXIX}-\text{刀架(横向进给)}\end{array}\right.$$

CA6140 型车床纵向机动进给量有 64 种，由 4 种类型的传动路线获得：当运动由主轴经正常导程公制螺纹传动路线时，可获得正常进给量；运动经正常导程的英制螺纹传动路线时，可得较大的纵向进给量；当主轴箱上手柄置于“扩大螺距”位置，主轴上 M_2 向右接合时，可得加大进给量；当 M_2 向左接合时，主轴处于 450～1400r/min，可得小进给量。

2.2.3 其他车床

(1) 立式车床

立式车床的主轴处于垂直位置，如图 2-8 所示。立式车床分为单柱式和双柱式两种，小型立式车床一般做成单柱式，大型立式车床做成双柱式。立式车床的工作台在水平面内，工件装夹在工作台上，主轴带动工件作主运动，垂直刀架带动车刀进行进给运动。

立式车床的工件装在水平工作台上，安装调整比较方便；工作台由导轨支承，工件的重量和切削力主要由工作台和导轨承受，减轻了主轴及其轴承的负荷，工作平稳，容易保证加工精度。立式车床主要用于加工径向尺寸大而轴向尺寸相对较小、形状复杂的大型和重型工件，如各种盘、轮和套类工件的圆柱面、端面、圆锥面、圆柱孔、圆锥孔等。

(2) 转塔车床

转塔车床有一个可安装多把刀具的转塔刀架，根据工件的加工要求，预先将所用刀具在转塔刀架上安装调整好。加工时，通过刀架转位，这些刀具依次轮流工作，可节省辅助工作时间，提高生产效率。转塔车床用于在成批生产中加工内外圆有同轴度要求的、较复杂的工件。转塔车床的结构见图 2-9。

(3) 仿形车床

仿形车床能按照样板或样件的轮廓，自动车削出形状和尺寸与其相同的工件，适用于大批量生产中加工圆锥形、阶梯形及成形回转面。

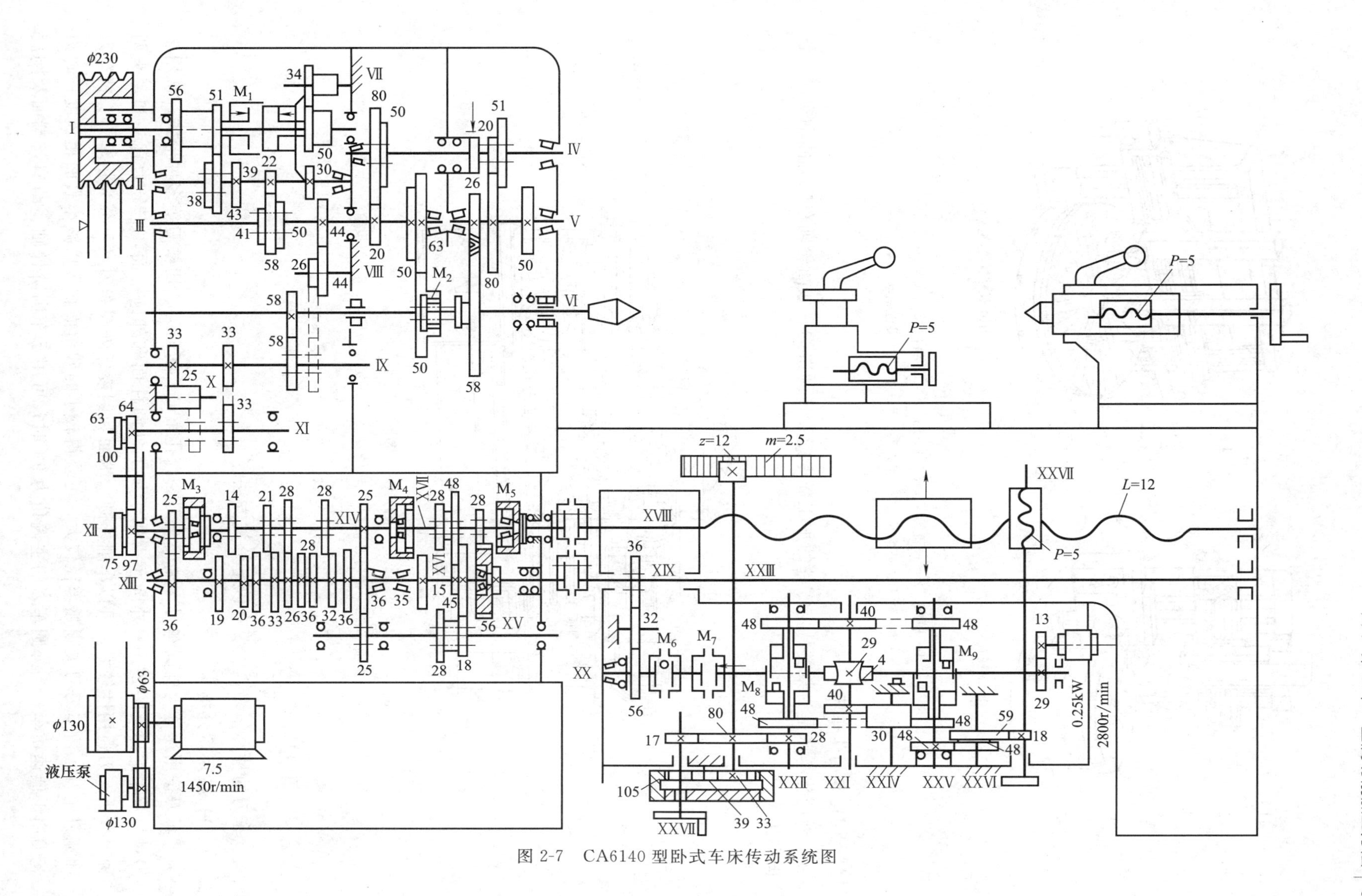

图 2-7　CA6140 型卧式车床传动系统图

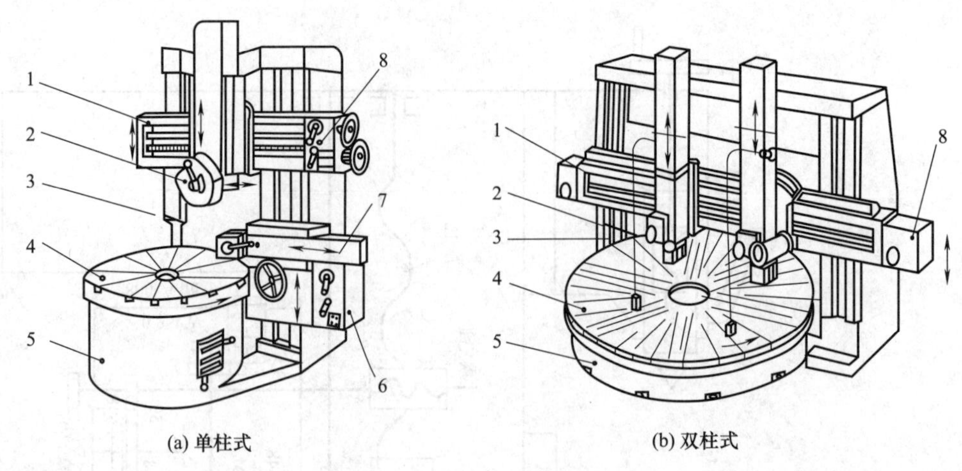

图 2-8 立式车床

1—横梁；2—垂直刀架；3—立柱；4—工作台；5—底座；
6—侧刀架进给箱；7—侧刀架；8—垂直刀架进给箱

(4) 专门化车床

专门化车床是为某类特定零件的加工而专门设计制造的，如凸轮轴车床、曲轴车床、铲齿车床等。

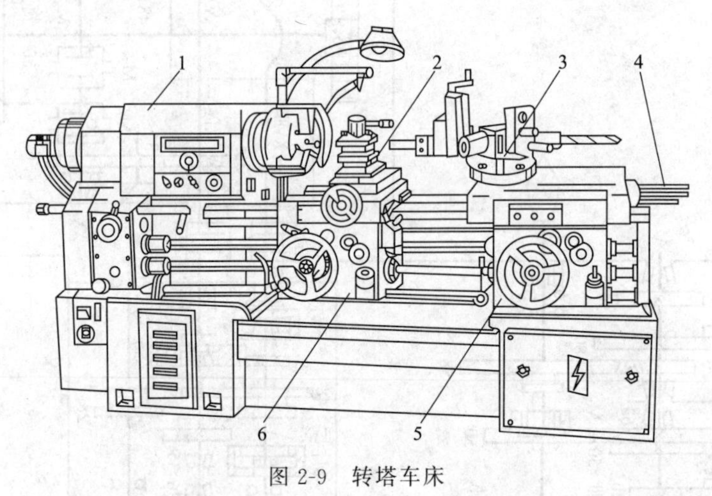

图 2-9 转塔车床

1—主轴箱；2—横向刀架；3—转塔刀架；4—定程机构；5,6—溜板箱

2.2.4 车刀

车刀的种类很多，主要有以下分类方法。

(1) 按用途分类

车刀按用途分为外圆车刀、端面车刀、内孔车刀、切断刀、切槽刀等多种形式。常用车刀种类及用途详见图 2-10。外圆车刀用于加工外圆柱面和外圆锥面，它分为直头和弯头两种。弯头车刀通用性较好，可以车削外圆、端面和倒棱。外圆车刀又可分为粗车刀、精车刀和宽刃光刀，精车刀刀尖圆弧半径较大，可获得较小的残留面积，以减小表面粗糙度；宽刃光刀用于低速精车；当外圆车刀的主偏角为 90°时，可用于车削阶梯轴、凸肩，端面及刚度

较低的细长轴。外圆车刀按进给方向又分为左偏刀和右偏刀。

(2) 按结构分类

车刀在结构上可分为整体车刀、焊接车刀和机械夹固式车刀，见图 2-11。

整体车刀主要是整体高速钢车刀，截面为正方形或矩形，使用时可根据不同用途进行刃磨；整体车刀耗用刀具材料较多，一般只用作切槽、切断刀使用。

焊接车刀是将硬质合金刀片用焊接的方法固定在普通碳钢刀体上。它的优点是结构简单、紧凑、刚性好、使用灵活、制造方便，缺点是由于焊接产生的应力会降低硬质合金刀片的使用性能，有的甚至会产生裂纹。

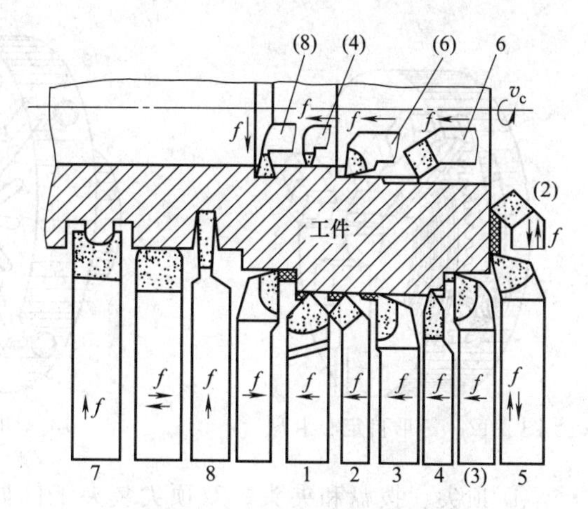

图 2-10 车刀的种类和用途

1—直头车刀；2—弯头车刀；3—90°偏刀；4—螺纹偏刀；5—端面偏刀；6—内孔车刀；7—成形车刀；8—车槽、切断刀

机械夹固车刀简称机夹车刀，根据使用情况不同又分为机夹重磨车刀和机夹可转位车刀。机夹可转位车刀由于生产效率高、切削性能稳定，得到越来越广泛的应用。

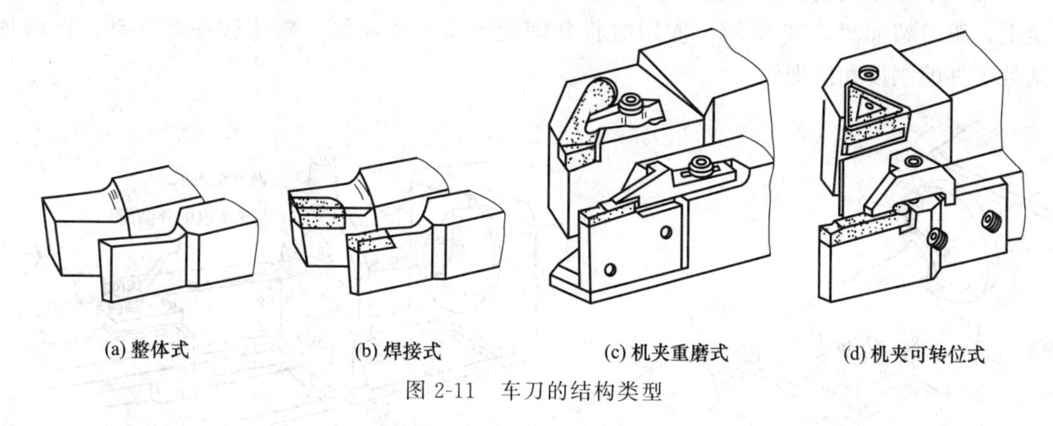

(a) 整体式　(b) 焊接式　(c) 机夹重磨式　(d) 机夹可转位式

图 2-11 车刀的结构类型

2.2.5 车床附件

为适应不同形状、尺寸的零件的装夹需要，车床上备有一套附件。普通车床常用的附件有卡盘（三爪自定心卡盘和四爪单动卡盘）、花盘、顶尖及拨盘、夹头、中心架、跟刀架等。

① 三爪自定心卡盘。三爪自定心卡盘的结构如图 2-12 所示。使用三爪自定心卡盘装夹工件操作简便，可自动定心，一般不需要找正，适宜装夹圆钢、六角钢及已车削过外圆的零件，但不宜装夹铸、锻毛坯，以免降低卡盘精度。

② 四爪单动卡盘。四爪单动卡盘结构如图 2-13 所示。它有四个各自独立的卡爪，装夹工件时须找正工件回转轴线与机床主轴轴线重合，安装调整较困难，适宜装夹大型或形状不规则的工件。

③ 花盘。花盘是安装在车床主轴上的一个大圆盘，其端面有许多长槽，用来安装螺栓、压板和角铁，以压紧工件。花盘的端面需平整，且应与主轴中心线垂直。花盘适宜安装形状不规则或大而薄的工件，如图 2-14 所示。

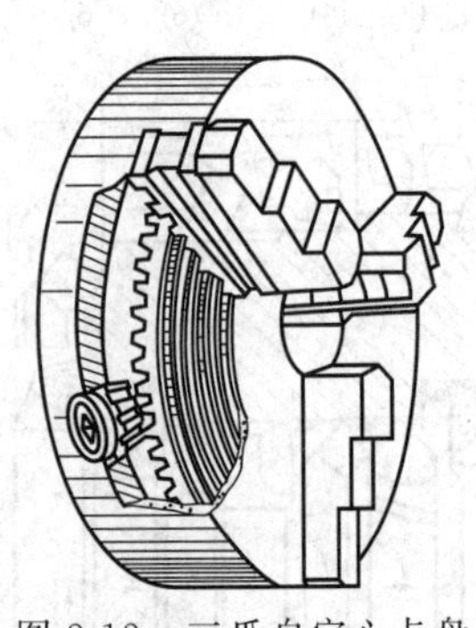

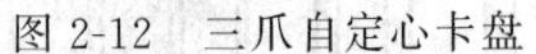

图 2-12　三爪自定心卡盘

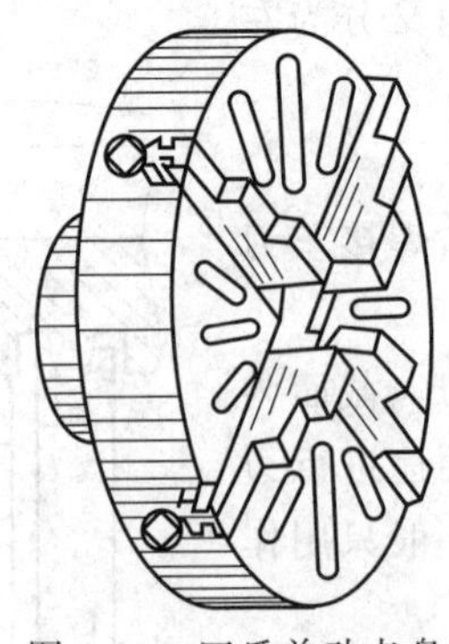

图 2-13　四爪单动卡盘

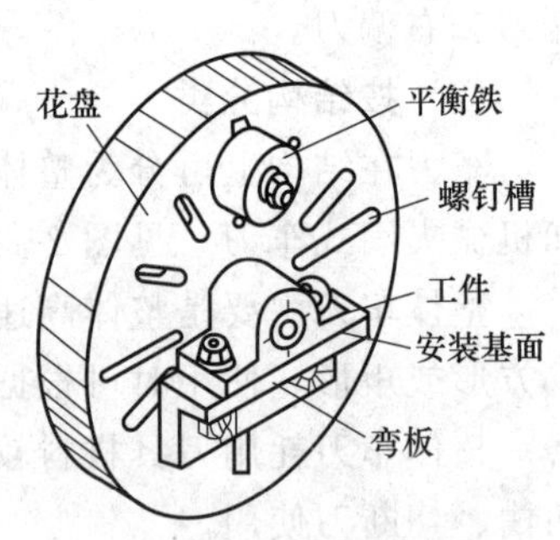

图 2-14　花盘及其应用

④ 顶尖、拨盘和夹头。双顶尖装夹工件如图 2-15 所示。前、后顶尖只对工件起到定心和支撑作用，需要借助拨盘和夹头实现主轴动力的传递。双顶尖装夹工件不需找正，装夹精度高，但只能承受较小切削力，一般用于精加工。

卡盘和后顶尖配合装夹工件，工件刚性好，能承受较大的轴向切削力。但同轴度有一定误差，因此常用于轴类工件的粗加工和半精加工。

⑤ 中心架和跟刀架。加工细长轴时，为了防止工件受径向切削分力的作用而产生弯曲变形，常用中心架或跟刀架作为辅助支承。中心架如图 2-16 所示，使用时将其固定在机床导轨上；跟刀架如图 2-17 所示，使用时将其固定于床鞍的左侧，随床鞍一起移动，以增加切削处工件的刚度和抗振性。

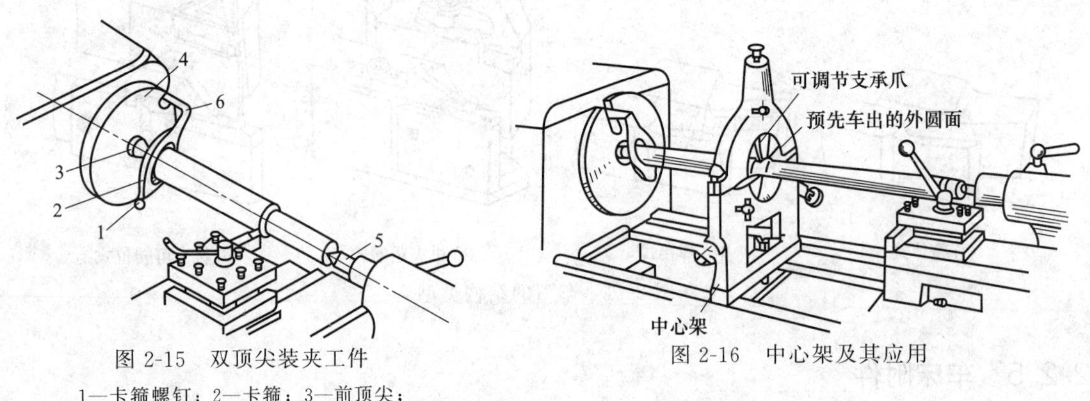

图 2-15　双顶尖装夹工件

1—卡箍螺钉；2—卡箍；3—前顶尖；4—拨盘；5—后顶尖；6—夹头

图 2-16　中心架及其应用

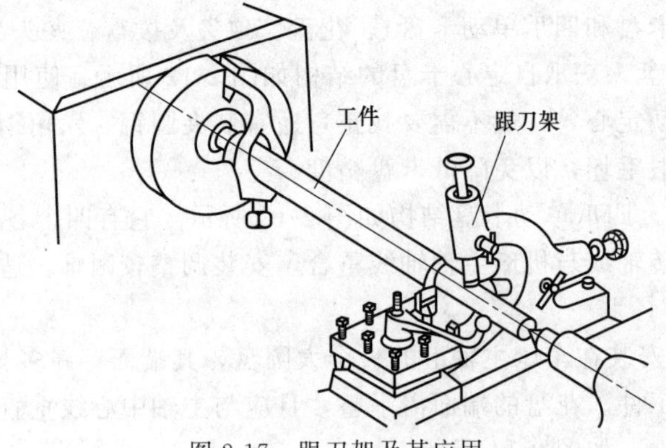

图 2-17　跟刀架及其应用

2.3　铣削加工

2.3.1　铣削加工的应用范围

铣削加工是用铣刀在铣床上完成的。铣刀的旋转运动是主运动，工件装夹在工作台上作进给运动。铣削是目前应用最广的切削加工方法之一，适用于各种平面、台阶、沟槽、成形面的加工和切断等，铣削的工艺范围见图 2-18。铣削加工的尺寸精度可达 IT9 ～ IT7，表

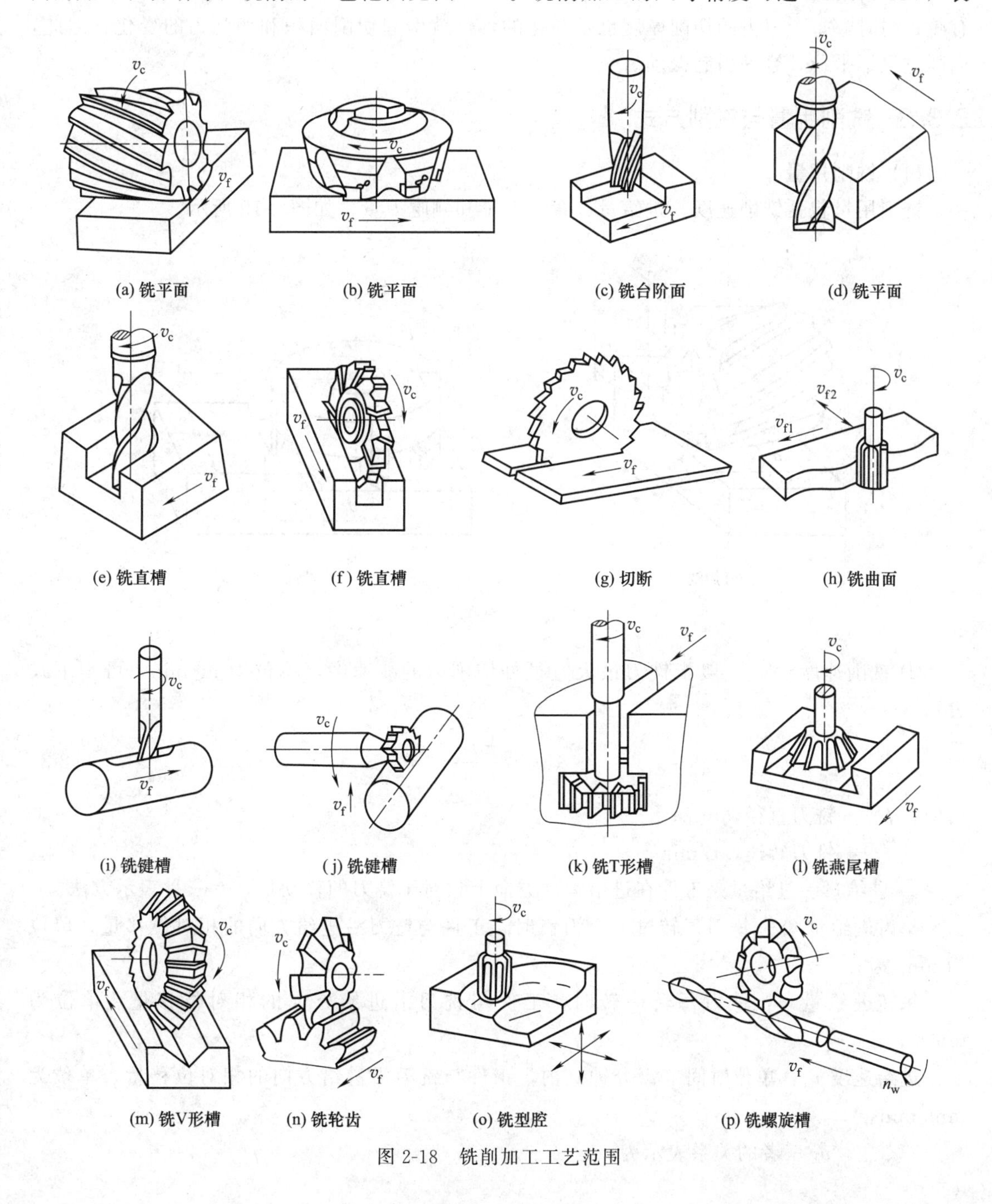

(a) 铣平面　(b) 铣平面　(c) 铣台阶面　(d) 铣平面

(e) 铣直槽　(f) 铣直槽　(g) 切断　(h) 铣曲面

(i) 铣键槽　(j) 铣键槽　(k) 铣T形槽　(l) 铣燕尾槽

(m) 铣V形槽　(n) 铣轮齿　(o) 铣型腔　(p) 铣螺旋槽

图 2-18　铣削加工工艺范围

面粗糙度 Ra 值为 6.3～1.6 μm。

铣削加工具有以下工艺特点：

① 生产率较高。铣刀是典型的多齿刀具，铣削时有几个齿同时参与切削，总的切削宽度较大；铣削时的主运动是铣刀的旋转，有利于高速铣削，故铣削的生产率一般比刨削高。

② 刀齿散热条件好。铣刀的刀齿在切离工件的一段时间内，可以得到一定的冷却，散热条件较好。但是，在切入和切出时，热和力的冲击，会加速刀具的磨损，甚至可能引起硬质合金刀片的崩碎。

③ 铣削过程不平稳。由于铣刀的刀齿在切入和切出时产生冲击，使工作的刀齿数有增有减；同时，每个刀齿的切削厚度也是变化的，这就引起切削面积和切削力的变化，因此，切削过程不平稳，容易引起振动。

2.3.2 铣削用量与铣削方式

(1) 铣削用量

铣削用量包括铣削速度、进给量、背吃刀量和侧吃刀量，如图 2-19 所示。

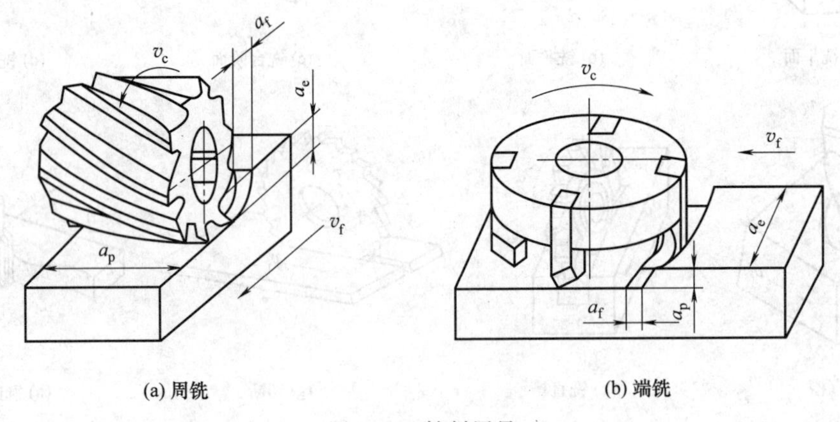

图 2-19 铣削用量

① 铣削速度 v_c。一般指铣刀最大直径处切削刃的线速度，单位为 m/min，可用下式表示：

$$v_c=\frac{\pi dn}{1000} \tag{2-3}$$

式中 d——铣刀直径，mm；

n——铣刀转速，r/min。

② 进给量。进给量是工件在进给运动方向上相对于铣刀的移动量，有三种表示方法。

每齿进给量 f_z：铣刀每转过一个刀齿时，工件与铣刀沿进给方向的相对位移量，单位为 mm/齿；

每转进给量 f：铣刀每转一转时，工件与铣刀沿进给方向的相对位移量，单位为 mm/r；

进给速度 v_f：单位时间（每分钟）内，工件与铣刀沿进给方向的相对位移量，单位为 mm/min。

f_z、f、v_f 三者的关系表示为：

$$v_f = fn = f_z zn \tag{2-4}$$

式中　z——铣刀齿数。

铣削加工中规定三种进给量是由于生产的需要，其中 v_f 用以机床调整及计算加工工时；每齿进给量 f_z 用以计算切削力、验算刀齿强度。

③ 背吃刀量 a_p。平行于铣刀轴线测量的切削层尺寸，单位为 mm。周铣时 a_p 是已加工表面宽度，端铣时 a_p 是切削层深度。

④ 侧吃刀量 a_e。垂直于铣刀轴线测量的切削层尺寸，单位是 mm。周铣时 a_e 是切削层深度，端铣时 a_e 是已加工表面宽度。

(2) 铣削方式

用刀齿分布在圆周表面的铣刀而进行铣削的方式称为周铣［图 2-19（a）］；用刀齿分布在圆柱端面上的铣刀进行铣削的方式称为端铣［图 2-19（b）］。

根据铣刀旋转方向与工件进给方向是否相同，周铣又可以分为顺铣和逆铣，如图 2-20 所示。

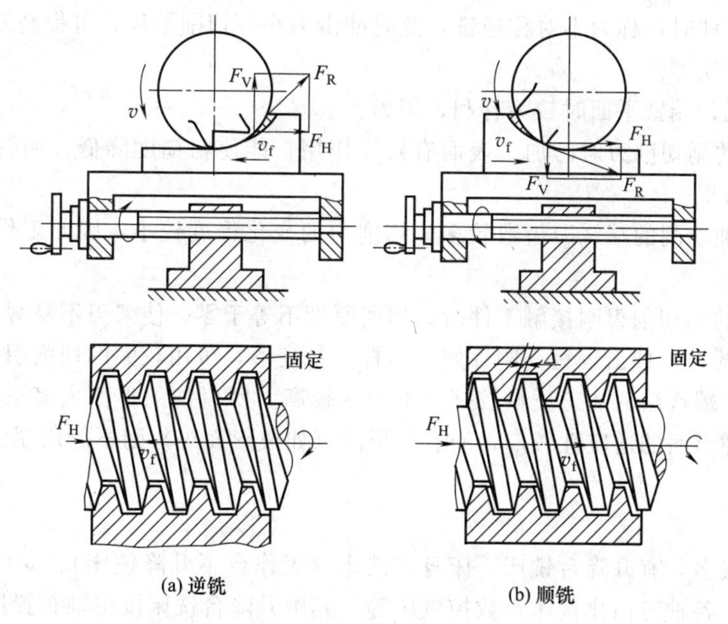

图 2-20　顺铣与逆铣

逆铣时，切屑的厚度从零开始渐增。实际上，铣刀的刀刃开始接触工件后，将在表面滑行一段距离才真正切入金属。这就使得刀刃容易磨损，并增加加工表面的粗糙度。逆铣时，铣刀对工件有上抬的切削分力，影响工件安装在工作台上的稳固性。

顺铣则没有上述缺点。但是，顺铣时工件的进给会受工作台传动丝杠与螺母之间间隙的影响。因为铣削的水平分力与工件的进给方向相同，铣削力忽大忽小，就会使工作台窜动和进给量不均匀，甚至引起打刀或损坏机床。因此，必须在纵向进给丝杠处有消除间隙的装置才能采用顺铣。但一般铣床上没有消除丝杠螺母间隙的装置，只能采用逆铣法。另外，对铸锻件表面的粗加工，顺铣因刀齿首先接触黑皮，将加剧刀具的磨损，此时，也是以逆铣为妥。

端铣又分为对称铣和不对称铣，如图 2-21 所示。

铣削时，铣刀位于工件加工表面的对称线上，切削层厚度均匀，称为对称铣。对称铣时

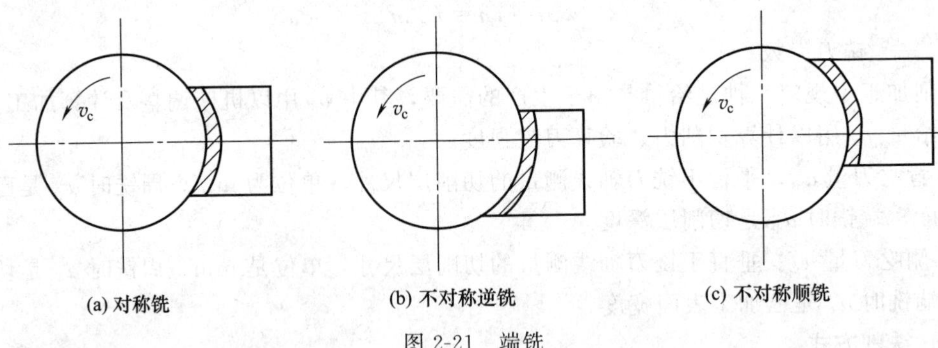

图 2-21 端铣

刀具寿命高，常用于淬硬钢的铣削，可以获得较高的表面质量。

铣削时，铣刀轴线与工件铣削宽度对称中心线不重合的铣削方式，称为不对称铣。当铣刀以最大切削厚度切入工件，以最小切削厚度切出工件时，称为不对称顺铣，此时金属粘刀量小，适合铣削不锈钢等冷作硬化较严重的材料。当铣刀以最小切削厚度切入工件，以最大切削厚度切出工件时，称为不对称逆铣，此时冲击力小，切削平稳，可提高刀具耐用度，适于铣削碳钢、铸铁等。

与周铣相比，端铣平面时较为有利，因为：

① 端铣刀的副切削刃对已加工表面有修光作用，能使粗糙度降低。周铣的工件表面则有波纹状残留面积。

② 同时参加切削的端铣刀齿数较多，切削力的变化程度较小，因此工作时的振动比周铣小。

③ 端铣刀的主切削刃刚接触工件时，切屑厚度不等于零，使刀刃不易磨损。

④ 端铣刀的刀杆伸出较短，刚性好，刀杆不易变形，可用较大的切削用量。

由此可见，端铣法的加工质量较好，生产率较高。所以铣削平面大多采用端铣。但是，周铣对加工各种形面的适应性较广，而有些形面（如成形面等）则不能用端铣。

2.3.3 铣床

铣床种类很多，有升降台铣床、床身式铣床（工作台不升降铣床）、龙门铣床、工具铣床、仿形铣床、各种专门化铣床及数控铣床等。其中升降台铣床按主轴布置形式不同，又有卧式铣床和立式铣床两种。

(1) 卧式升降台铣床

卧式万能升降台铣床是铣床中应用最广的一种，其主轴是水平的，与工作台面平行。图 2-22 为 X6132 型万能卧式升降台铣床，其主要组成部分及作用如下。

① 床身。用来固定和支承铣床上所有的部件。电动机、主轴及主轴变速机构等安装在它的内部。

② 横梁。它的上面安装吊架，用来支承刀杆外伸的一端，以加强刀杆的刚性。横梁可沿床身的水平导轨移动，以调整其伸出的长度。

③ 主轴。主轴是空心轴，前端有 7∶24 的精密锥孔，其用途是安装铣刀刀杆并带动铣刀旋转。

④ 纵向工作台。在转台的导轨上作纵向移动，带动台面上的工件作纵向进给。

⑤横向工作台。位于升降台上面的水平导轨上，带动纵向工件一起作横向进给。

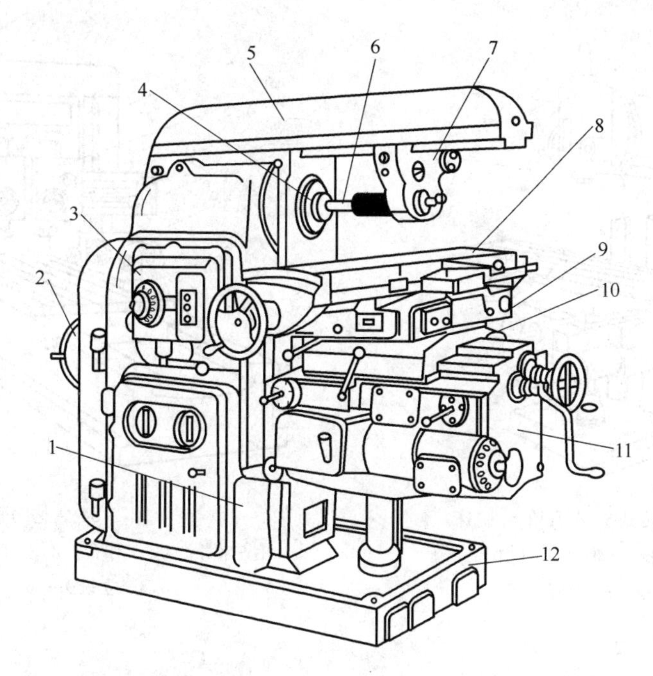

图 2-22 X6132 型万能卧式升降台铣床

1—床身；2—电动机；3—变速机构；4—主轴；5—横梁；6—刀杆；7—刀杆支架；
8—纵向工作台；9—转台；10—横向工作台；11—升降台；12—底座

⑥ 转台。作用是能将纵向工作台在水平面内扳转一定的角度，以便铣削螺旋槽。

⑦ 升降台。它可以使整个工作台沿床身的垂直导轨上下移动，以调整工作台面到铣刀的距离，并作垂直进给。

(2) 立式升降台铣床

立式升降台铣床如图 2-23 所示，其主轴与工作台面垂直。有时根据加工的需要，可以将立铣头（主轴）偏转一定的角度。立式铣床的生产率比卧式铣床高。

(3) 龙门铣床

龙门铣床的床身主体呈门式框架结构，一般有 3～4 个铣头，每个铣头都有单独的驱动电动机变速机构、传动机构、操纵机构和主轴等部分，图 2-24 为四轴龙门铣床。龙门铣床工作时，铣刀的旋转是主运动，而工件随工作台的往复直线运动以及刀架的直线运动为进给运动。龙门铣床上的多把铣刀可以同时加工几个表面，因此生产率较高。它适合于加工中型和大型工件。

2.3.4 铣刀

铣刀种类繁多，按用途不同可分为圆柱铣刀、端铣刀、盘铣刀、锯片铣刀、角度铣刀、立铣刀、键槽铣刀、成形铣刀、模具铣刀等；按结构不同可分为整体式、焊接式、装配式、可转位式等；按装夹方式的不同可分为带孔铣刀和带柄铣刀等。

(1) 圆柱铣刀

圆柱铣刀的圆柱面上有直线或螺旋切削刃，没有副切削刃，主要用于卧式铣床上加工不大的平面，如图 2-25 所示。圆柱铣刀一般采用高速钢整体制造，也可镶焊硬质合金刀片。

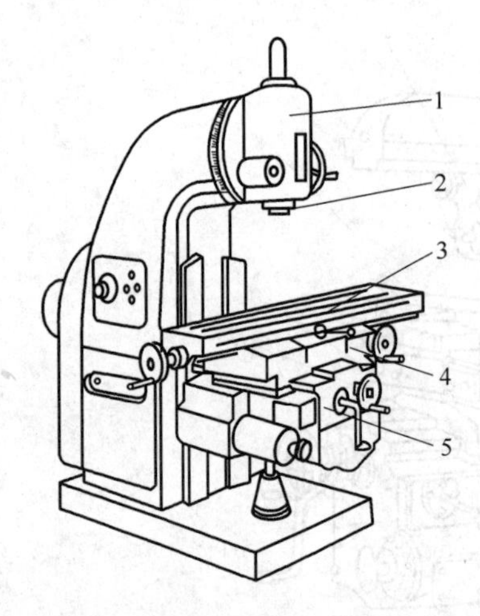

图 2-23　回转式立式升降台铣床

1—立铣头；2—主轴；3—工作台；4—床鞍；5—升降台

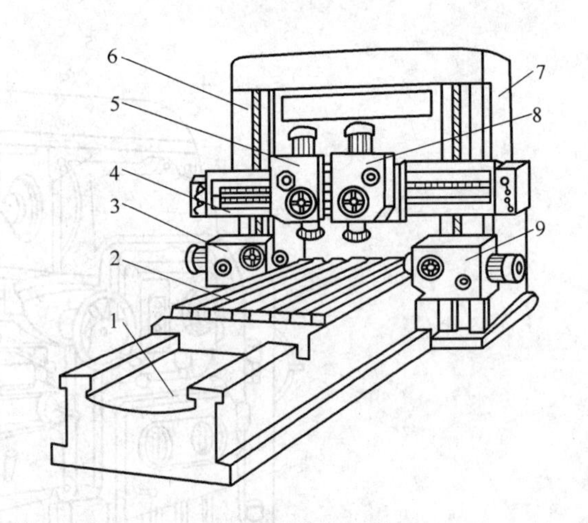

图 2-24　龙门铣床

1—床身；2—工作台；3,9—卧铣头；4—横梁；5,8—立铣头；6,7—立柱

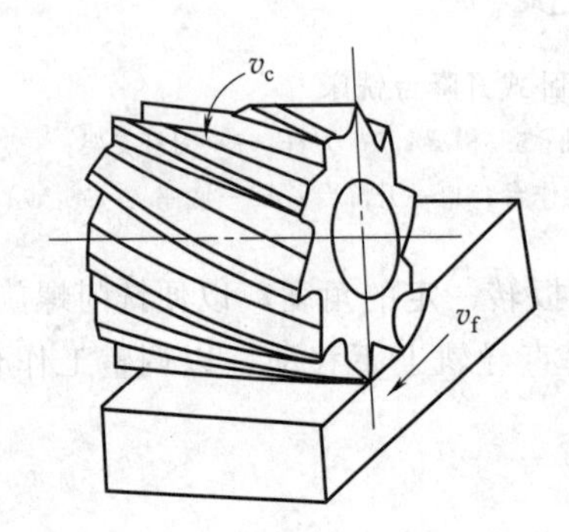

图 2-25　圆柱铣刀

(2) 面铣刀

面铣刀又称端铣刀，主切削刃分布在圆柱式圆锥表面上，端面刀刃为副切削刃，如图 2-26 所示。面铣刀可用于立式铣床，也可用于卧式铣床。小直径的端铣刀一般做成高速钢整体式，大直径的面铣刀一般在刀体上装夹可转位硬质合金刀片或装焊硬质合金刀头。

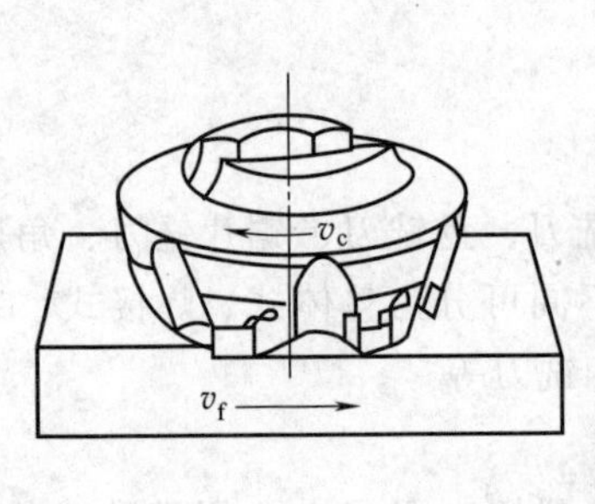

图 2-26　面铣刀

(3) 立铣刀

立铣刀如图 2-27 所示，它一般有 3～4 个齿，柄部形状有多种，如直柄、莫氏锥柄、7∶24锥柄。大直径立铣刀常做成套式，此外还有可转位式立铣刀和硬质合金立铣刀等。立铣刀圆柱面上的螺旋刃为主切削刃，端面刃为副切削刃，由于端面刃没有通过中心，故工作时不宜作轴向进给运动。立铣刀主要用于立式铣床上加工凹槽、台阶面以及成形表面。

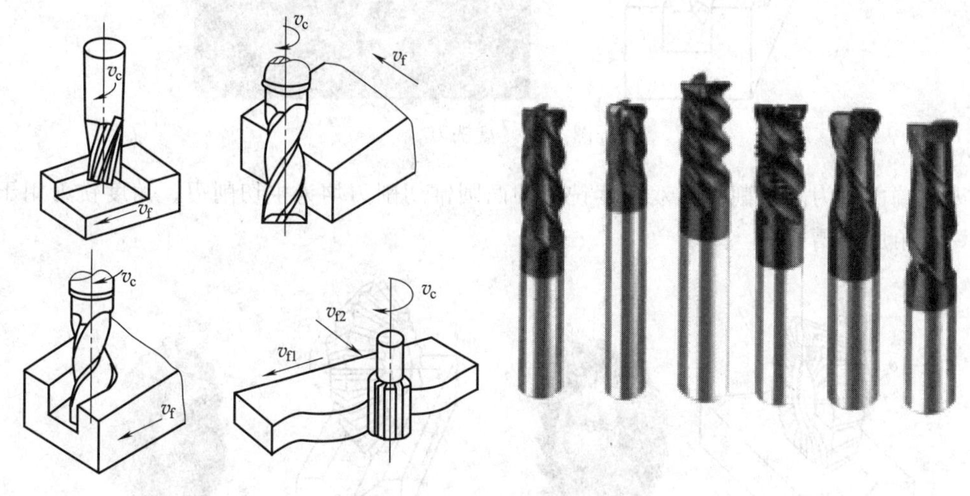

图 2-27 立铣刀

(4) 槽铣刀

槽铣刀有键槽铣刀、T形槽铣刀、燕尾槽铣刀等多种，如图 2-28 所示。键槽铣刀用于立式铣床上加工圆头平键键槽，其外形与立铣刀相似，但其端面切削刃延至中心，端面刃和圆周刃都是主切削刃，工作时能作轴向进给运动，铣削时，先轴向进给切入工件，再沿键槽长度方向进给铣出键槽。

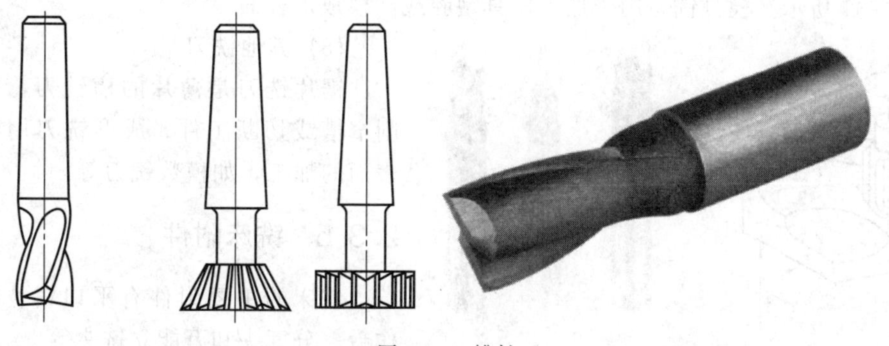

图 2-28 槽铣刀

(5) 盘铣刀

盘铣刀有单面刃、双面刃和三面刃三种类型，如图 2-29 所示。盘铣刀的主切削刃位于圆周上，与单面刃铣刀相比较，三面刃铣刀的两侧面有副切削刃，改善了切削条件，提高了生产效率并减小了表面粗糙度，但重磨时厚度尺寸变小。盘铣刀主要用于卧式铣床上加工凹槽和台阶面。

(6) 角度铣刀

角度铣刀分为单角度铣刀和双角度铣刀，如图 2-30 所示。单角度铣刀的圆锥切削刃为

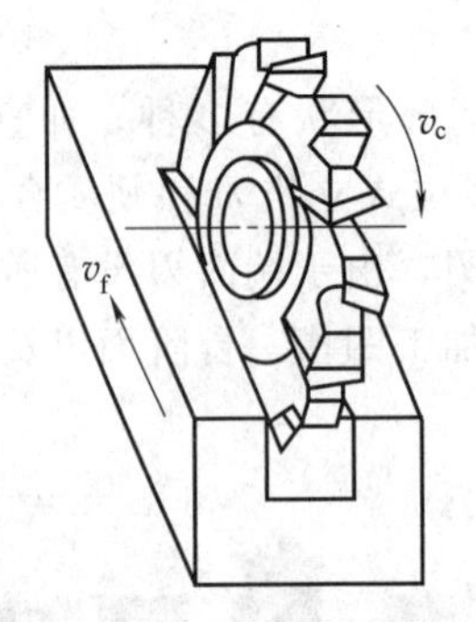

图 2-29　盘铣刀

主切削刃，端面刃为副切削刃；双角度铣刀的两圆锥切削刃均为主切削刃。角度铣刀用于铣削斜面、带角度沟槽等。

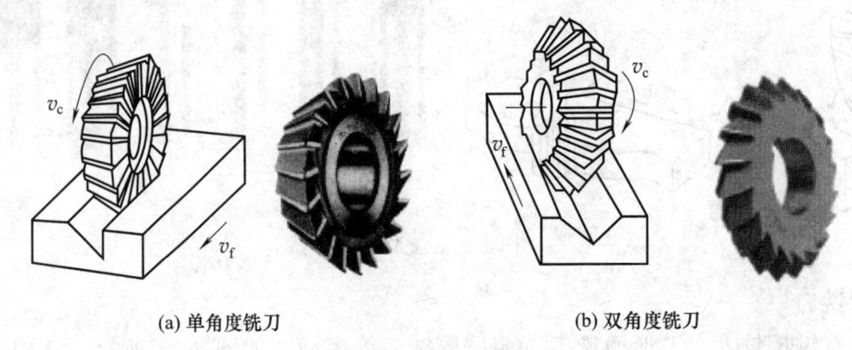

(a) 单角度铣刀　　(b) 双角度铣刀

图 2-30　角度铣刀

(7) 模具铣刀

模具铣刀由立铣刀演变而成，其特点是球头或端面上布满切削刃，可以作径向和轴向进给。如图 2-31 所示。模具铣刀用于加工模具型腔或凸模成形表面。

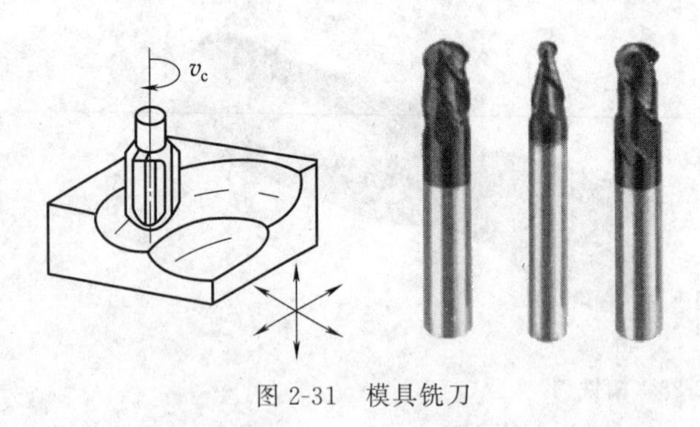

图 2-31　模具铣刀

(8) 其他铣刀

锯片铣刀是薄片的槽铣刀，用于切削窄槽或切断工件。成形铣刀用于成形表面的加工，如模数铣刀等。

2.3.5　铣床附件

铣床的主要附件有平口钳、回转工作台、分度头和万能立铣头等。

(1) 平口钳

平口钳是铣削加工中装夹较规则工件最常用的通用工具，结构简单，夹紧可靠。装夹工件时，先将平口钳安装在工作台的 T 形槽内，校正平口钳并夹紧，再安装工件。

(2) 回转工作台

回转工作台如图 2-32 所示，其内部有一副蜗杆蜗轮，手轮与蜗杆同轴相连，转台与蜗轮连接。转动手轮，通过蜗杆蜗轮的传动使转台转动。转台周围有刻度，用以确定转台位置；转台中央的孔可以装夹芯轴，用以找正和确定工件的回转中心。工作时，将工件装夹于转台上，转动手轮使转台和工件转过相应的角度，即可进行铣削加工。回转工作台常用于圆弧槽和非整圆弧面的加工，也可用于零件的分度工作。

（3）分度头

在铣削加工中，铣六方、齿轮、花键等工件时，要求每铣过一个面或一个槽，工件转过一定角度，再铣下一个面或槽，这种转角工作称为分度。分度头就是一种用于分度的装置，其中最常用的是万能分度头。

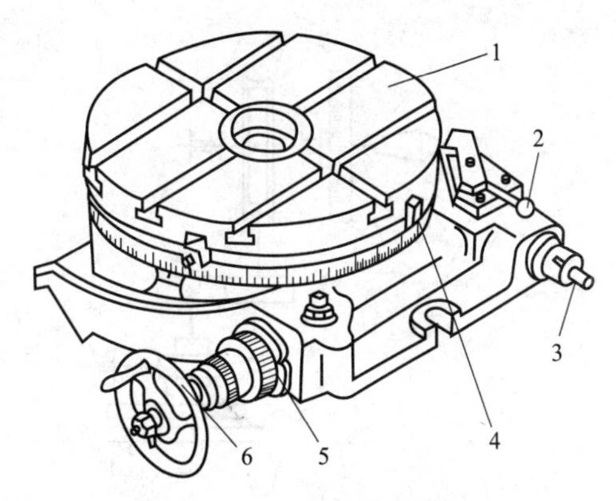

图 2-32 回转工作台

1—回转台；2—离合器手柄；3—传动轴；4—挡铁；5—偏心环；6—手轮

万能分度头结构如图 2-33 所示。其主轴前端锥孔可安装顶尖，主轴外部有螺纹，可安装卡盘或拨盘，以装夹工件。主轴可随转动体在垂直平面内向上 90°或向下 10°的范围内转动，以便铣削斜面或垂直面。分度头侧面配有分度盘，在分度盘不同直径的圆周上，有不同数量的等分孔，用来分度。

分度头内部传动系统如图 2-34（a）所示。分度时，拔出定位销 8，转动手柄 1，通过一对传动比为 1∶1 的直齿圆柱齿轮和一对 1∶40 的蜗杆蜗轮传动，使分度头主轴带动工件转过一定角度。手柄转过一圈，主轴带动工件转过 1/40 圈。

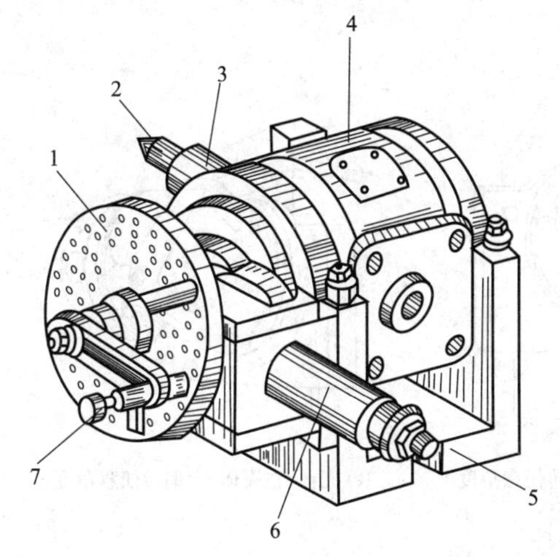

图 2-33 万能分度头

1—分度盘；2—顶尖；3—主轴；4—转动体；5—底座；6—挂轮轴；7—手柄

如果要将工件的圆周分为 z 等分，则每次分度工件应转过 $1/z$ 圈。设每次分度手柄的转数为 n，则手柄转数 n 与工件等分数 z 之间有如下关系：

$$n=\frac{40}{z} \tag{2-5}$$

例如，要对工件圆周作 35 等分，则每一次分度手柄应转过的转数为：

$$n=\frac{40}{z}=\frac{40}{35}=1+\frac{1}{7} \tag{2-6}$$

即每次分度，手柄应转过 1 整圈再加 1/7 圈，这不满 1 圈的转动通过分度盘上的孔圈来控制。分度盘如图 2-34（b）所示，其正反面各有许多圈孔，各圈孔数均不相等，而同一孔圈的孔距相等。不同规格的万能分度头分别配有相应的分度盘，例如 FW200 型的分度头所配分度盘的孔数有：24、25、28、30、34、37、38、39、41、42、43、46、47、49、51、53 等。如果要将手柄转过 1 整圈再加 1/7 圈，应现将分度手柄上的定位销拔出，调整到孔数为 7 的倍数的孔圈（如孔数为 28）上，手柄转过 1 整圈后，再转过 4 个孔距，即完成一次分度。为减少每次分度时数孔的麻烦，可调整分度盘上分度拨叉 9 和 10 之间的夹角，形成固定的孔间距数，在每次分度时，只要转动拨叉即可准确分度。

利用分度头，除了可进行任意角度的圆周分度外，通过配置的挂轮将分度头主轴的运动与铣床工作台纵向进给丝杠的运动相连，可铣削螺旋槽和进行直线移距分度。

（4）万能立铣头

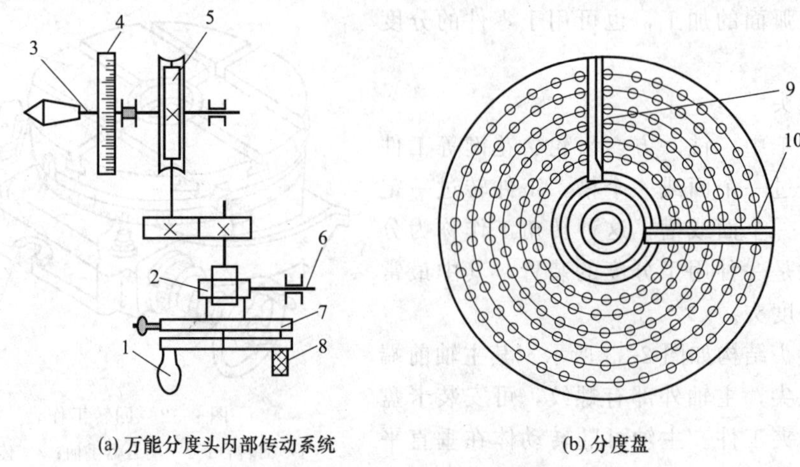

图 2-34　万能分度头传动系统

1—手柄；2—1：1斜齿轮传动；3—主轴；4—刻度盘；5—1：40 蜗杆传动；6—挂轮轴；7—分度盘；8—定位销；9,10—分度拨叉

万能立铣头如图 2-35 所示，它的作用是配合卧式铣床进行加工。铣头的主轴可在相互垂直的两个平面内旋转，不仅可以完成立铣和卧铣的工作，还可以在工件的一次装夹中，进行任意角度的铣削。

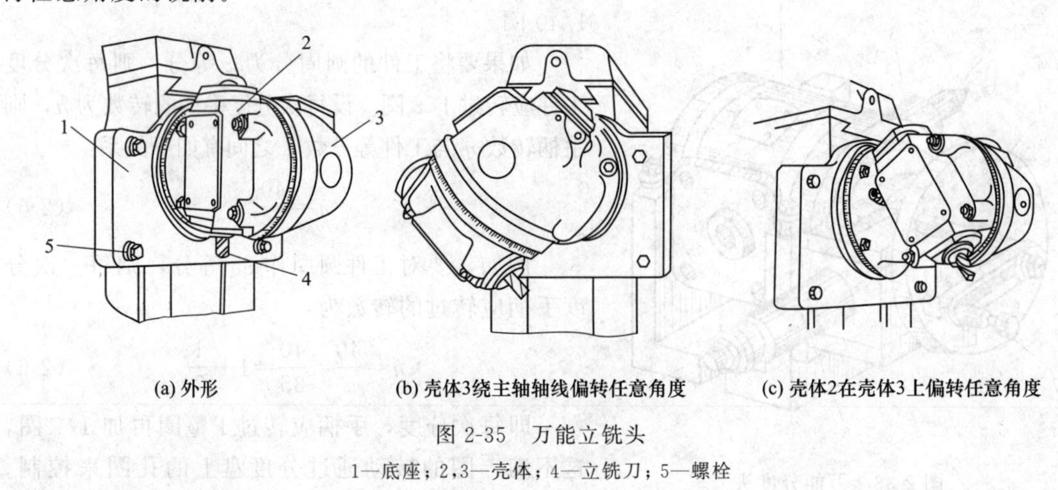

图 2-35　万能立铣头

1—底座；2,3—壳体；4—立铣刀；5—螺栓

2.4　钻削加工

2.4.1　钻床及其应用范围

在钻床上，可以钻孔、扩孔、铰孔、攻螺纹、锪孔等，钻削的工艺范围如图 2-36 所示。在钻床上进行加工时，工件不动，刀具旋转并作直线进给。

钻床种类很多，常用的有台式钻床、立式钻床、摇臂钻床等，见图 2-37。台式钻床结构简单，小巧灵活、传动平稳、操作方便，多用于加工小型工件上的 $\phi12$ 以下的小孔。立式钻床有主轴变速箱和进给箱，可根据需要选择不同的主轴转速和进给速度，适用于加工中、小型工件上的孔。摇臂钻床的摇臂能绕立柱转动，摇臂带着主轴箱可沿立柱作垂直的上

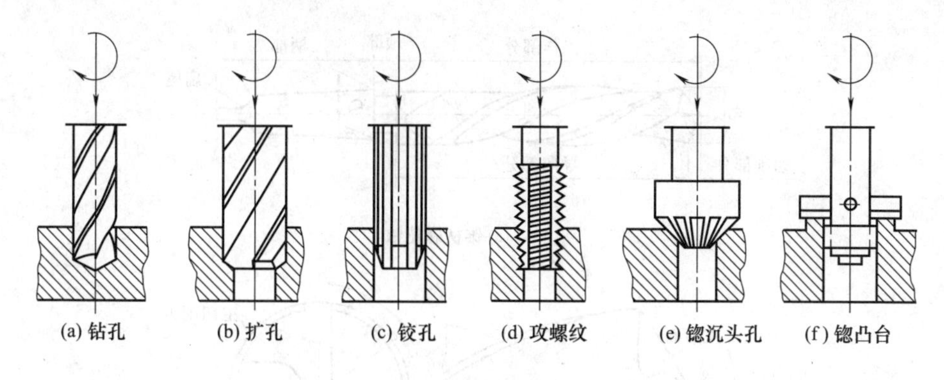

图 2-36 钻床加工工艺内容

下移动，主轴箱可在摇臂上移动，摇臂钻床适宜在笨重的大工件以及多孔工件上钻孔。

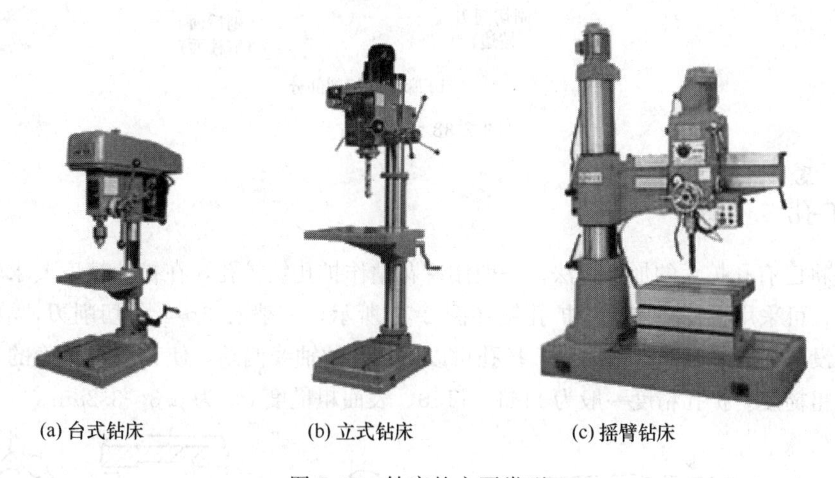

图 2-37 钻床的主要类型

2.4.2 钻孔

钻孔是用钻头在实体材料上加工孔，一般在钻床上进行，也可在立式铣床或车床上进行。

钻孔的常用刀具是麻花钻。麻花钻的组成与结构如图 2-38 所示。它由工作部分、颈部和柄部三部分组成。其中工作部分由切削部分和导向部分组成，切削部分承担主要的切削任务，由两个前刀面、两个后刀面、两条主切削刃、两条副切削刃和一条横刃组成；导向部分起引导作用。柄部是钻头的夹持部分，用以传递扭矩和轴向力，其形状有直柄和锥柄两种，小直径钻头一般做成直柄，大直径钻头一般做成锥柄。麻花钻常用高速钢或硬质合金制造。

钻孔的工艺特点如下。

① 钻头外边缘磨损严重。

② 钻头有横刃，不利于钻头定心，容易引偏。

③ 钻削加工是半封闭加工，排屑困难，散热条件差，钻头寿命低。

④ 加工精度低，尺寸精度为 IT13～IT11，表面粗糙度 Ra 为 50～12.5μm。

因此，低精度孔可用等直径钻头直接钻出；高精度孔，钻孔可作为后续工艺内容（扩、铰孔）的准备工序。

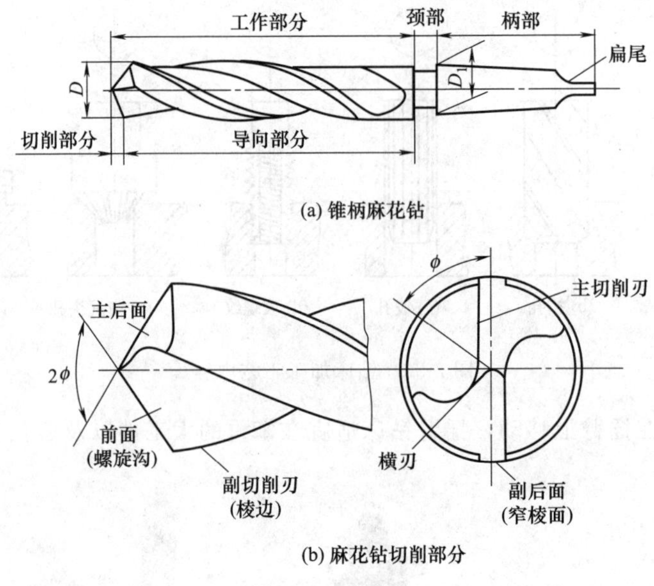

图 2-38 麻花钻

2.4.3 扩孔

扩孔是将已有孔扩大的加工方法。一般用麻花钻作扩孔钻扩孔，在扩孔精度要求较高或生产批量较大时，可采用扩孔钻扩孔。扩孔钻如图 2-39 所示，一般有 3～4 条切削刃，故导向性好，不易偏斜，没有横刃，轴向切削力小。扩孔可以矫正孔的轴线偏差，使其获得正确的几何形状与较小的表面粗糙度。扩孔精度一般为 IT11～IT10，表面粗糙度 Ra 为 6.3～3.2μm。

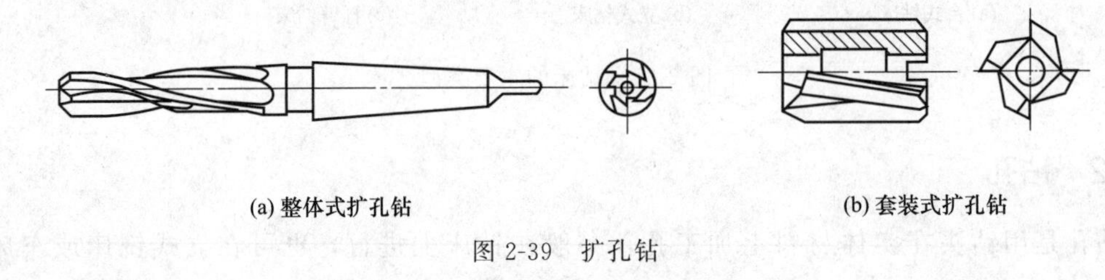

图 2-39 扩孔钻

2.4.4 铰孔

铰孔是利用铰刀高效、批量精加工孔的方法，钻-扩-铰联用，是细长孔加工的典型工艺

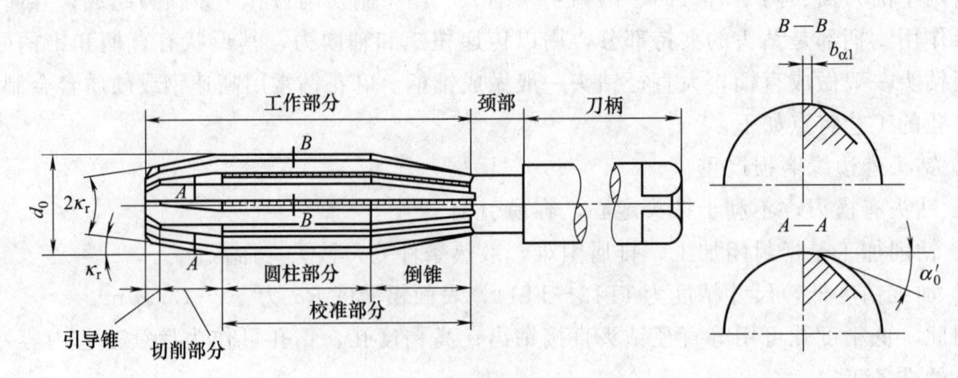

图 2-40 铰刀的结构

方案之一。铰孔精度一般为IT8～IT6，表面粗糙度 Ra 为1.6～0.2μm。

铰刀用于中小孔的精加工和半精加工，按使用方法分为机用铰刀和手用铰刀，铰刀的结构如图2-40所示。

2.5 镗削加工

2.5.1 镗削加工的应用范围

镗削加工是指用镗刀对已加工出的孔进行孔径扩大并使之达到精度要求的加工方法。镗孔可分为粗镗（IT13～IT11，Ra20～5μm）、半精镗（IT10～IT9，Ra6.3～3.2μm）、精镗（IT8～IT6，Ra1.6～0.8μm）、精细镗（金刚镗，IT7～IT5，Ra1.25～0.16μm），可加工不同精度等级的非淬硬孔。

镗孔可在多种机床上进行，回转体零件上的孔，多用车床加工；箱体类零件上的孔或孔系（即要求相互平行或垂直的若干孔），则常在镗床上加工。

2.5.2 镗床

镗床有卧式镗床、立式镗床、精镗床、坐标镗床、深孔镗床以及其他镗床，其中卧式镗床应用广泛，如图2-41所示。

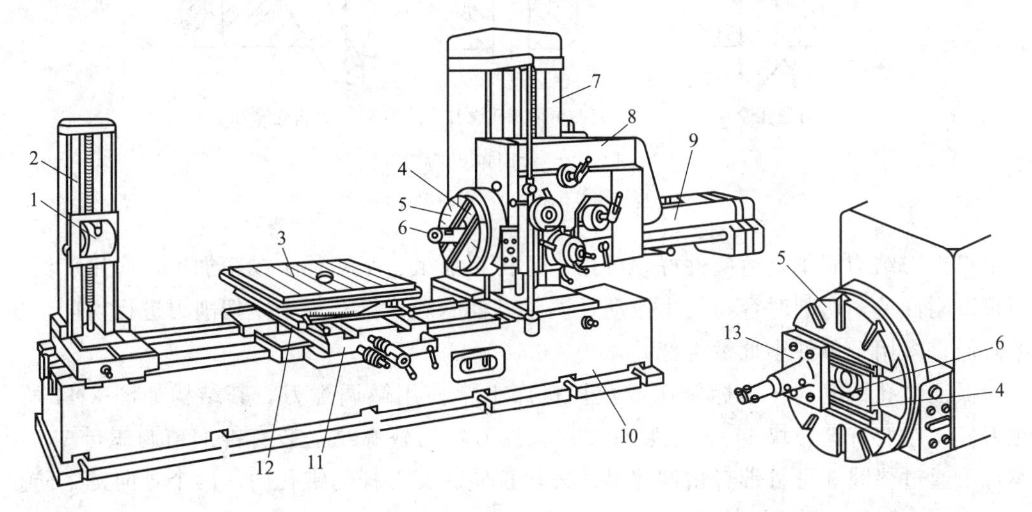

图2-41 卧式镗床

1—后支架；2—后立柱；3—工作台；4—径向刀架；5—平旋盘；6—主轴；7—前立柱；8—主轴箱；9—后尾筒；10—床身；11—下滑座；12—上滑座；13—刀座

卧式镗床的主轴水平布置，主轴箱能沿前立柱导轨垂直移动。使用卧式镗床加工时，刀具可装在主轴、镗杆或平旋盘上，通过主轴箱可获得需要的各种转速和进给量，同时可随着主轴箱沿前立柱的导轨上下移动。工件安装在工作台上，工作台可随下滑座和上滑座作纵横向移动，还可绕上滑座的圆导轨回转至所需要的角度，以适应各种加工情况。当镗杆较长时，可用后立柱上的尾架来支承其一端，以增加刚度。卧式镗床镗孔方式如图2-42所示。

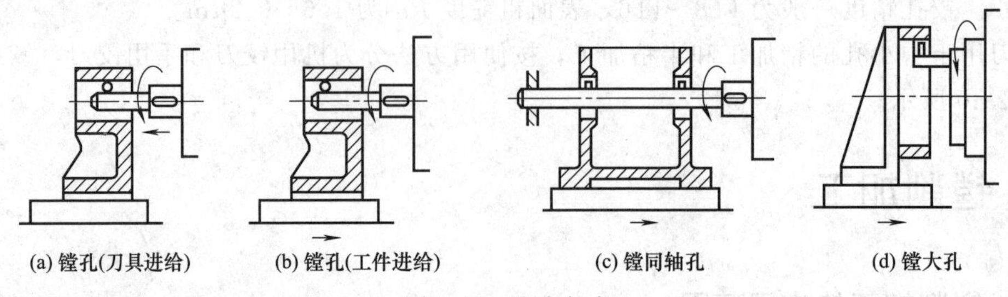

图 2-42 镗孔方式

2.5.3 镗刀

镗刀是在镗床、车床等机床上用以镗孔的刀具，可分为单刃镗刀和双刃镗刀。

(1) 单刃镗刀

常用单刃镗刀的结构如图 2-43 所示，通常把焊有硬质合金的刀片或高速钢整体式镗刀头用紧固螺钉固定在镗杆上，根据被加工孔孔径大小，通过调整螺钉调整刀头的位置。

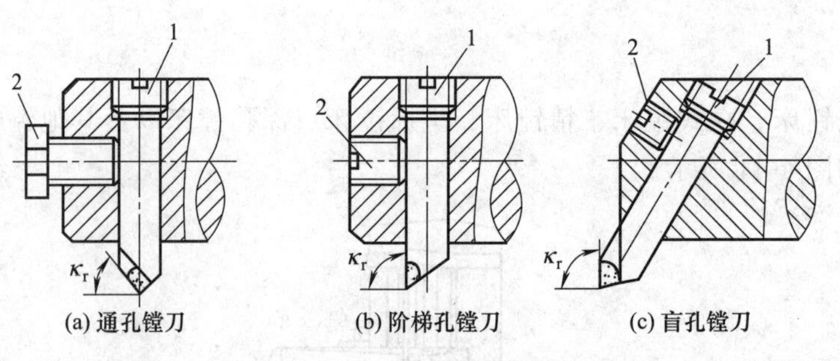

图 2-43 常用单刃镗刀

1—调整螺钉；2—紧固螺钉

单刃镗刀结构简单，适应性好，可用来进行粗加工、半精加工或精加工，应用广泛。但单刃镗刀刚性差，切削时容易发生振动，调整过程麻烦，仅有一个主切削刃进行切削，生产效率较低，多用于单件小批量生产。

为保证镗孔精度，在坐标镗床或数控机床上常使用微调镗刀，其结构如图 2-44 所示。在镗刀杆 4 中装有镗刀块 1，其上装有刀片，镗刀块的外螺纹上装有锥形精调螺母 3，用拉紧螺钉 5 通过垫圈 6 可将带有精调螺母的刀块拉紧在镗刀杆的锥孔内，两个导向键 7 防止刀块转动。

调整尺寸时，先松开拉紧螺钉 5，然后转动带刻度盘的精调螺母 3，待刀头调至所需尺寸，再拧紧螺钉 5 进行锁紧。这种镗刀的径向尺寸可在一定范围内调整，其读数精度可达 0.01mm。

(2) 双刃镗刀

双刃镗刀有两个切削刃在对称方向同时参加切削，可以消除背向力对刀杆的影响，增加了系统刚度，能够采用较大的切削用量，生产率高；工件的孔径尺寸精度由镗刀来保证，调刀方便。

双刃镗刀有固定式和浮动式两种，目前应用较多的是浮动镗刀，如图 2-45 所示。浮动镗刀的刀块以间隙配合状态浮动地安装在镗刀杆的径向孔中，镗孔时，靠两刃径向切削力的平衡而自动定心，可以减少镗刀块安装误差及镗杆径向跳动所引起的加工误差，而获得较高的加工精度，它不能校正原有孔轴线偏斜或位置误差。浮动镗刀适用于精加工批量较大、直径较大的孔。

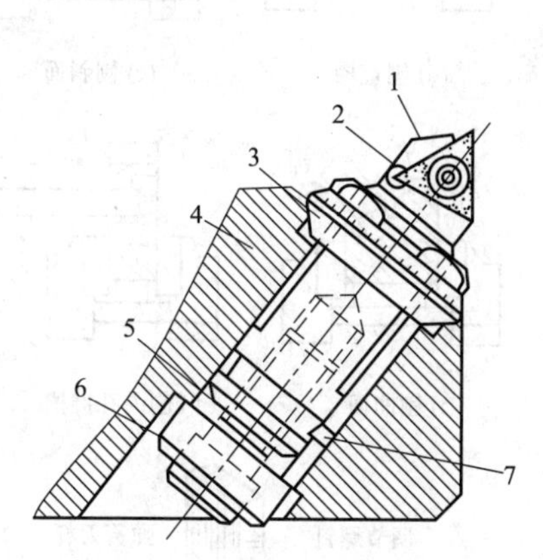

图 2-44 微调镗刀
1—镗刀块；2—刀片；3—精调螺母；4—镗刀杆；
5—拉紧螺钉；6—垫圈；7—导向键

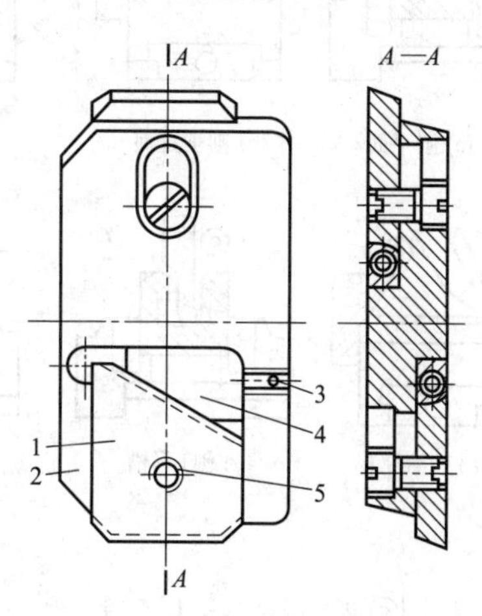

图 2-45 可调式浮动镗刀
1—刀片；2—镗刀杆；3—调整螺钉；
4—斜面垫块；5—紧固螺钉

2.6 刨削加工

2.6.1 刨削加工的应用范围

刨削是利用刨刀与工件的相对直线运动进行切削的加工方法，主要用于单件、小批量生产中水平面、垂直面、斜面等平面和 T 形槽、燕尾槽、V 形槽等沟槽的加工，刨削加工的典型表面如图 2-46 所示。

刨削加工精度一般可达 IT9～IT7，表面粗糙度为 $Ra6.3$～$1.6\mu m$。使用宽刃刨刀精刨时，平面度可达 0.02mm/1000mm，表面粗糙度达 $Ra0.8$～$0.4\mu m$，具有较高的直线度，适合加工狭长的平面（如机床导轨等）。刨削加工的主运动为往复直线运动，进给运动是间歇式，由于加工时有空回程，因此生产效率低，在大批量生产中常被铣削、拉削代替。但在加工窄长平面或采用强力刨削方式时，仍能获得较高的生产率，故在生产中仍占有一定地位。

2.6.2 刨床与插床

刨床类机床有牛头刨床、龙门刨床、插床等。

(1) 牛头刨床

牛头刨床结构如图 2-47 所示，刨削时，装有刀架 1 的滑枕 3 由床身 4 内部的摆杆带动，沿床身顶部的导轨作往复直线运动，由刀具实现切削过程的主运动。夹具或工件安装在工作台 6 上，加工时，工作台带动工件沿横梁 5 上的导轨作间歇的横向进给运动。刀架可沿刀架座上的导轨作上下移动，以调整刨削深度；刀架座可绕水平轴线调整至一定角度的位置，以加工斜面；横梁可沿床身的竖直导轨作上、下移动，以调整工件与刨刀的相对位置。牛头刨

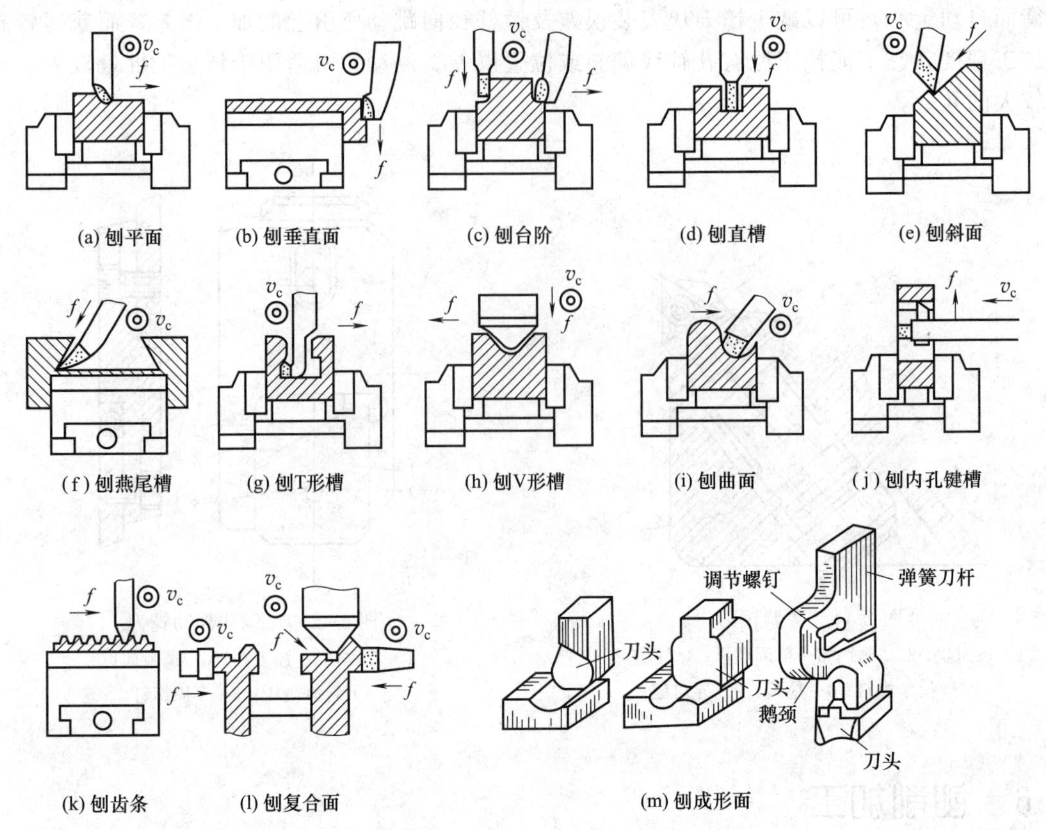

图 2-46 刨削加工的工艺内容

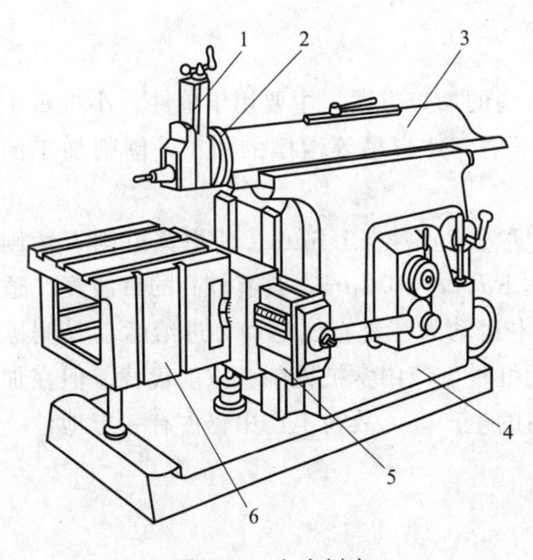

图 2-47 牛头刨床

1—刀架；2—刀架座；3—滑枕；4—床身；5—横梁；6—工作台

床适用于单件、小批量生产，加工中小型工件。

(2) 龙门刨床

龙门刨床因有一个“龙门”式的框架而得名，图 2-48 为 B2010A 型龙门刨床。与牛头刨床不同的是，在龙门刨床上加工时，零件随工作台的往复直线运动为主运动，进给运动是垂直刀架沿横梁上的水平移动和垂直刀架在立柱上的垂直移动。

龙门刨床适用于刨削大型零件，零件长度可达几米、十几米甚至几十米。也可在工作台上同时装夹几个中、小型零件，用几把刀具同时加工，故生产率较高。龙门刨床特别适于加工各种水平面、垂直面及各种平面组合的导轨面、T 形槽等。

(3) 插床

插床实质上是立式刨床，结构如图 2-49 所示。加工时，滑枕带动刀具沿导轨作直线往复运动为主运动，圆工作台带动工件可实现横向、纵向和圆周方向的间歇进给运动。圆台的旋转运动除实现圆周进给外，还可进行圆周分度。滑枕可在垂直平面内倾斜 0°～8°，以便加工斜槽和斜面。插床的主参数是最大插削长

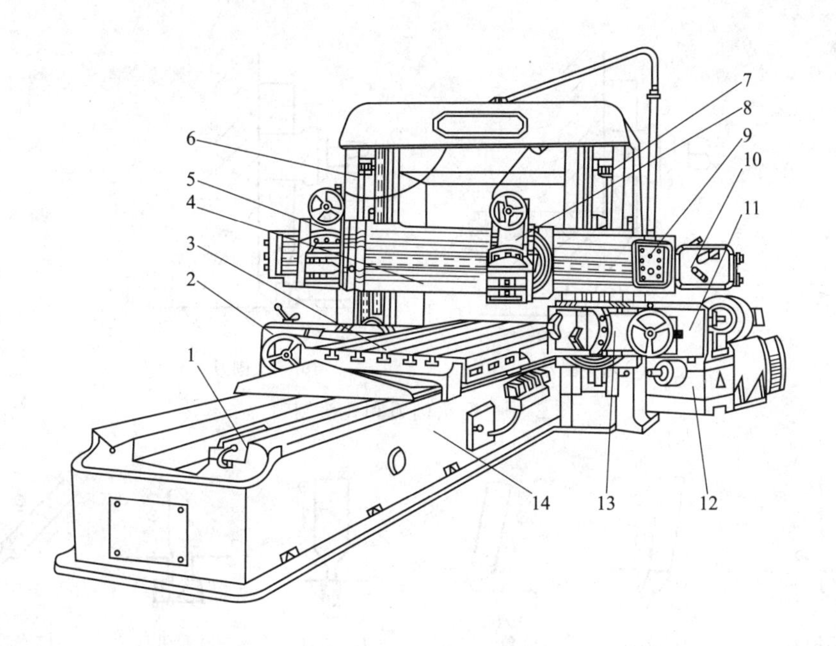

图 2-48 B2010A 型龙门刨床

1—液压安全器；2—左侧刀架进给箱；3—工作台；4—横梁；5—左垂直刀架；6—左立柱；7—右立柱；8—右垂直刀架；9—悬挂按钮站；10—垂直刀架进给箱；11—右侧刀架进给箱；12—工作台减速箱；13—右侧刀架；14—床身

度，主要用于单件、小批量加工工件的内表面，如多边形孔和孔内键槽等，也可加工内外成形表面，特别适合加工不通孔或有台阶的内表面。

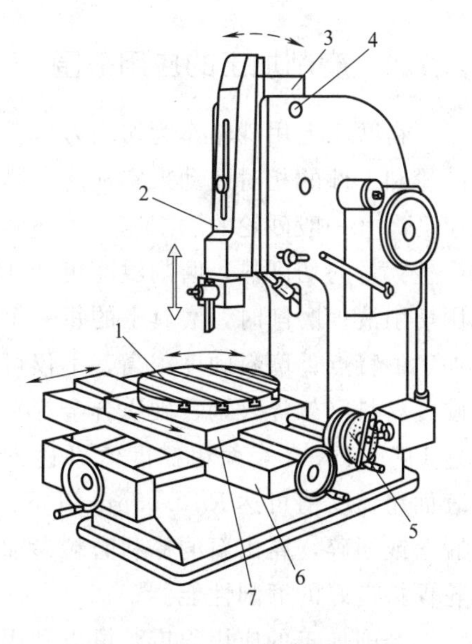

图 2-49 插床

1—圆工作台；2—滑枕；3—滑枕导轨座；4—销轴；5—分度装置；6—床鞍；7—溜板

2.6.3 刨刀

(1) 直头刨刀与弯头刨刀

刨刀的几何形状与车刀相似，但刀杆的截面积比车刀大 1.25～1.5 倍，以承受较大的冲击力。刨刀的前角比车刀稍小，刃倾角取较大的负值，以增加刀头的强度。刨刀的一个显著特点是刨刀的刀头往往做成弯头，图 2-50 为弯、直头刨刀比较示意图。做成弯头的目的是当刀具碰到零件表面上的硬点时，刀头能绕 O 点向后上方弹起，使切削刃离开零件表面，不会啃入零件已加工表面或损坏切削刃，因此，弯头刨刀比直头刨刀应用更广泛。

(2) 刨刀的种类及其应用

刨刀的形状和种类依加工表面形状不同而有所不同。常用刨刀及其应用如图 2-51 所示。平面刨刀用以加工水平面；偏刀用于加工垂直面、台阶面和斜面；角度偏刀用以加工角度和燕尾槽；切刀用以切断或刨沟槽；弯切刀用以加工 T 形槽及侧面上的槽。

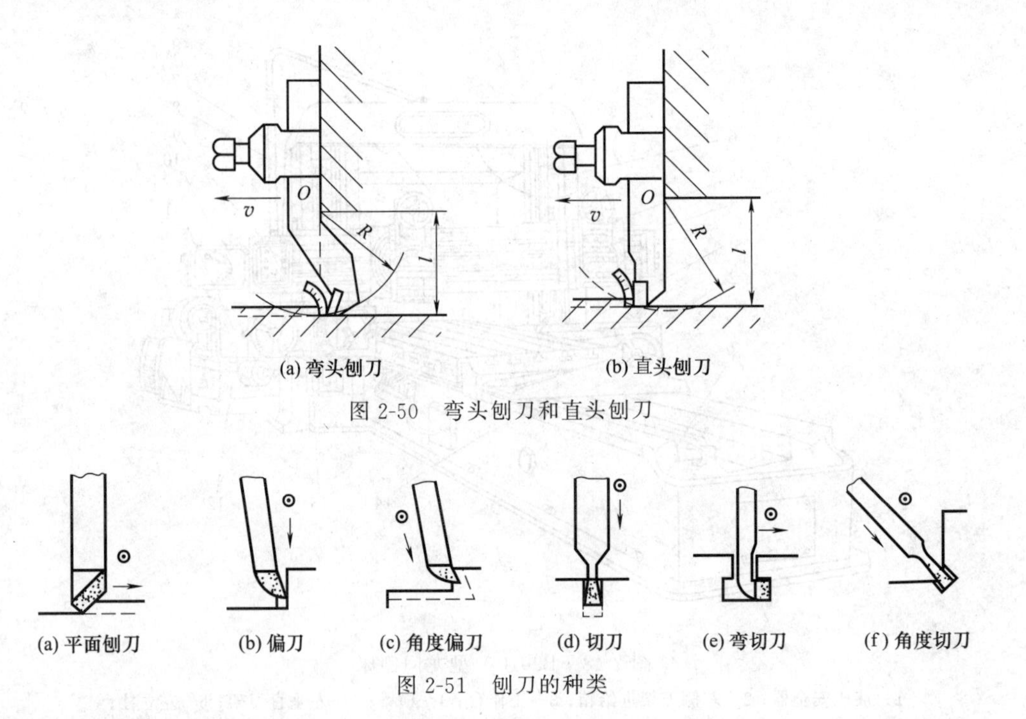

图 2-50 弯头刨刀和直头刨刀

图 2-51 刨刀的种类

2.7 磨削加工

2.7.1 磨削加工的应用范围

在磨床上用砂轮作为切削刀具，对工件表面进行加工的方法称为磨削加工。磨削是利用砂轮和工件的相对运动来实现的，是零件精加工的主要方法之一。在磨削过程中，由于磨削速度高（一般砂轮的磨削速度为2000～3000m/min，高速磨削砂轮速度可达60～250m/s），产生大量的切削热，磨削温度可达1000℃以上，为保证工件表面质量，磨削时必须大量使用切削液；磨削时，磨具上的每一个磨粒都相当于一个微小刀齿，因此磨削具有多刀、微刃加工的特点；磨料硬度很高，不仅可以加工一般的金属材料（如钢、铸铁），还可以加工高硬度材料（如淬火钢、硬质合金等）；磨削加工切削余量小，零件加工精度高，公差等级可达IT6～IT5，表面粗糙度值可达 $Ra0.8\sim0.1\mu m$，高精度磨削时，公差等级可超过IT5，表面粗糙度值可达 $Ra0.05\mu m$ 以下；砂轮在磨削时，部分磨钝的磨粒在一定条件下能自动脱落或崩碎，露出新的锋利磨粒参加切削加工，这一特性称为砂轮的“自锐”作用，能使砂轮保持良好的磨削性能。

磨削加工的应用很广，可以利用不同类型的磨床分别磨削外圆、内孔、平面、沟槽、成形面（齿形、螺纹等）以及刃磨各种刀具。此外，磨削还可用于毛坯的预加工和清理等粗加工。

2.7.2 外圆磨削

(1) 外圆表面磨削方法

① 在外圆磨床上磨削外圆。在外圆磨床上磨削外圆也称为“中心磨法”，工件安装在前

后顶尖上，用拨盘和鸡心夹头来传递动力和运动。常用的磨削方法有纵磨法、横磨法及深磨法3种，如图2-52所示。

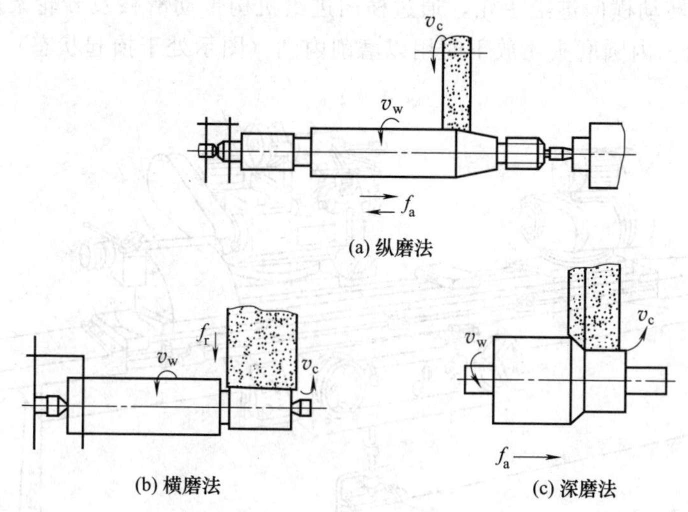

图2-52　外圆磨削方法

② 在无心磨床上磨削外圆。在无心外圆磨床上磨削时，工件放在砂轮与导轮之间的托板上，不用中心孔支承，故称无心磨削，如图2-53所示。导轮是用摩擦因数较大的橡胶结合剂制作的磨粒较粗的砂轮，其转速很低（20～80mm/min），靠摩擦力带动工件旋转。

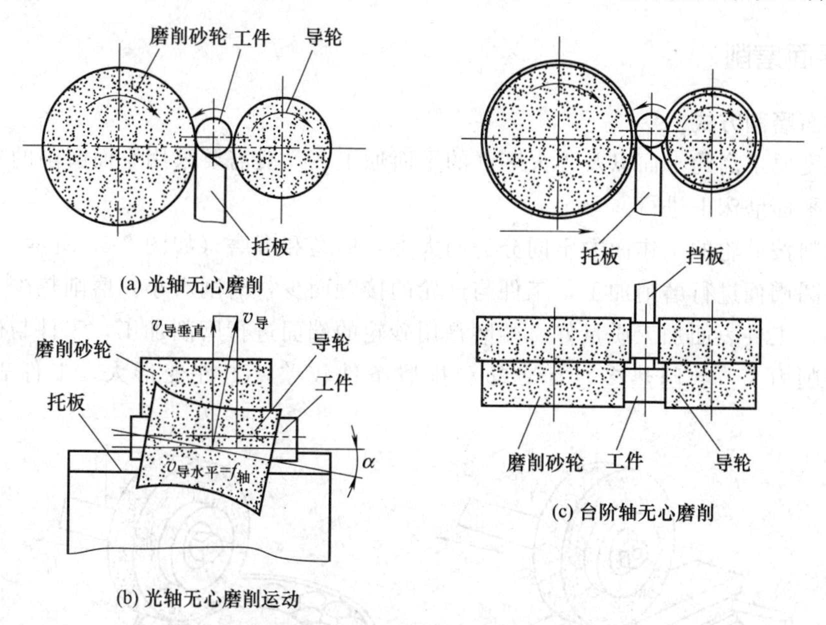

图2-53　在无心磨床上磨削外圆

(2) 外圆磨床

外圆磨床有普通外圆磨床、万能外圆磨床和无心外圆磨床，其中万能外圆磨床工艺范围广，它不仅可以磨削外圆柱面、外圆锥面，还可以磨削内圆柱面、内圆锥面和端平面，因此应用广泛。图2-54为M1432A型万能外圆磨床，在床身1的纵向导轨上装有工作台2，台面上装有头架3和尾架6，用以夹持不同长度的工件，头架带动工件旋转。工作台由液压传动沿床身导轨往复移动，使工件实现纵向进给运动。工作台由上下两层组成，其上部可相对下部在水平面内偏转一定的角度（一般不大于±10°），以便磨削锥度不大的圆锥面。砂轮架5安装在滑鞍上，转动横向进给手轮，通过横向进给机构带动滑鞍及砂轮架作快速进退或周期性自动切进进给。内圆磨头4放下时用以磨削内圆（图示处于抬起状态）。

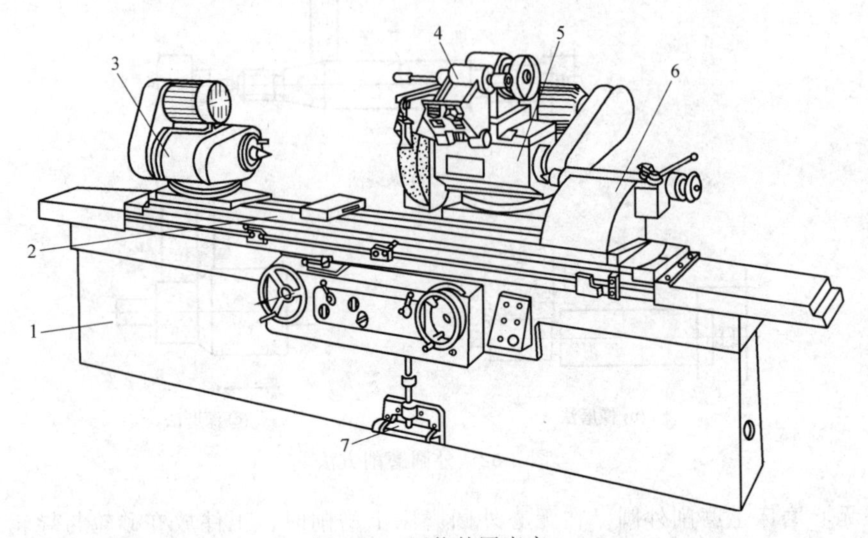

图 2-54 万能外圆磨床

1—床身；2—工作台；3—头架；4—内圆磨头；5—砂轮架；6—尾架；7—脚踏操纵板

2.7.3 平面磨削

(1) 平面磨削方式

对于精度要求高的平面以及淬火零件的平面加工，一般需要采用平面磨削的方法。平面磨削主要在平面磨床上进行。

平面磨削按砂轮的工作面的不同分为两大类：周磨和端磨（如图 2-55 所示）。周磨采用的是砂轮的圆周面进行磨削加工，工件与砂轮的接触面少，磨削力小，磨削热少，且冷却和排屑条件好，工件表面加工质量好。端磨是用砂轮的端面进行磨削加工，工件与砂轮的接触面积大，磨削力大，磨削热多，且冷却和排屑条件较差，工件变形大，工件表面加工质量差。

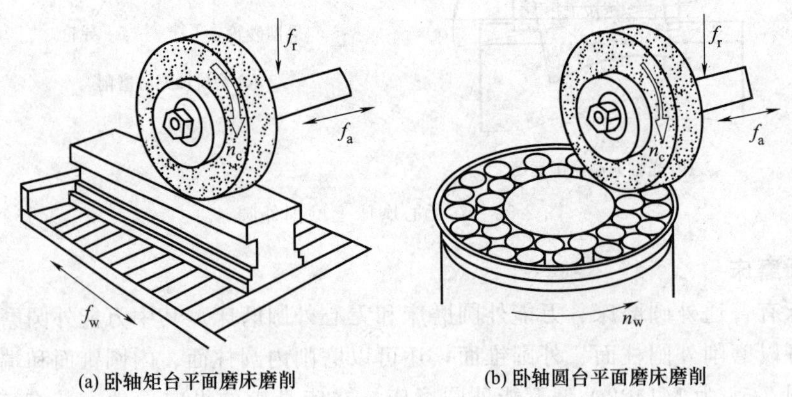

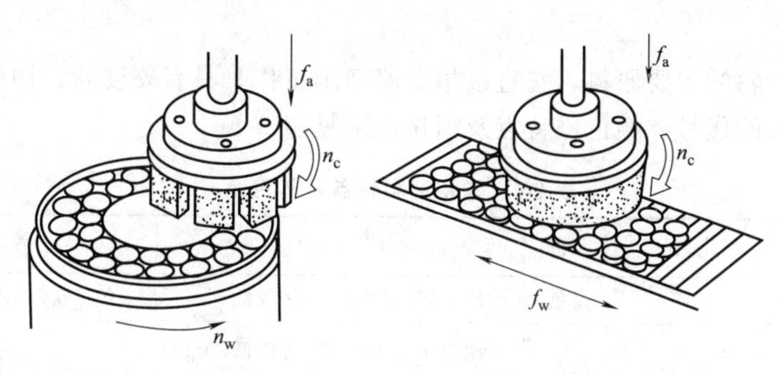

(c) 立轴圆台平面磨床磨削 (d) 立轴矩台平面磨床磨削

图 2-55 平面磨削加工示意图

(2) 平面磨床

平面磨床主要有卧轴矩台平面磨床、卧轴圆台平面磨床、立轴圆台平面磨床、立轴矩台平面磨床和各种专用平面磨床。

图 2-56 为卧轴矩台平面磨床。矩形工作台装在床身的水平纵向导轨上，可沿导轨作往复直线运动，工作台上的电磁吸盘可用于装夹钢铁类。其主运动为砂轮的高速旋转运动，进给运动有三个，即工作台带动工件纵向往复直线运动、砂轮向工件深度方向的垂直进给移动、砂轮沿其轴线横向间歇进给运动。

2.7.4 砂轮

砂轮是由许多细小坚硬的磨粒用结合剂黏结在一起经焙烧而成的疏松多孔体，如图2-57所示。磨粒、结合剂和空隙是构成砂轮的三要素。由于磨料、结合剂及制造工艺不同，砂轮的特性差别很大，对磨削的加工质量、生产率和经济性有很大影响。

砂轮的特性包括磨料、粒度、结合剂、硬度、组织、形状和尺寸等。

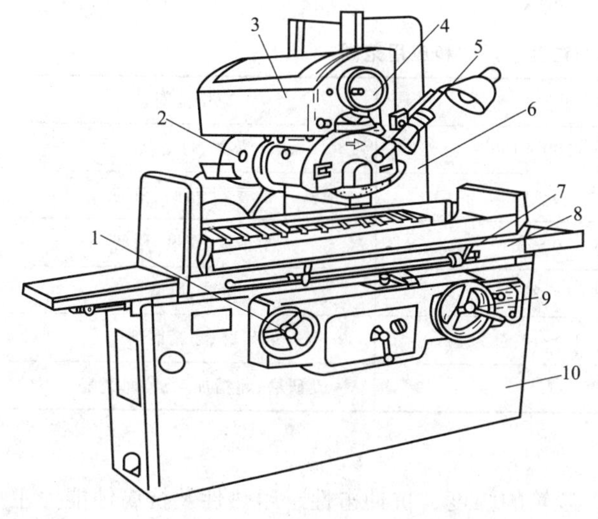

图 2-56 卧轴矩台平面磨床

1—驱动工作台手轮；2—磨头；3—滑板；4—横向进给手轮；5—砂轮修整器；6—立柱；7—行程挡块；8—工作台；9—垂直进给手轮；10—床身

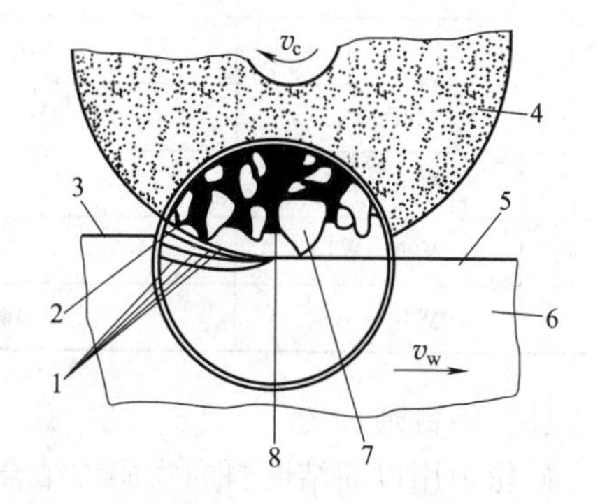

图 2-57 砂轮的组成

1—加工表面；2—空隙；3—待加工表面；4—砂轮；5—已加工表面；6—工件；7—磨粒；8—结合剂

(1) 磨料

磨料是制造砂轮的主要原料，它直接担负着切削工作，具有硬度高、韧性好、耐热性高的特点。常用磨料的代号、颜色、特点及适用范围见表2-4。

表2-4 常用磨料特点及其用途

磨料名称		代号	颜色	特点	适用范围
刚玉类	棕刚玉	A	褐色	硬度高，韧性好，价格较低	各种碳钢、合金钢等
	白刚玉	WA	白色	比棕刚玉硬度高，韧性低，价格较高	淬火钢、高速钢等
碳化硅类	黑色碳化硅	C	黑色	硬度高，性脆而锋利，导热性好	铸铁、黄铜和非金属材料
	绿色碳化硅	GC	绿色	硬度比黑色碳化硅更高，导热性好	硬质合金等
超硬磨料	立方氮化硼	CBN	黑色	超强硬度，耐磨性好	高强度钢、耐热合金等
	人造金刚石	D	乳白色	硬度最高，耐磨性好	硬质合金、光学玻璃、宝石等

(2) 粒度

粒度分磨粒和微粉。颗粒尺寸大于40μm的磨料，称为磨粒。磨粒的粒度用筛选法分级，粒度号以磨粒通过的筛网上每英寸长度内的孔眼数来表示，如60#的磨粒表示其大小刚好能通过每英寸长度上有60孔眼的筛网。尺寸小于40μm的磨料，称为微粉。微粉号代表微粉的实际尺寸，如W20表示微粉的实际尺寸为20μm。

磨料的粒度直接影响磨削的生产率和磨削质量。粗磨时，应选用粗砂轮；精磨时，应选用细砂轮。磨软材料时，为防止砂轮堵塞和产生烧伤，应选用粒度大的砂轮。当磨削的面积大时，为避免过度发热而引起工件表面烧伤，应选用粒度大的砂轮。常用磨粒的粒度、尺寸和应用范围见表2-5。

表2-5 常用磨粒的粒度、尺寸和应用范围

类别	粒度号	颗粒尺寸	应用范围
磨粒	12～36	2000～1600 500～400	荒磨、打毛刺
	46～80	400～315 200～160	粗磨、半精磨、精磨
	100～280	160～125 50～40	半精磨、精磨、珩磨
微粉	W40～W28	40～28 28～20	珩磨、研磨
	W20～W14	20～14 14～10	研磨、超精磨削
	W10～W5	10～7 5～3.5	研磨、超精加工、镜面磨削

(3) 结合剂

砂轮中用以黏结磨料的物质称结合剂。砂轮的强度、抗冲击性、耐热性及抗腐蚀能力主要决定于结合剂的性能。常用的结合剂种类、性能及用途见表2-6。

(4) 硬度

砂轮的硬度是指砂轮上的磨粒在外力作用下脱落的难易程度。砂轮的硬度软，表示砂轮的磨粒容易脱落；砂轮的硬度硬，表示磨粒较难脱落。

表 2-6 常用结合剂种类、性能及其用途

结合剂种类	代号	性能	用途
陶瓷	V	耐热，耐腐蚀，气孔率大，易保持廓形，弹性差	适用于 $v<35\text{m/s}$ 的各种成形磨削，磨齿轮、螺纹等
树脂	B	强度高，弹性大，耐冲击，气孔率小，坚固性和耐热性差	适用于 $v>50\text{m/s}$ 的高速磨削，可制成薄片砂轮，用于磨槽、切割等
橡胶	R	强度和弹性更高，气孔率小，耐热性差	适用于无心磨的砂轮和导轮、开槽和切割的薄片砂轮、抛光砂轮等
金属	M	韧性和成形性好，强度大，但自锐性差	可制造各种金刚石磨具

选择砂轮硬度的一般原则是：加工硬金属时，应选用软砂轮；加工软金属时，应选用硬砂轮；粗磨时，应选用软砂轮；成形磨、精磨时，应选用硬砂轮；工件材料的导热性差，为避免产生烧伤和裂纹，应选用软砂轮。表 2-7 为砂轮的硬度等级。

表 2-7 砂轮的硬度等级

大级	超软			软			中软		中		中硬			硬		超硬
小级	超软 1	超软 2	超软 3	软 1	软 2	软 3	中软 1	中软 2	中 1	中 2	中硬 1	中硬 2	中硬 3	硬 1	硬 2	超硬
代号	D	E	F	G	H	J	K	L	M	N	P	Q	R	S	T	Y

(5) 组织

砂轮的组织表示砂轮结构的松紧程度，通常以磨粒所占砂轮体积的百分比来分级。砂轮有三种组织状态：紧密、中等、疏松；细分成 0～14 号，共 15 级。组织号越小，磨粒所占比例越大，砂轮越紧密；反之，组织号越大，磨粒比例越小，砂轮越疏松。表 2-8 为砂轮的组织号。

表 2-8 砂轮的组织号

组织号	0	1	2	3	4	5	6	7	8	9	10	11	12	13	14
磨粒率/%	62	60	58	56	54	52	50	48	46	44	42	40	38	36	34
疏密程度	紧密				中等				疏松					大气孔	
适用范围	重负载、成形、精密磨削，加工淬硬材料				外圆、内圆、无心磨及工具磨，淬硬工件及刀具刃磨				粗磨及磨削韧性大、硬度低的工件，适合磨削薄壁、细长工件，或砂轮与工件接触面大以及平面磨削等					有色金属及塑料、橡胶等非金属以及热敏合金	

(6) 形状和尺寸

我国磨具的基本形状有 40 多种，常见的有平形砂轮、碟形砂轮、筒形砂轮等，砂轮的形状和尺寸是根据磨床类型、加工方法及工件的加工要求来确定的。砂轮的名称及特性以标记的形式标注，为砂轮的正确使用和管理提供依据。标记以汉语拼音和数字按一定顺序排列：砂轮形状-尺寸-磨料-粒度-硬度-组织-结合剂-安全线速度。

例如，砂轮标记为“砂轮 1-400×60×75-WA60-L5 V-35m/s”，表示外径为 400mm，厚度为 60mm，孔径为 75mm；磨料为白刚玉（WA），粒度号为 60；硬度为 L（中软 2），组织号为 5，结合剂为陶瓷（V）；最高线速度为 35m/s 的砂轮。

2.8 齿轮加工

齿轮作为传递运动和动力的机械零件，广泛应用于各种机械、仪表等产品中。齿轮的齿廓曲线有渐开线、摆线、圆弧等，其中最常用的是渐开线。

2.8.1 渐开线齿形的形成原理

在齿坯上加工渐开线齿形的方法很多，按齿廓的成形原理不同，可分为成形法和展成法两类。

(1) 成形法

成形法又称仿形法，是用与被加工齿轮齿槽法向截面形状相符的成形刀具，在齿坯上加工出齿形的方法。应用成形法加工齿轮的方法有铣齿、磨齿、拉齿等。

成形法加工齿形中，应用较多的是铣齿。由于砂轮及拉刀制造、刃磨较为困难，故应用较少。图 2-58 为立式铣床上用指形模数铣刀加工齿轮；图 2-59 为卧式铣床上用盘状模数铣刀加工齿轮。这种方法加工精度较低，生产率也很低。因此，一般用于单件小批生产、精度要求不高的齿轮加工。

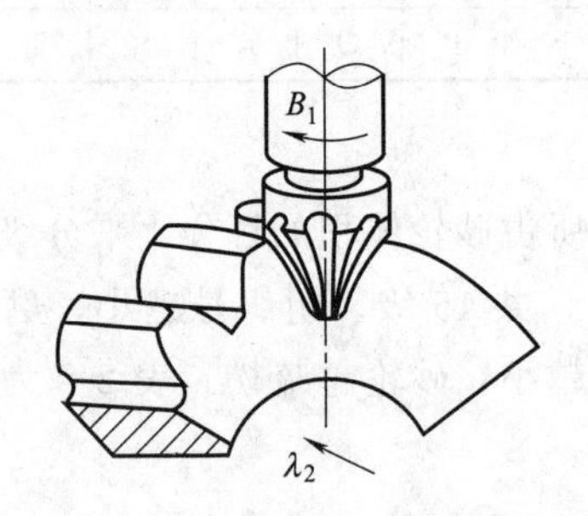

图 2-58 铣床上用指形模数铣刀铣齿

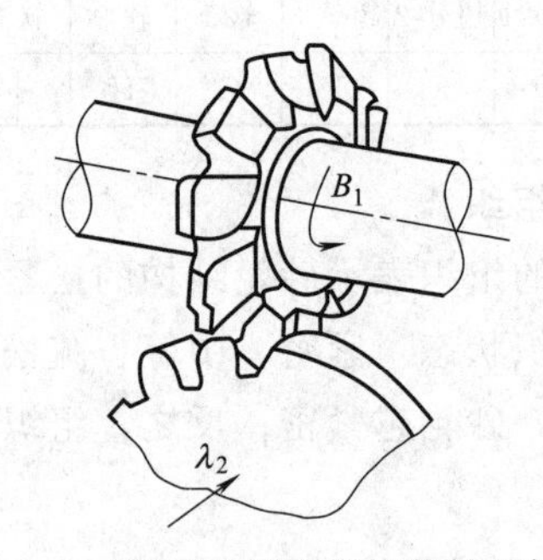

图 2-59 铣床上用盘状模数铣刀铣齿

(2) 展成法

展成法又称为范成法或包络法，它是利用齿轮啮合原理，即保持刀具和齿坯之间按渐开线齿轮啮合的运动关系实现齿形加工的。应用展成法加工齿轮的方法较多，如滚齿、插齿、剃齿、珩齿、磨齿等。

展成法加工齿轮的特点是只要机床能实现相应的连续分度，同一把刀具可以加工相同模数和压力角的任意齿数的齿轮，刀具的通用性好，加工精度和生产率都较高，但需配备专门机床，加工成本较高，在成批加工齿轮时被广泛应用。

2.8.2 常用齿轮加工方法

(1) 铣齿

铣齿属于成形法加工，铣削时，均将工件安装在铣床的分度头上，模数铣刀作旋转主运动，工作台带动齿轮作直线进给运动。当加工完一个齿间后，退出刀具，按齿数 z 进行分度，再铣下一个齿间。这样，逐齿进行铣削，直至铣完全部齿间。

这种加工方法的特点是：设备简单（用普通的铣床即可），刀具成本低。生产率低，是因为铣刀每切一齿都要重复消耗一段切入、切出、退刀和分度等辅助时间。加工齿轮的精度低，首先是因为铣制同一模数不同齿数的齿轮所用的铣刀，一般只有8个刀号，每号铣刀有它规定的铣齿范围（见表2-9）。铣刀的刀齿轮廓只与该号范围内最小齿数齿轮齿间的理论轮廓一致，对其他齿数的齿轮，只能获得近似齿形。其次是因为分度头的分度误差，引起分齿不均。因此，铣齿一般用于修配或简单地制造一些低速低精度的齿轮。

表2-9　模数铣刀刀号及其加工齿数的范围

刀号	1	2	3	4	5	6	7	8
加工齿数范围	12～13	14～16	17～20	21～25	26～34	35～54	55～134	135及以上齿条

(2) 滚齿

滚齿的加工原理相当于蜗杆与蜗轮的啮合原理，如图2-60所示。滚齿的刀具称为滚刀，滚刀的轮廓形状与蜗杆相似，在垂直于螺旋线的方向开出容屑槽，并磨出刀刃，其切削刃的形状近似于齿条。当滚刀转动时，就像一个无限长的齿条在缓慢移动。齿条与同模数的任何齿数的渐开线齿轮都能正确啮合，因此用滚刀滚切同一模数任何齿数的齿轮时，都能加工出正确的齿形。

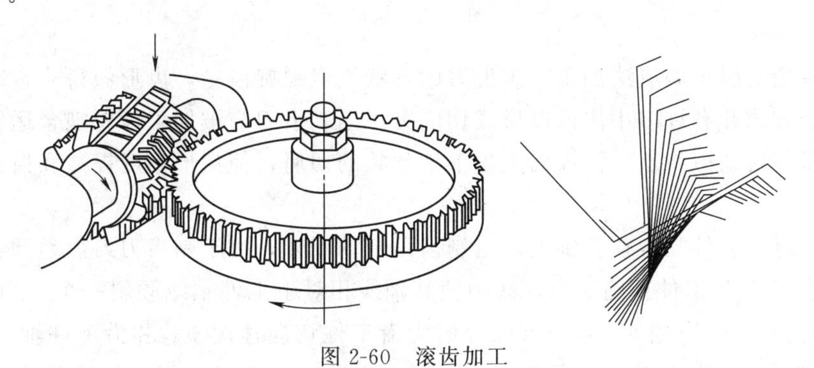

图2-60　滚齿加工

与铣齿相比，滚齿法可用同一模数的滚刀加工相同模数不同齿数的圆柱齿轮；连续切削，生产效率高；齿形精度高，分度的精度也高，是齿轮齿形加工中应用最广的方法。不但能加工直齿圆柱齿轮，还可以加工斜齿圆柱齿轮、蜗轮等，但一般不能加工内齿轮、扇形齿轮和相距很近的多联齿轮。

(3) 插齿

插齿是利用一对圆柱齿轮啮合的原理进行加工的，工件和插齿刀的运动形式如图2-61所示。插齿刀就是一个在轮齿上磨出前角和后角而具有切削刃的齿轮，而齿坯则作为另一个齿轮。

插齿时，插齿刀沿轮齿全长连续地切下切屑，所以齿面粗糙度低；插齿的精度高于滚齿，但生产率低于滚齿；插齿和滚齿一样，同一模数的插齿刀可加工模数相同齿数不同的圆柱齿轮；插齿能加工用滚刀难于加工的内齿轮和多联齿轮，但加工斜齿轮不如滚齿方便。在单件、小批生产和大量生产中，广泛采用插齿来加工各种未淬火齿轮，尤其是内齿轮和多联齿轮。

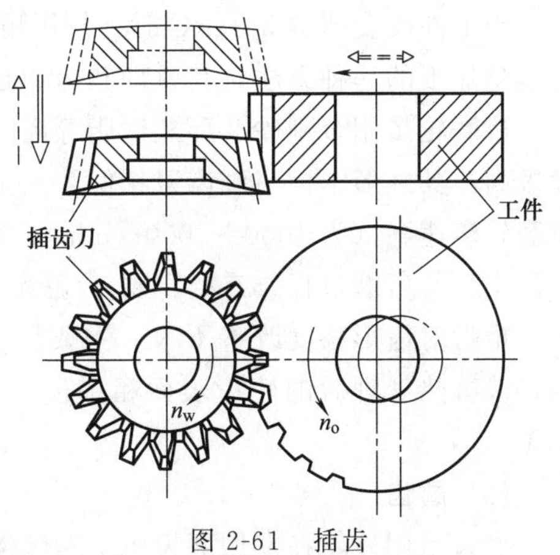

图2-61　插齿

(4) 剃齿

剃齿是利用剃齿刀在专用剃齿机上对齿轮齿形进行精加工的一种方法，专门用来加工未经淬火（34HRC 以下）的圆柱齿轮。剃齿加工精度可达 IT7～IT6 级，齿面的 Ra 值可达 0.8～0.4μm。剃齿加工时工件与刀具的运动形式如图 2-62 所示。

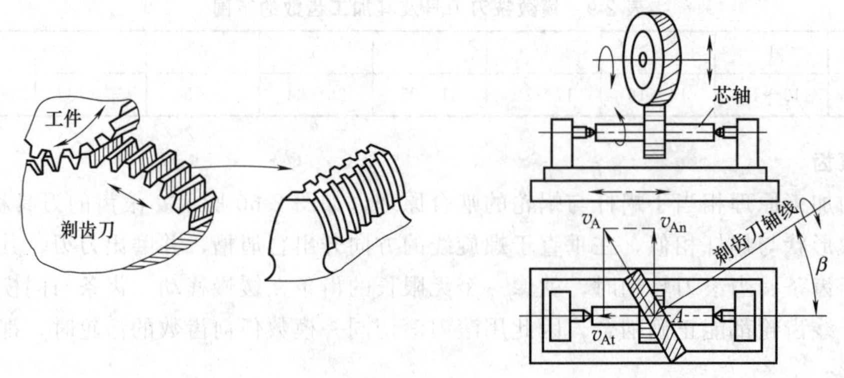

图 2-62 剃齿

剃齿在原理上属于展成法加工。剃齿刀的形状类似螺旋齿轮，齿形做得非常准确，在齿面上沿渐开线方向开有许多小沟槽以形成切削刃。当剃齿刀与被加工齿轮啮合运转时，剃齿刀齿面上的众多切削刃将从工件齿面上剃下细丝状的切屑，使齿形精度提高和齿面粗糙度值降低。

剃齿加工时，工件安装在芯轴上，由剃齿刀带动旋转，由于剃齿刀刀齿是倾斜的（螺旋角为 β），为使它能与工件正确啮合，必须使其轴线相对于工件轴线倾斜一个 β 角。剃齿时，剃齿刀在啮合点 A 的圆周速度 v_A 可以分解为沿工件切向速度 v_{An} 和沿工件轴向速度 v_{At}，v_{An} 使工件旋转，v_{At} 为齿面相对滑动速度，即剃齿速度。为了剃削工件的整个齿宽，工件应由工作台带动作往复直线运动。工作台每次往复行程终了时，剃齿刀沿工件径向作进给运动，使工件齿面每次被剃去一层为 0.007～0.03mm 的金属。在剃削过程中，剃齿刀时而正转，剃削轮齿的一个侧面；时而反转，剃削轮齿的另一个侧面。

剃齿加工主要用于提高齿形精度和齿向精度，降低齿面粗糙度值，但不能修正分齿误差。剃齿主要用于成批和大量生产中精加工齿面未淬硬的直齿和斜齿圆柱齿轮。

(5) 珩齿

当工件硬度超过 35HRC 时，使用珩齿代替剃齿。珩齿是在珩磨机上用珩磨轮对齿轮进行精整加工的一种方法，其原理和运动与剃齿相同。

珩磨轮是用金刚砂及环氧树脂等浇注或热压而成的具有较高齿形精度的斜齿轮，它的硬度极高，其外形结构与剃齿刀相似，只是齿面上无容屑槽，是靠磨粒进行切削的。珩磨时，珩磨轮转速高（为 1000～2000r/min），可同时沿齿向和渐开线方向产生滑动进行连续切削，生产率高。珩磨过程具有磨、剃 、抛光等综合作用。

珩齿对齿形精度改善不大，主要用于剃齿后需淬火齿轮的精加工，能去除氧化皮、毛刺，改善热处理后的轮齿表面粗糙度（Ra 值为 0.4～0.2μm）。珩齿也可用于非淬硬齿轮加工。

(6) 磨齿

磨齿是用砂轮在专用磨齿机上对已淬火齿轮进行精加工的一种方法。磨齿按加工原理可分为成形法和展成法两种。

① 成形法磨齿。成形法磨齿和成形法铣齿的原理相同，砂轮截面形状修整成与被磨齿轮齿槽一致，磨齿时的工作状况与盘状铣刀铣齿工作状况相似，如图 2-63（a）所示。

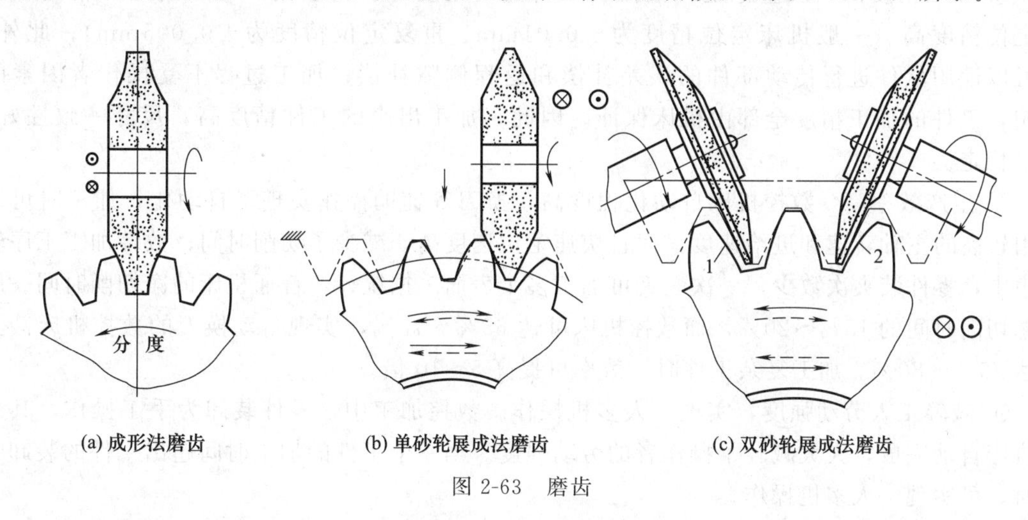

(a) 成形法磨齿　(b) 单砂轮展成法磨齿　(c) 双砂轮展成法磨齿

图 2-63　磨齿

磨齿时的分度运动是不连续的，在磨完一个齿之后必须进行分度，再磨下一个齿，轮齿是逐个加工出来的。成形法磨齿由于砂轮一次就能磨削出整个渐开线齿面，故生产率高，但受砂轮修整精度和机床分度精度的影响，其加工精度较低（6～5 级），在生产中应用较少。

② 展成法磨齿。是将砂轮的磨削部分修整成锥面［如图 2-63（b）所示］，以构成假想齿条的齿面。磨削时，砂轮作高速旋转运动（主运动），同时沿工件轴向作往复直线运动，以磨出全齿宽。工件则严格按照一齿轮沿固定齿条作纯滚动的方式，边转动、边移动，从齿根向齿顶方向先后磨出一个齿槽两侧面，之后砂轮退离工件，机床分度机构进行分度，使工件转过一个齿，磨削下一个齿槽的齿面，如此重复上述循环，直至磨完全部齿槽齿面。如果将两个碟形砂轮倾斜成一定角度，以构成假想齿条两个齿的两个外侧面，可同时对齿轮轮齿的两个齿面进行磨削［如图 2-63（c）所示］。

锥面砂轮磨齿精度可达 6～4 级，齿面粗糙度 Ra 值为 0.4～0.2μm。主要用于单件、小批生产中、加工精度要求很高的淬硬或非淬硬齿轮。这种磨齿方法，加工精度高（最高可达 3 级）、齿面粗糙度 Ra 值为 0.4～0.2μm。但所用设备结构复杂，成本高、生产率低，故应用不广。

2.9 数控加工

数控加工（numerical control machining）是指在数控机床上用数字信息控制零件和刀具产生相对运动，从而加工零件的方法。它是解决零件品种多变、批量小、形状复杂、精度高等问题和实现高效、自动化加工的有效途径。

2.9.1 数控加工的特点

与普通机床加工相比，数控加工具有以下特点。

① 适应性强，可以加工单件或小批量形状复杂的工件。数控机床的刀具运动轨迹是由加工程序控制的，更换产品时，只需改变加工程序、调整有关数据，大大缩短了新产品的生

产周期；同时数控加工可以实现复杂型面工件的加工，如在五轴联动的数控机床上加工螺旋桨的空间曲面等。

② 加工精度高，质量稳定。数控机床自身的刚度好、精度高，机床的定位精度和重复定位精度高（一般机床定位精度为±0.01mm、重复定位精度为±0.005mm）；此外，还可以运用软件进行传动部件的误差补偿和返程侧隙补偿；加工过程不受操作者因素的影响，工件的加工精度全部由机床保证。因此，加工出来的工件精度高，尺寸一致性好，质量稳定。

③ 生产效率高。数控机床自动化程度高，换刀等辅助操作实现了自动化；加工时可以采用较高的主轴转速和进给速度，而且快速定位速度高，减少了切削时间；数控加工工序较为集中，零件装夹次数少，一次装夹可加工多个表面。据统计，普通机床的净切削时间一般占总切削时间的15%～20%，而数控机床可达65%～70%，实现自动换刀的数控机床甚至可达75%～80%。加工复杂工件时，效率可提高5～10倍。

④ 减轻工人劳动强度，实现一人多机操作。数控加工中，零件装卸为手工操作，其余由机床自动完成，大大减轻了操作者的劳动强度。当一个工件的加工时间超出工件的装卸时间时，可实现一人多机操作。

⑤ 初期投资大，经济效益明显。数控机床一次投资及日常维护保养费用高，但其加工范围广、生产效率高、加工质量好、废品少等，而且减少工装和量刃具、缩短生产周期等，从而经济效益明显。

⑥ 易于实施现代化的生产管理。在数控机床上加工零件时，可以准确地计算出零件加工工时，可以精确地计算生产成本和安排生产进度，因此易于实现生产管理的现代化。

2.9.2 数控机床的分类

随着数控机床的不断发展，其品种繁多，规格不一，出现了不同的分类方法。

(1) 按工艺用途分类

① 金属切削类数控机床。包括数控车床、数控铣床、数控钻床、数控磨床、数控镗床、数控齿轮加工机床以及加工中心等，这些机床都有的动作和运动都是由数字化控制的，而且具有很高的设备柔性。

② 特种加工类数控机床。包括数控电火花线切割机床、数控电火花成型机床、数控等离子弧切割机床、数控火焰切割机床、数控激光加工机床以及组合机床等。

③ 金属成形类数控机床。包括数控冲床、数控剪板机、数控折弯机以及数控回转头压力机等。

④ 其他类型的数控设备。近年来，其他机械设备中也大量采用了数控技术，如多坐标测量机、自动装配机、自动绘图机以及工业机器人等。

(2) 按伺服系统类型分类

① 开环控制。开环控制系统的特点是系统对移动部件的实际位移量不进行检测，也不能进行误差校正，适用于加工精度要求不很高的中小型数控机床，特别是简易经济型数控机床。

② 半闭环控制。半闭环控制系统的特点是在开环控制数控机床的传动丝杠上装有角位移检测装置，通过检测丝杠的转角间接地检测移动部件的位移，然后反馈到数控装置中去，系统的调试比较方便并且具有良好的稳定性。

③ 闭环控制。闭环控制系统的特点是在机床移动部件上直接安装直线位移检测装置，将测量到的实际位移值反馈到数控装置中，与输入的指令位移值进行比较，用差值对机床进行控制，使移动部件按照实际需要的位移量运动，最终实现移动部件的精确运动和定位，进一步提高了机床的加工精度。

(3) 其他分类方法

按运动轨迹分类，可分为点位控制、直线控制、轮廓控制；按控制系统水平分类，可分为经济型数控机床、全功能数控机床；按数控系统的联动轴数分类，可分为2轴、3轴或多轴数控机床。

2.9.3　自动化加工对刀具的要求

随着数控机床、加工中心、柔性制造单元和柔性制造系统的日益广泛应用，对金属切削刀具的要求也越来越高，自动化加工对刀具的要求如下。

(1) 刀具应具有高的可靠性

包括刀具材料本身的可靠性，刀具结构和夹固的可靠性，以及较长的使用寿命、稳定的切削性能、高的重复定位精度等，尤其对于无人看管的自动化加工，尤为重要。

(2) 刀具应具有高的生产率

现代机床向着高速度、高刚性和大功率方向发展，因此要求刀具材料耐热性好、抗热冲击性能强，高温力学性能好，以满足高生产率的要求。

(3) 刀具应能实现快速更换

数控刀具要求互换性好、更换迅速、尺寸调整方便、安装可靠，能借助对刀仪进行机外预调，减少换刀调整时间，并适应机械手和机器人的操作。

(4) 刀具应系列化、标准化和通用化

在满足生产要求的前提下，尽量减少刀具规格，降低加工成本，并利于刀具管理。应建立刀具准备单元，集中管理，负责刀具的预调、配置、维护和保管。

(5) 大量采用多功能复合刀具

零件的不同工序，用一把刀具加工完成，提高生产效率，保证加工精度，而且明显减少了刀具数量。如多功能车刀和铣刀、镗-铣刀、钻-铣刀、钻-扩刀、扩-铰刀、扩-镗刀等。

能力训练

1. 名词解释

(1) 传动系统图

(2) 周铣、端铣

(3) 顺铣、逆铣

(4) 砂轮的粒度

2. 简答题

(1) 说明下列机床型号的含义：CK6140、X6132、M1432A、B2010。

(2) 试述常用车床的种类和结构特点。

(3) 车削加工的工艺范围及特点有哪些？

(4) 试述车床常用附件及其应用。

(5) 铣削的工艺范围及特点有哪些?

(6) 举例说明砂轮型号的含义。

(7) 平面磨削的方式有哪几种，各有何特点?

(8) 齿轮的齿形加工方法有哪些? 简要说明其特点及应用。

3. 拓展训练

(1) 查阅相关资料，分析 X6132 型卧式铣床主传动路线。

(2) 通过网络搜索、书刊查询等方式了解珩磨、研磨、滚压等孔的光整加工方法。

第3章

工件的装夹

知识目标

① 理解基准的概念，熟悉工件的装夹方法，明确夹具的组成。

② 掌握工件定位基本原理，熟悉定位元件及其限制的自由度。

③ 明确定位误差的组成，掌握定位误差的计算方法。

④ 明确工件夹紧装置的组成，熟悉典型夹紧机构的工作原理及特点。

⑤ 熟悉典型机床的专用夹具及其设计特点。

能力目标

① 能合理选择装夹方案。

② 能安装、调整机床夹具，能正确安装工件。

③ 初步具有机床夹具设计的能力。

3.1 工件装夹概述

3.1.1 基准的概念及其分类

基准是指用来确定生产对象上几何要素关系所依据的那些点、线、面。按功用不同，基准分为设计基准和工艺基准。

(1) 设计基准

在零件设计图样上所采用的基准，称为设计基准。如图 3-1 (a) 所示的支撑板，平面 2、3 的设计基准是平面 1，平面 5、6 的设计基准是平面 4，孔 7 的设计基准是平面 1 和平面 4，而孔 8 的设计基准是孔 7 的中心和平面 4。如图 3-1 (b) 所示的钻套，外圆和内孔的设计基准是回转轴心线 O—O，轴肩 B 和端面 C 的设计基准是端面 A。

(2) 工艺基准

零件在工艺过程中所采用的基准，称为工艺基准。按用途不同，工艺基准分为定位基准、工序基准、测量基准和装配基准。

① 定位基准。在加工中用作定位的基准，称为定位基准。作为定位基准的点、线、面，可能是工件上的某些面，也可能是并不具体存在的中心线、对称面、球心等。如图 3-1 (a)

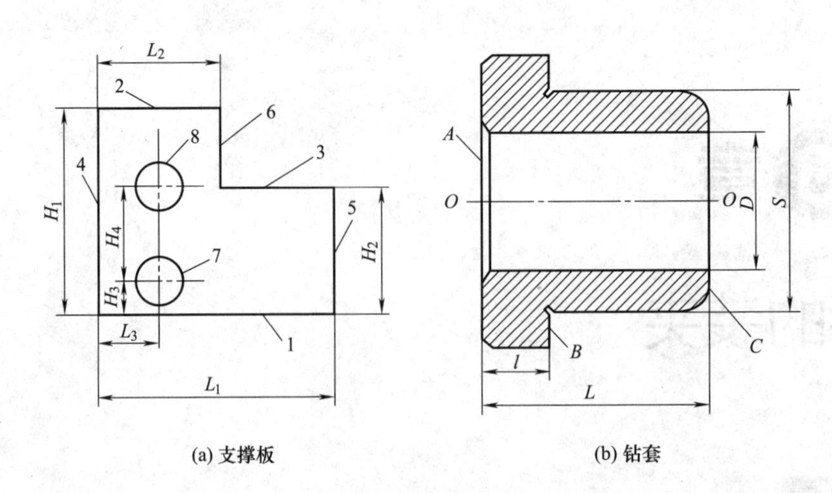

(a) 支撑板　　(b) 钻套

图 3-1　设计基准分析示例

所示，加工平面 3 和 6 时，平面 1 和 4 是定位基准；图 3-1（b）中，用芯轴定位内孔加工外圆时，内孔表面是定位基准面，回转轴心线是定位基准。

定位基准又分为粗基准和精基准。用作定位的表面，如果是没有经过加工的毛坯表面，称为粗基准；若是已加工过的表面，则称为精基准。

② 工序基准。在工序图上，用来确定本工序被加工表面加工后的尺寸、形状和位置所采用的基准，称为工序基准。它是某一工序所要达到加工尺寸（即工序尺寸）的起点。如图 3-1（a）所示，加工平面 3 时，按尺寸 H_2 进行加工，平面 1 即为工序基准，而尺寸 H_2 为工序尺寸。

③ 测量基准。零件测量时所采用的基准，称为测量基准。如图 3-1（b）所示，检测尺寸 l 和 L 时，平面 A 即为测量基准。

④ 装配基准。装配时用以确定零件或部件在产品中的位置所采用的基准，称为装配基准。

工序基准应尽量与设计基准相重合；当考虑定位或试切测量方便时，也可以与定位基准或测量基准相重合。

3.1.2 工件装夹方法

工件装夹方法有直接找正法、划线找正法和夹具装夹。

(1) 直接找正法

在机床上装夹工件时，操作者用百分表、划针或目测直接找正工件，以获得工件正确装夹位置，该方法称为直接找正法。如图 3-2 所示，在磨床上磨削与外圆表面有同轴度要求的内孔时，加工前将工件装在四爪单动卡盘上，用百分表直接找正外圆表面，从而获得工件的正确位置。

(2) 划线找正法

在装夹工件之前，按技术要求在工件表面划线，然后在机床上按划线位置找正工件，以获得工件的正确加工位置，该方法称为划线找正法。如图 3-3 所示，工件装在四爪单动卡盘上，用划线盘按所划的线找正，通过调节各卡爪的位置，使所划的圆心与车床回转中心重合。

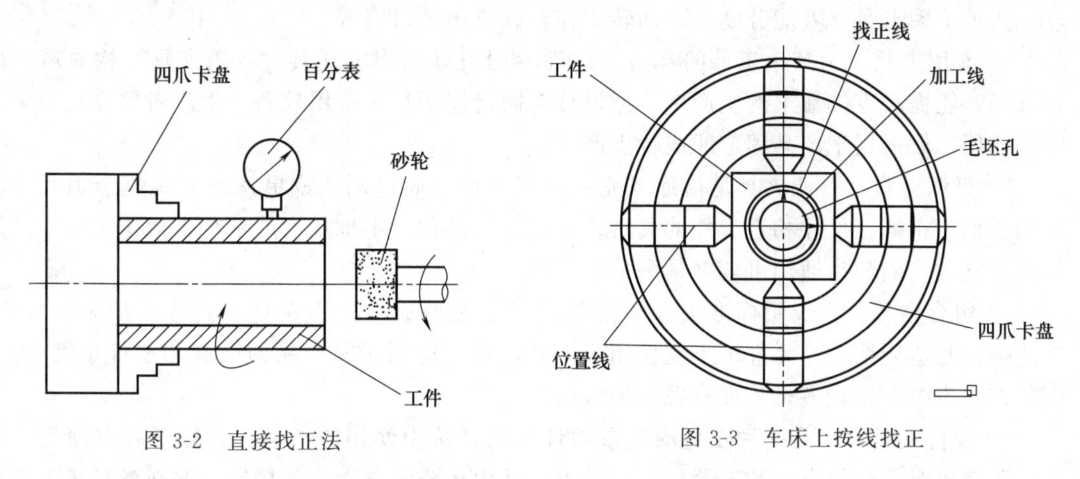

图 3-2 直接找正法

图 3-3 车床上按线找正

(3) 夹具装夹

靠夹具上的定位元件使工件获得正确装夹位置，该方法称为夹具装夹。如图 3-4 所示，在圆柱轴端铣槽，采用 V 形块定位。由于工件的定位基准面与定位元件直接接触，故无需找正。由于夹具在机床上的位置已预先调整好，所以工件通过夹具相对于机床也就占据了正确的位置。通过夹具上的对刀装置，保证了工件加工表面相对于刀具的正确位置。

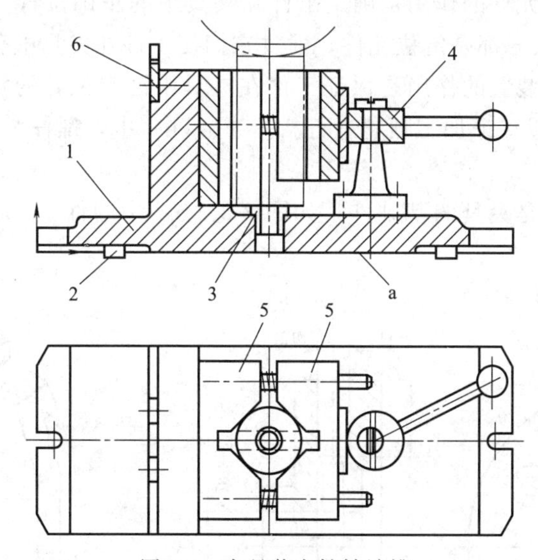

图 3-4 夹具装夹铣轴端槽

1—夹具体；2—定向键；3—定位套；4—偏心轮；5—V 形块；6—对刀块

3.1.3 夹具的分类与组成

(1) 夹具的分类

夹具按使用范围不同，分为通用夹具、专用夹具、组合夹具、成组夹具和随行夹具；按机床不同，分为车床夹具、铣床夹具、钻床夹具、磨床夹具和数控机床夹具等；按动力源不同，分为手动夹紧、气动夹紧、液动夹紧、电磁夹紧和真空夹紧等。

① 通用夹具。通用夹具是指结构、尺寸已规格化，且具有一定的通用性，可以用来装夹一定形状和一定尺寸范围内的各种工件，而不需进行特殊调整的夹具。如三爪自定心卡

盘、四爪单动卡盘、万能分度头、回转工作台、机用平口钳等。

② 专用夹具。为某一工件的某道工序而专门设计制作的夹具。专用夹具结构紧凑、操作方便，能提高零件加工的生产率，但设计与制造周期长，费用较高，生产对象变化后无法继续使用，故适用于产品固定的成批生产。

③ 可调夹具。可调夹具是指加工完一种工件后，通过调整或更换原夹具上个别元件就可加工形状相似、尺寸相近工件的夹具。它能使多品种、小批量生产获得类似于大量生产的经济效益。一般分为通用可调夹具和成组夹具。

④ 组合夹具。由通用标准夹具零部件经过组装而成的专用夹具。其特点是灵活多变、功能强、制造周期短、元件可重复使用。因此，特别适用于新产品的试制和单件小批生产，在数控加工中应用较多，是夹具发展的方向。

⑤ 随行夹具。它是一种在自动线或柔性制造系统中使用的夹具。工件安装在随行夹具上，除完成对工件的定位和夹紧外，还载着工件由运输装置送往各机床，并在各机床上被定位和夹紧。

(2) 夹具的组成

各类机床夹具的结构不同，但基本组成相同，一般由定位元件、夹紧装置、夹具体和其他装置或元件组成。以图 3-5 钻床上的钻孔夹具为例说明夹具的组成。

① 定位元件。定位元件的作用是确定工件在夹具中的正确位置。图 3-5（b）中的圆柱销 5、菱形销 1 和支承板 6 都是定位元件，通过它们使工件在夹具中获得正确的位置。

② 夹紧装置。夹紧装置的作用是保证工件在夹具中已定位好的正确位置在加工过程中不因外力影响而变化，以保证加工顺利进行。图 3-5（b）中，螺杆 2、螺母 3 和开口销 4 组成了夹紧装置。

③ 夹具体。夹具体是夹具的基础件，如图 3-5（b）中的件 7，通过它将夹具的所有部分连接成一个整体。

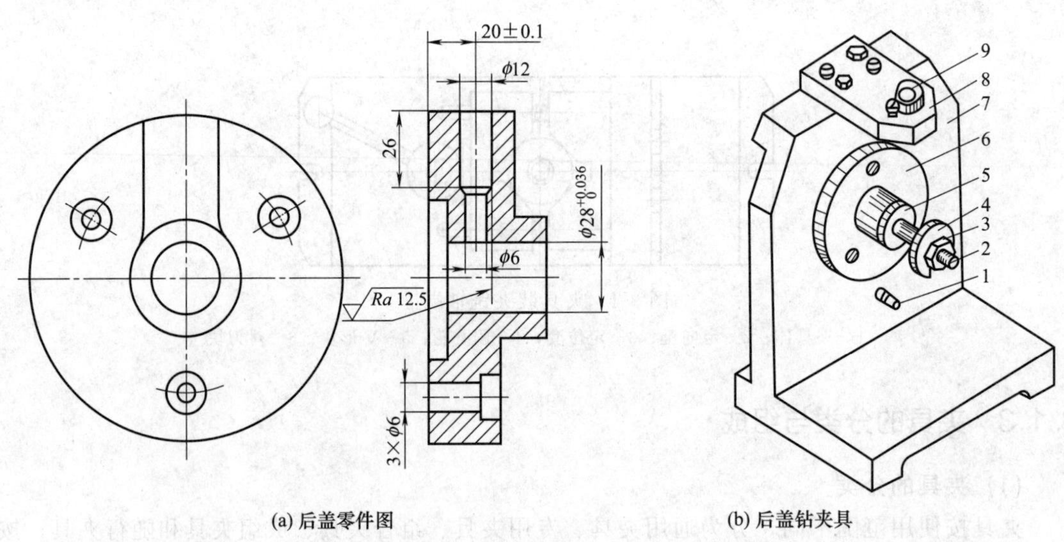

图 3-5　后盖零件图及后盖钻夹具

1—菱形销；2—螺杆；3—螺母；4—开口销；5—圆柱销；6—支承板；7—夹具体；8—钻模板；9—钻套

④ 其他装置或元件。夹具除上述三部分外，还有一些根据需要设置的其他装置或元件，如分度装置、导向元件、夹具与机床之间的连接元件等。图 3-5（b）中的钻套 9、钻模板 8

就是为了引导钻头而设置的导向装置。

3.2 工件的定位

机床、刀具、工件和夹具组成一个工艺系统。工件加工前应保证其在工艺系统中占据正确位置，即工件定位。

3.2.1 工件定位基本原理

(1) 六点定位原理

一个尚未定位的工件，其位置是不确定的。如图 3-6 所示，工件置于空间直角坐标系中，它可以沿 x、y、z 轴自由移动，也可以绕 x、y、z 轴自由转动。这种位置的不确定性，称为自由度。工件沿 x、y、z 轴的移动自由度用$\overrightarrow{x}$、$\overrightarrow{y}$、$\overrightarrow{z}$表示；工件绕 x、y、z 轴的转动自由度用$\overset{\frown}{x}$、$\overset{\frown}{y}$、$\overset{\frown}{z}$表示。工件定位的任务，首先是消除其自由度，六个自由度都限制了，其空间位置也就被确定下来了。

如图 3-7 所示，空间有一长方体工件，xOy 平面内的三个不共线的支承点 1、2、3 限制工件$\overset{\frown}{x}$、$\overset{\frown}{y}$、$\overrightarrow{z}$三个自由度，yOz 平面内的水平放置的两个支承点 4、5 限制了$\overrightarrow{x}$、$\overset{\frown}{z}$两个自由度，xOz 平面内的一个支承点 6 限制了$\overrightarrow{y}$一个自由度。这种用合理分布的六个支承点限制工件六个自由度的原理，称为六点定位原理。

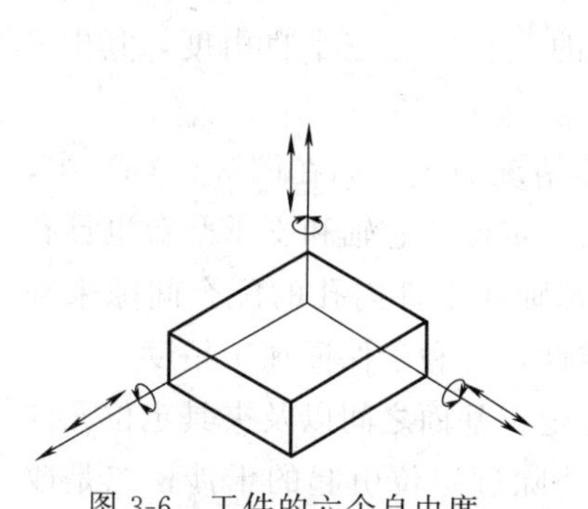

图 3-6 工件的六个自由度

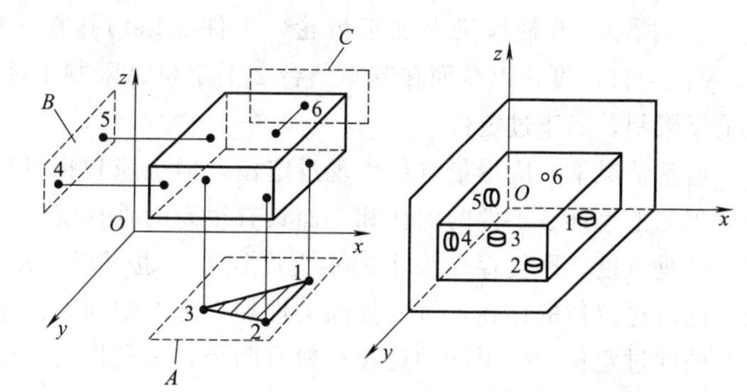

图 3-7 六点定位原理图示

(2) 六点定位原理的应用

工件定位时，并非所有情况下六个自由度都要限制，影响加工精度要求的自由度必须限制，不影响加工精度要求的自由度有时可以不限制，视具体情况而定。

按照工件的加工要求，确定应限制的自由度，这是加工中应解决的首要问题。下面以图 3-8 所示工件为例，分析工件的定位要求。图 3-8 (a) 为加工压板上的导向槽，由于有槽深方向的尺寸要求，故应限制 z 方向的移动自由度；槽底面要求与 xOy 面平行，故应限制绕 x、y 轴的转动自由度；导向槽有 x 方向的位置尺寸要求，故应限制 x 方向的移动自由度；要求保证槽长，故应限制 y 方向的移动自由度；槽长方向应与 y 轴平行，故应限制绕 z 轴的转动自由度。因此加工导向槽时，$\overrightarrow{x}$、$\overrightarrow{y}$、$\overrightarrow{z}$、$\overset{\frown}{x}$、$\overset{\frown}{y}$、$\overset{\frown}{z}$六个自由度均应限制。图 3-8 (b) 为加工压板上的长槽，分析可知，需限制$\overrightarrow{x}$、$\overrightarrow{y}$、$\overset{\frown}{x}$、$\overset{\frown}{y}$、$\overset{\frown}{z}$五个自由度。图 3-8 (c) 为加工导板的上平面，需限制$\overrightarrow{z}$、$\overset{\frown}{x}$、$\overset{\frown}{y}$三个自由度。

工件定位，有以下几种情况。

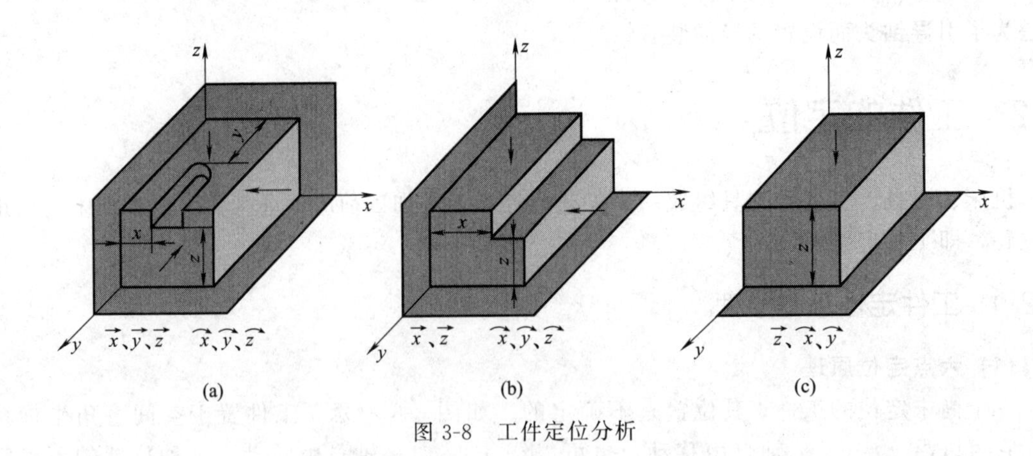

图 3-8 工件定位分析

① 完全定位。工件的六个自由度全部被限制的定位，称为完全定位，如图 3-8（a）所示。

② 不完全定位。根据实际加工要求，工件被限制的自由度少于六个的定位，称为不完全定位，如图 3-8（b）、（c）所示。

③ 欠定位。根据实际加工要求，工件应限制的自由度没能完全被限制的定位，称为欠定位。欠定位无法保证工件的加工要求，因此欠定位是不允许出现的。

④ 过定位。工件某一个自由度同时被几个支承点重复限制的定位，称为过定位。如图 3-9（a）所示，在插齿机上加工齿轮，工件 3 以内孔在芯轴 1 上定位，限制工件的$\vec{x}$、$\vec{y}$、$\widehat{x}$、$\widehat{y}$四个自由度，以端面在支承凸台 2 上定位，限制工件的$\vec{z}$、$\widehat{x}$、$\widehat{y}$三个自由度，其中$\widehat{x}$被重复限制，属于过定位。

通常情况下，应尽量避免出现过定位，但也应根据具体情况而定。如在图 3-9（a）中，如果工艺上保证了工件的内孔和端面具有很高的垂直度，用于定位的芯轴和支承凸台也具有很高的垂直度，即使存在很小的垂直度误差，也可以利用芯轴和工件内孔的配合间隙来补偿。此时过定位的存在，可以提高工件加工时的刚性和稳定性，有利于保证加工精度。

消除过定位产生干涉的途径一般有两个：一是提高工件定位基面之间以及夹具定位元件工作表面之间的位置精度，如图 3-9（b）所示，以减少或消除过定位引起的干涉；二是改变定位元件的结构，如图 3-9（c）所示，以消除被重复限制的自由度。

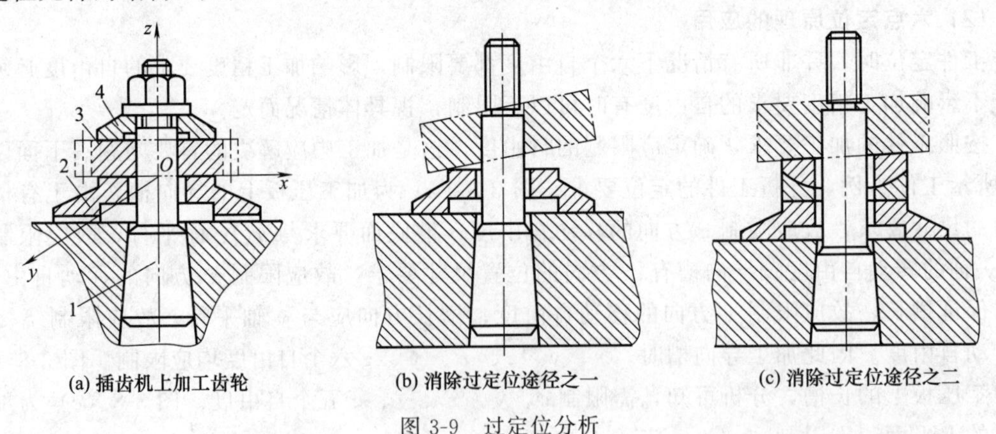

图 3-9 过定位分析

1—芯轴；2—支承凸台；3—工件；4—压板

3.2.2 工件定位方法与定位元件

在机械加工中，必须使工件、夹具、刀具和机床之间保持正确的相互位置，才能加工出合格的零件。这种正确的相互位置关系，是通过工件在夹具中的定位、夹具在机床上的安装、刀具相对于夹具的调整来实现的。工件定位的目的，是使同批工件在机床或夹具中占据正确的位置。

常见定位元件及其所能限制的工件自由度见表3-1。

表3-1 常见定位元件及其所能限制的工件自由度

定位基准面	定位元件	定位方式简图	定位元件特点	限制的自由度
工件以大平面定位	支承钉	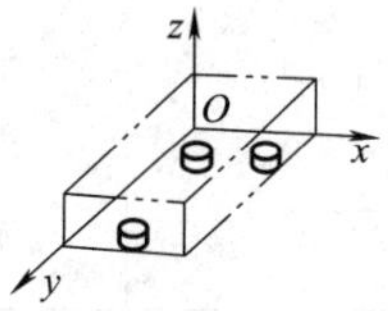	—	$\vec{z}$、$\overset{\frown}{x}$、$\overset{\frown}{y}$
	支承板	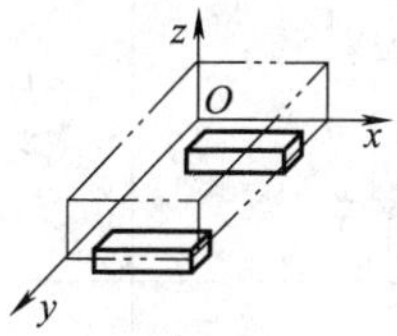	—	$\vec{z}$、$\overset{\frown}{x}$、$\overset{\frown}{y}$
工件以外圆柱面定位	V形块	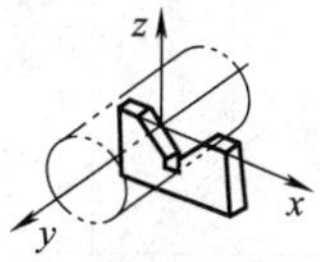	窄V形块	$\vec{z}$、$\vec{x}$
		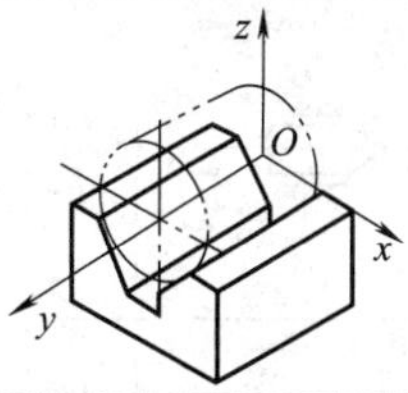	宽V形块或 2个窄V形块	$\vec{x}$、$\vec{z}$、$\overset{\frown}{x}$、$\overset{\frown}{z}$
	定位套	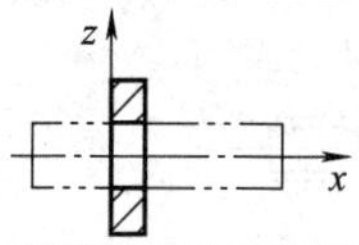	短套	$\vec{z}$、$\vec{y}$
		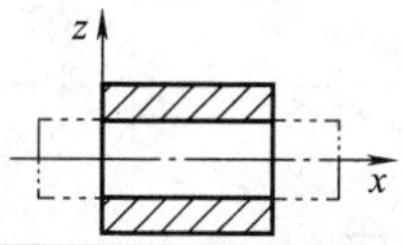	长套	$\vec{y}$、$\vec{z}$、$\overset{\frown}{y}$、$\overset{\frown}{z}$
	锥套	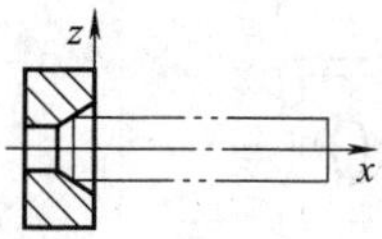	单锥套	$\vec{x}$、$\vec{y}$、$\vec{z}$
		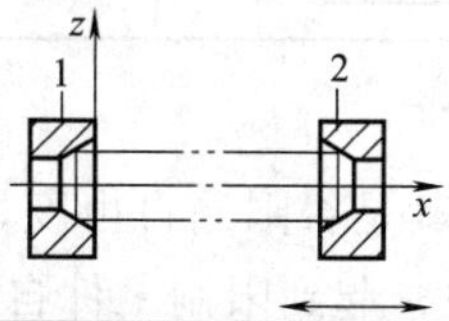	1—固定锥套 2—活动锥套	1—$\vec{x}$、$\vec{y}$、$\vec{z}$ 2—$\overset{\frown}{y}$、$\overset{\frown}{z}$

续表

定位基准面	定位元件	定位方式简图	定位元件特点	限制的自由度
工件以圆孔定位	定位销（芯轴）	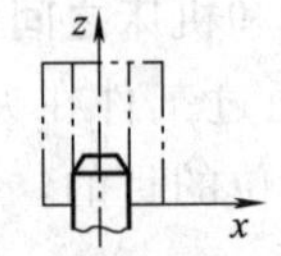	短销（短芯轴）	$\overrightarrow{x}$、$\overrightarrow{y}$
		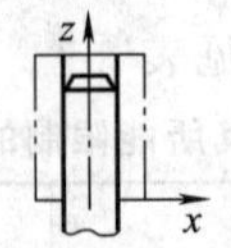	长销（长芯轴）	$\overrightarrow{x}$、$\overrightarrow{y}$、$\overset{\frown}{x}$、$\overset{\frown}{y}$
	短圆锥销	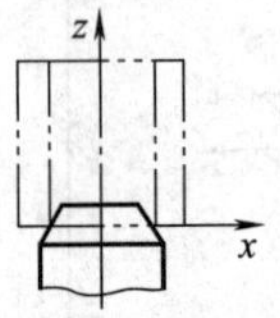	单圆锥销	$\overrightarrow{x}$、$\overrightarrow{y}$、$\overrightarrow{z}$
		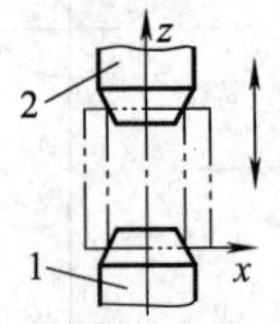	1—固定销 2—活动销	1—$\overrightarrow{x}$、$\overrightarrow{y}$、$\overrightarrow{z}$ 2—$\overset{\frown}{x}$、$\overset{\frown}{y}$
工件以圆锥面定位	圆锥芯轴	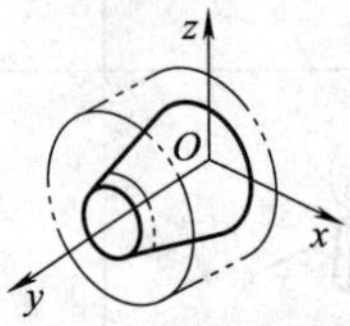	长圆锥面	$\overrightarrow{x}$、$\overrightarrow{y}$、$\overrightarrow{z}$、$\overset{\frown}{x}$、$\overset{\frown}{z}$
工件以两中心孔定位	前、后顶尖	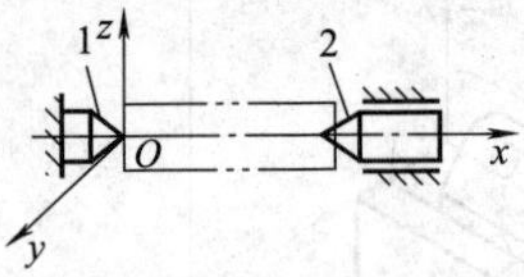	1—固定顶尖 2—活动顶尖	1—$\overrightarrow{x}$、$\overrightarrow{y}$、$\overrightarrow{z}$ 2—$\overset{\frown}{y}$、$\overset{\frown}{z}$
工件以短外圆与中心孔定位	卡盘、顶尖	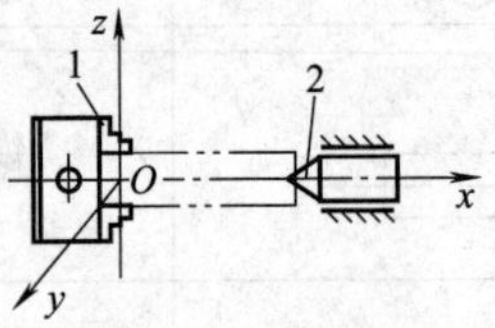	1—三爪自定心卡盘 2—活动顶尖	1—$\overrightarrow{y}$、$\overrightarrow{z}$ 2—$\overset{\frown}{y}$、$\overset{\frown}{z}$
工件以大平面与两圆孔定位	平面、定位销	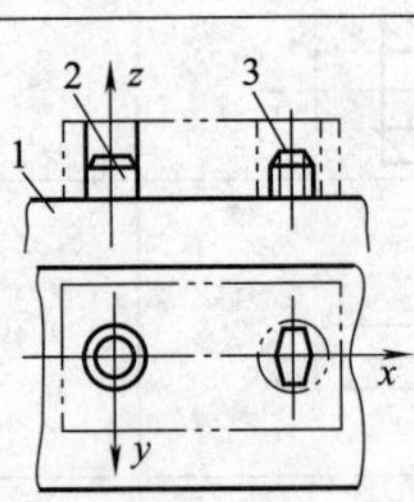	1—大支承板 2—短圆柱销 3—菱形销	1—$\overrightarrow{y}$、$\overset{\frown}{x}$、$\overset{\frown}{z}$ 2—$\overrightarrow{x}$、$\overrightarrow{z}$ 3—$\overset{\frown}{y}$

(1) 工件以平面定位时的定位元件

平面定位是最普遍的定位形式。根据其是否限制自由度，分为主要支承和辅助支承。

① 主要支承。主要支承用于工件定位，起到限制工件自由度的作用。它包括固定支承、

可调支承和浮动支承。

a. 固定支承。固定支承在使用过程中固定不动，有支承钉和支承板两种形式。

图 3-10 为标准支承钉，其中 A 型为平头支承钉，用于精加工表面的定位；B 型为球头支承钉，用于粗加工表面的定位；C 型为齿纹顶面的支承钉，用于侧面的定位。

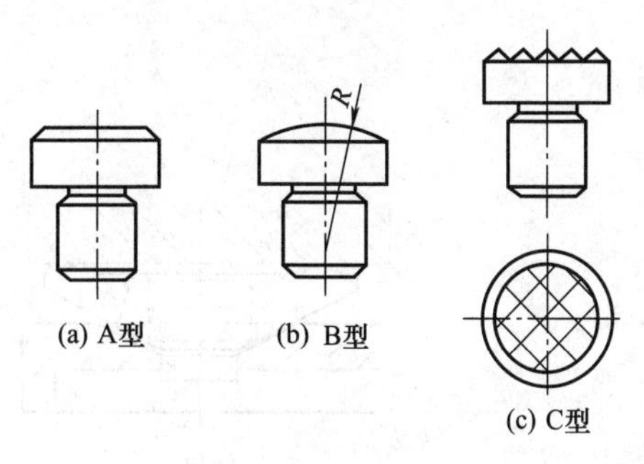

图 3-10 支承钉

图 3-11 为标准支承板，用于精加工表面的定位。其中 A 型为平板式支承，多用于侧面的定位，因为用于底面定位时，孔边切屑不易清理；B 型为斜槽式支承，多用于底面定位。

支承钉限制工件的一个移动自由度，支承板限制一个移动、一个转动自由度。

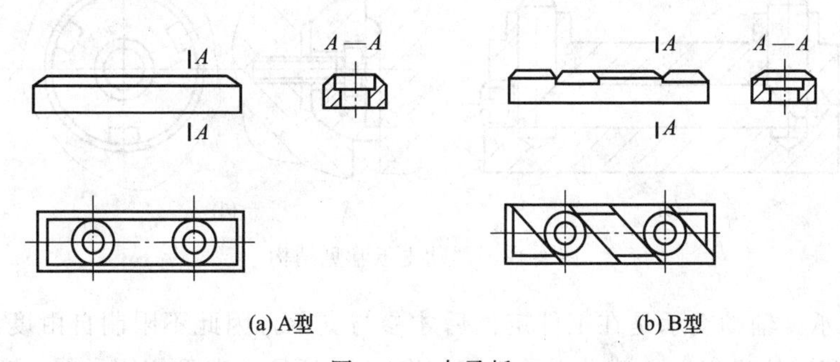

图 3-11 支承板

b. 可调支承。可调支承是指在工件定位过程中，高度可调整的支承钉。其结构已标准化，如图 3-12 所示。可调支承多用于毛坯面的定位，每批调整一次，以补偿各批毛坯误差。其中图 3-12（a）适合于较重工件定位；图 3-12（b）一般用于轻型工件定位；图 3-12（c）为带有压脚的可调支承，可避免损坏定位面；图 3-12（d）用于侧面定位。

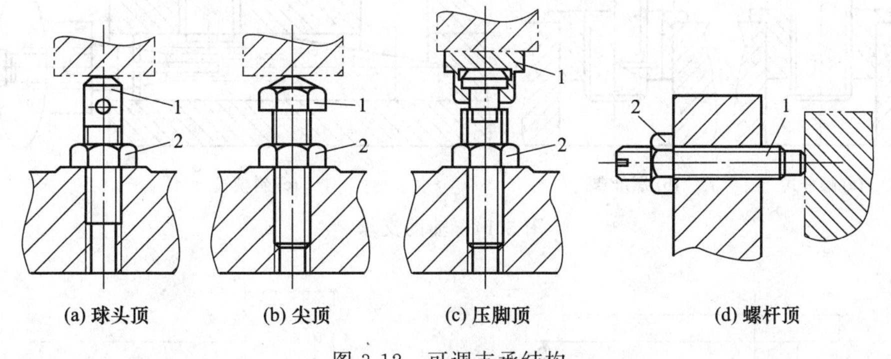

图 3-12 可调支承结构
1—定位元件（螺杆或压脚）；2—锁紧螺母

c. 浮动支承（又称自位支承）。浮动支承的特点是支承点的位置能随着工件定位基准面的不同而自动调节，工件定位基准面压下其中一点，其余点便上升，直至各点都与工件接触。接触点数的增加，提高了工件的装夹刚度和稳定性，但其作用仍相当于 1 个固定支承，只限制工件 1 个自由度。图 3-13 为浮动支承常见结构，其中图（a）、（c）采用双接触点支承平面；图（b）采用双接触点支承阶梯平面；图（d）采用三个接触点（相当于球面）支承平面。

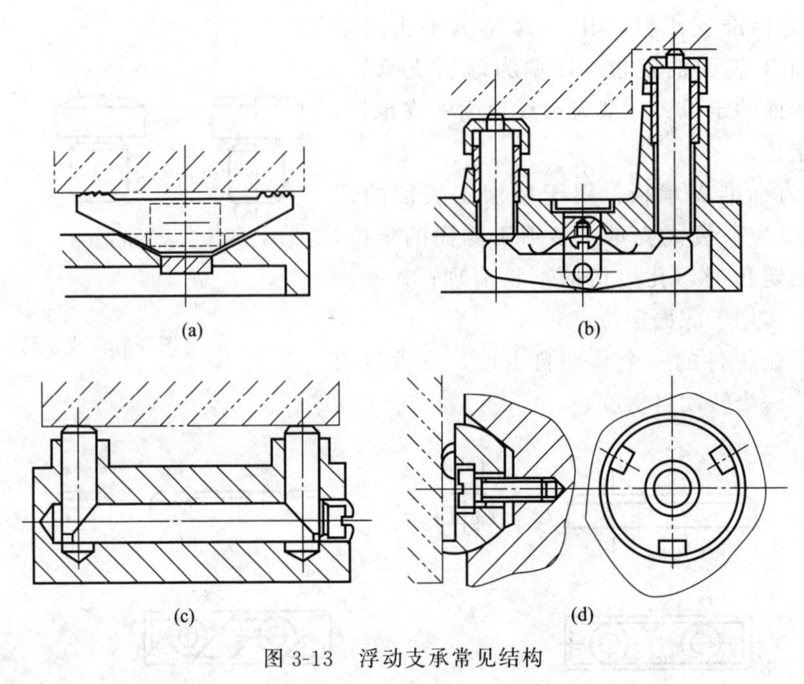

图 3-13　浮动支承常见结构

② 辅助支承。辅助支承是在工件定位后才参与支承，因此不限制自由度，主要用于提高工件的刚度和定位稳定性。辅助支承结构如图 3-14 所示，典型应用见图 3-15。

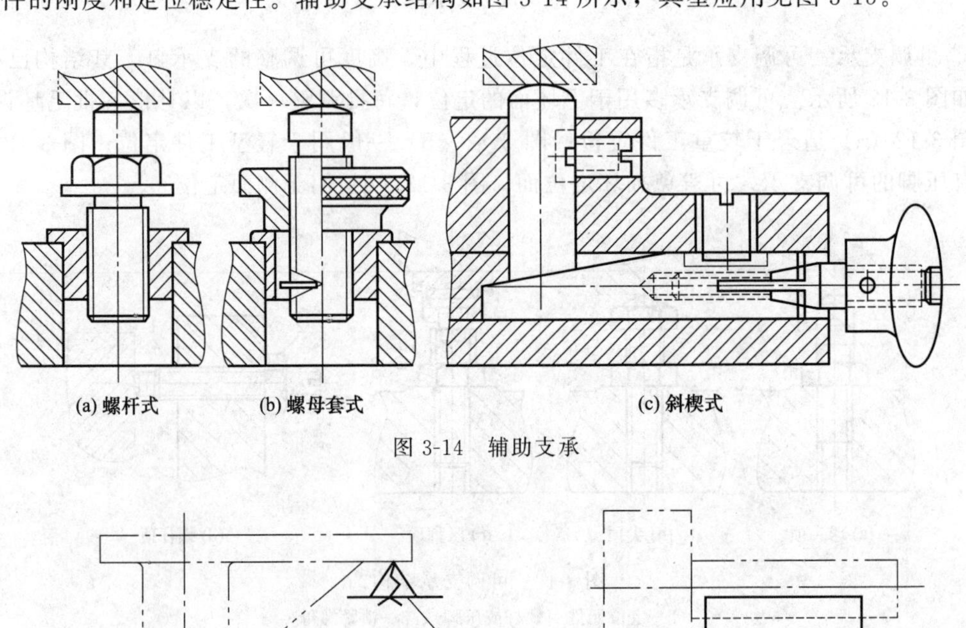

图 3-14　辅助支承

图 3-15　辅助支承的典型应用实例

(2) 工件以内孔定位时的定位元件

工件以内孔定位时的定位基准为孔的轴心线，定位基面为孔的内表面。常用定位元件有定位销和芯轴。

① 定位销。定位销包括圆柱销、圆锥销和菱形销等。

a. 圆柱销。圆柱销已标准化，常用结构见图 3-16。当圆柱销直径小于 10mm 时，为避免销子因撞击而折断，或热处理淬裂，通常将根部倒出圆角 R，应用时在夹具体上锪出沉孔，使定位销圆角部分沉入孔内而不影响定位，如图 3-16（a）所示。大批量生产时，为了便于更换定位销可采用图 3-16（d）所示的带衬套结构。

圆柱定位销的工作部分直径通常根据加工要求按 g6、g7、f6 或 f7 制造，定位销与夹具体的配合可参考标准。

圆柱销限制了工件的两个移动自由度。

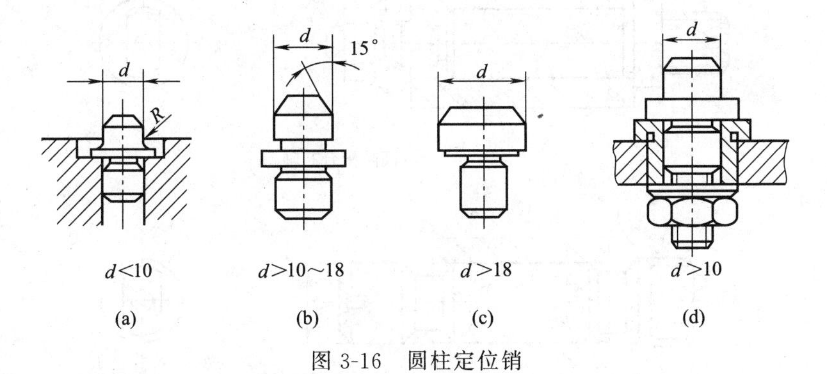

图 3-16 圆柱定位销

b. 圆锥销。圆锥销结构如图 3-17 所示。圆锥销与内孔沿孔口接触，孔口的形状直接影响接触情况，从而影响定位精度。图 3-17（a）为整体圆锥销，适用于加工过的圆孔；图 3-17（b）为削边圆锥销，适用于毛坯孔。

圆锥销限制三个移动自由度。

c. 菱形销。菱形销结构如图 3-18 所示，它限制工件的一个移动自由度。

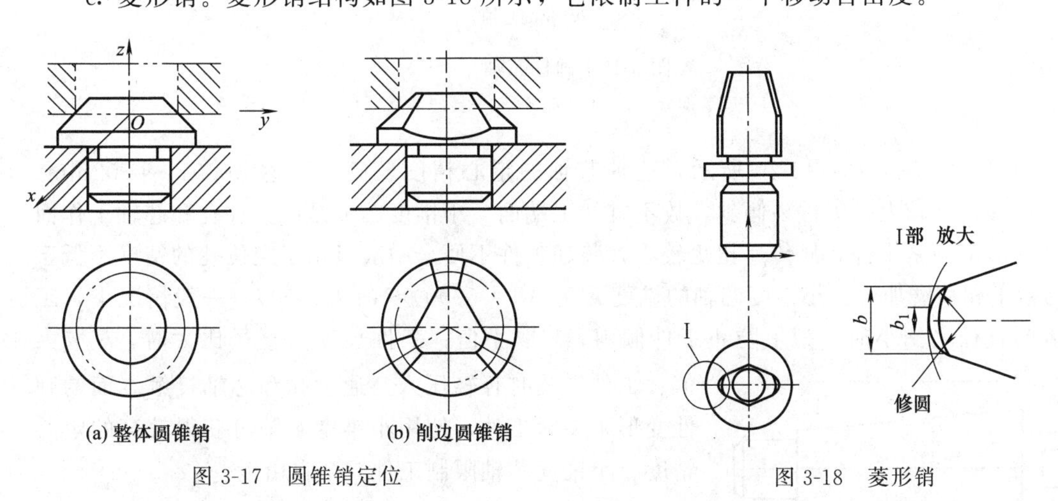

图 3-17 圆锥销定位　　图 3-18 菱形销

② 芯轴。芯轴有刚性芯轴和弹性芯轴之分，这里只介绍常用的刚性芯轴。刚性芯轴包括圆柱芯轴和小圆锥芯轴。

a. 圆柱芯轴。圆柱芯轴主要用于车床、铣床、磨床上加工套类和盘类零件。常见圆柱芯轴的结构如图 3-19 所示。图 3-19（a）为间隙配合芯轴，定位部分的直径按 h6、g6、f7 制造，装卸工件方便，但定心精度不高。图 3-19（b）为过盈配合芯轴，适用于加工工件外圆及端面，它由导向部分 3、工作部分 2 和安装部分 1 组成。当工件孔的长度与直径之比 $L/d>1$ 时，为了装卸工件方便，工作部分应有一定锥度。安装部分由同轴度极高的两顶尖孔及与拨盘配套和传递扭矩的削扁方组成。芯轴上的凹槽是供车削端面时退刀用的。这种芯轴结构简单，容易制造且定心精度高，但装卸工件不便，易损伤工件定位孔。过盈配合芯轴多用于定心精度要求较高的场合。图 3-19（c）是花键芯轴，用于加工以花键孔定位的工件。当工件定位孔的长度与直径比 $L/d>1$ 时，工作部分可稍带锥度。

圆柱芯轴限制工件两个移动自由度和两个转动自由度。

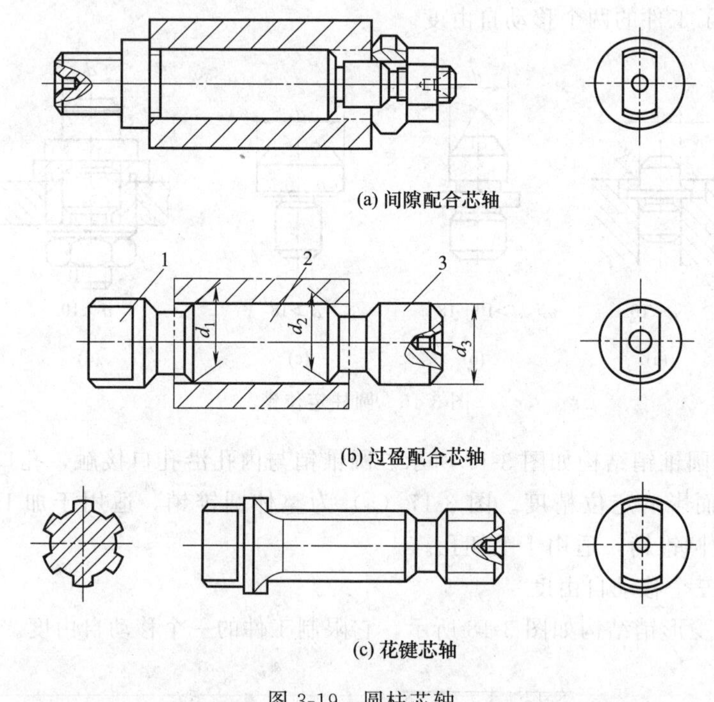

图 3-19 圆柱芯轴

1—安装部分；2—工作部分；3—导向部分

b. 小锥度芯轴。如图 3-20 所示，这种芯轴的定心精度较高，可达 $\phi 0.01 \sim 0.02$mm，但轴向位移误差较大，工件易倾斜，故不宜加工端面。小锥度芯轴是以工件孔和芯轴工作面的弹性变形来夹紧工件，故传递扭矩较小，装卸工件不便。一般只用于定位孔的精度不低于 IT7 的精车和精磨加工。小锥度芯轴的锥度 k 为（1∶5000）～（1∶1000）。一般情况下，工件长度与直径之比小时，为了防止工件倾斜，k 取小值；工件长度与直径比大时，k 取大值。工件安装时轻轻压入，通过孔和芯轴接触表面的弹性变形来夹紧工件，使用小锥度芯轴可获得较高的定心精度。小锥度芯轴限制工件 5 个自由度。

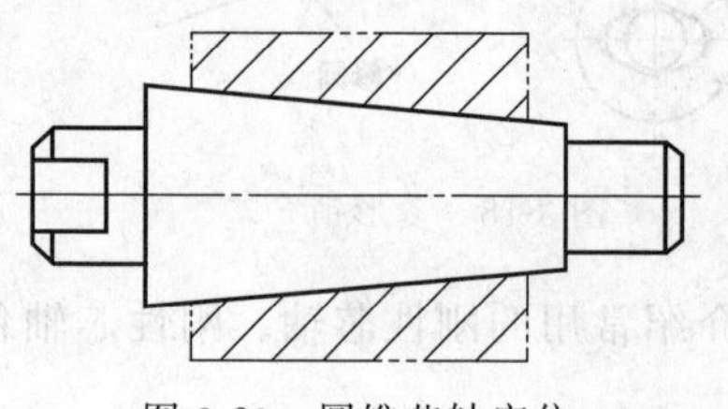

图 3-20 圆锥芯轴定位

(3) 工件以外圆柱面定位时的定位元件

工件以外圆柱面定位有两种形式：定心定位和支承定位。常用的定位元件有定位套、半圆套和 V 形块等。

① 定位套。工件以外圆柱面定位时，定位元件常采用图 3-21 所示的定位套。图 3-21（a）所示为短定位套，限制工件两个自由度；图 3-21（b）所示为长定位套，限制工件 4 个自由度。定位套结构简单，制造容易，但定心精度不高，一般适用于精基准定位。

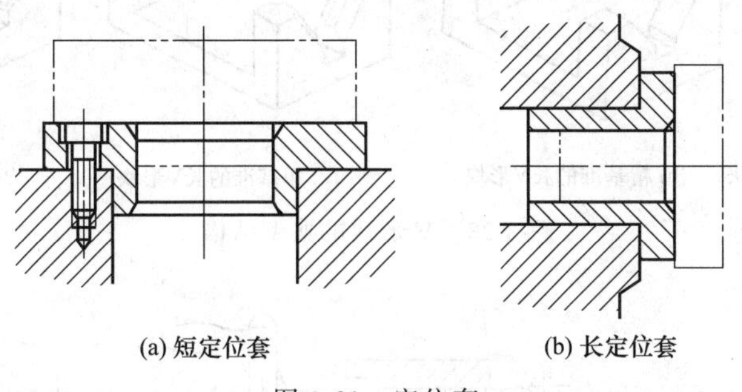

图 3-21 定位套

② 半圆套。常见半圆套定位装置如图 3-22 所示，上面的半圆套 1 起夹紧作用，下面的半圆套 2 起定位作用。它主要用于大型轴类工件以及不便轴向装夹的工件定位。工件定位面精度应不低于 IT8～IT9。

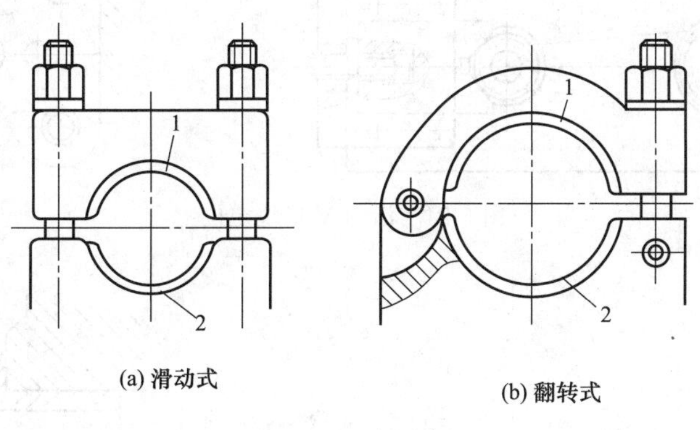

图 3-22 半圆套

1—上半圆套；2—下半圆套

③ V 形块。工件外圆以 V 形块定位是常见的定位方式之一，其结构如图 3-23 所示，V 形块两斜面夹角有 60°、90°、120°，其中 90°应用广泛。图 3-23（a）是用于精基准的短 V 形块；图 3-23（b）是用于精基准的长 V 形块；图 3-23（c）是用于粗基准的长 V 形块；图 3-23（d）为大重量工件用镶淬硬垫块或镶硬质合金的 V 形块。采用图 3-23（d）这种结构，除制造经济性好外，还便于定位工作面磨损后更换，且可通过更换不同厚度的垫块以适应不同直径的工件定位，使结构通用化。

长、短 V 形块按照量棒和 V 形块定位工作面的接触长度 L 与量棒直径 d 之比来区分，即 $L/d \ll 1$ 时为短 V 形块，限制工件 2 个自由度；$L/d \gg 1$ 时为长 V 形块，限制工件 5 个自由度。标准 V 形块的结构参数见 JB/T 8018.1—1999。

V 形块的定位特点如下：对中性好，它可使一批工件的定位基准轴线始终对中在 V 形块两斜面的对称面上，而不受定位基准直径误差的影响；适用性广，无论定位基准是否经过加工，是完整的圆柱面还是局部的圆弧面，都可以采用 V 形块定位；V 形块起定心作用，V 形块以两斜面与工件的外圆接触起定位作用；固定 V 形块与活动 V 形块组合，其中活动 V 形块主要用来消除过定位，如图 3-24 所示。

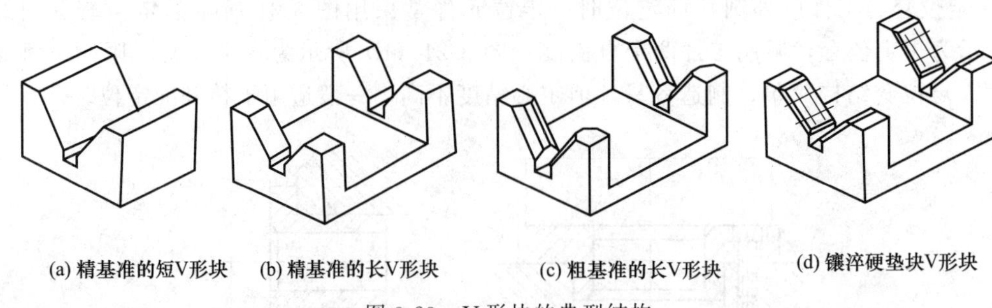

图 3-23　V 形块的典型结构

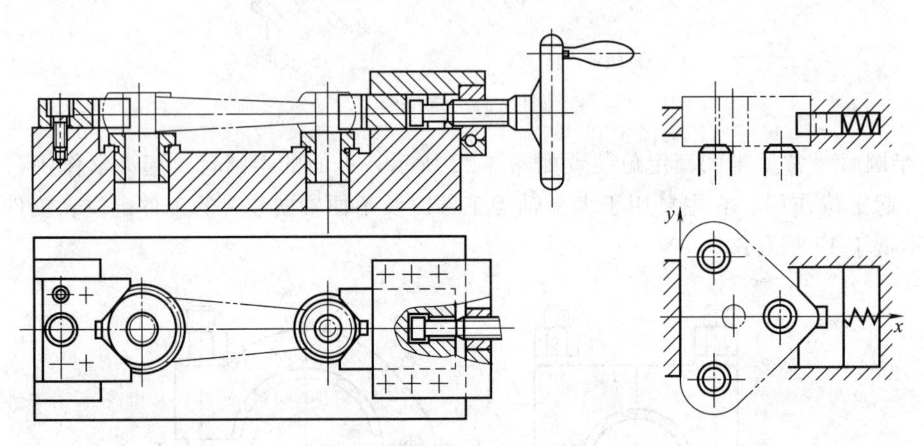

图 3-24　活动 V 形块定位

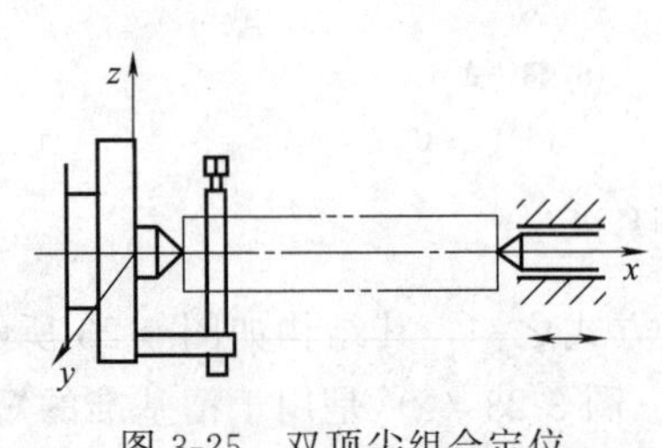

图 3-25　双顶尖组合定位

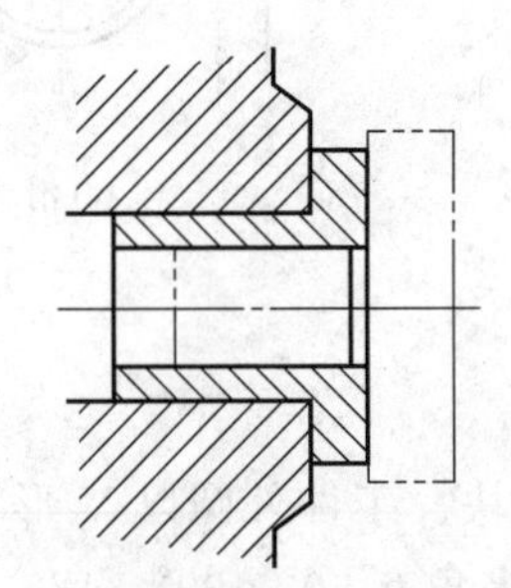

图 3-26　外圆柱面与端面组合定位

(4) 组合表面定位

加工中常见的是工件同时有多个表面参与定位。工件以多个表面组合定位时，夹具上的定位元件也必须以组合的形式出现。如支承板与支承板的组合，定位芯轴或圆定位套与支承板的组合，两销与一个支承板的组合等等。图 3-25 为双顶尖组合定位，限制 5 个自由度；图 3-26 为外圆柱面与端面组合定位；图 3-27 为箱体类零件加工常用的一面二孔组合定位。

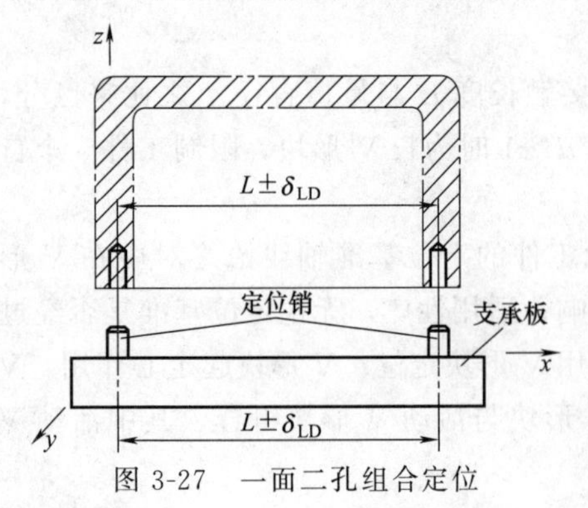

图 3-27　一面二孔组合定位

使用组合定位时，要注意避免过定位（又称重复定位），如采用一面二销定位时，其中一个销要采用菱形销，以消除过定位。

3.3 定位误差的分析计算

加工中能否保证工件的加工精度，取决于刀具与工件间正确的相互位置。而影响这个正确位置关系的误差因素有以下几种。

① 安装误差 ΔA（包括定位误差 ΔD 和夹紧误差 ΔJ）。

② 夹具对定误差（夹具安装在工作台上的误差）ΔDD。

③ 加工过程误差（受系统原始误差影响产生的误差）ΔG。

为保证加工要求，上述三项误差合成后应小于或等于工件公差 T_k，即：

$$\Delta D+\Delta DD+\Delta G\leqslant T_k \tag{3-1}$$

上式又称为加工误差不等式。

在对定位方案进行分析时，可先假设上述三项误差各占工件公差的1/3。

3.3.1 定位误差的组成

用夹具装夹加工一批工件时，由于定位不准确引起该批工件在某加工精度参数（尺寸、位置）的加工误差，称为该加工精度参数的定位误差（简称定位误差）。定位误差以其最大误差范围来计算，其值为设计基准（工序基准）在加工精度参数方向上（工序尺寸方向上）的最大变动量。定位误差用 ΔD 表示。

成批加工工件时，夹具相对机床的位置及切削运动的行程调定后不再变动，可认为加工面的位置是固定的。但因一批工件中每个工件在尺寸形状及表面相互位置上均存在差异，所以定位后各表面有不同的位置变动。定位误差由以下几部分组成。

(1) 基准不重合误差

由于工序基准与定位基准不重合而产生的误差，它等于工序基准相对定位基准在工序尺寸方向上的最大变动量，以 ΔB 表示。

(2) 基准位移误差

由于定位副的制造误差或定位副配合间隙而产生的误差，它等于定位基准的相对位置在工序尺寸方向上的最大变动量，以 ΔY 表示。

定位误差等于基准位移误差与基准不重合误差的代数和。

3.3.2 定位误差的计算方法

计算定位误差，常用的方法有两种。

方法一：可以分别求出基准位移误差和基准不重合误差，再求出它们在加工尺寸方向上的矢量和。即：

$$\Delta D=\Delta Y\pm\Delta B \tag{3-2}$$

定位误差等于基准位移误差与基准不重合误差在工序尺寸方向变化量的代数和。当 ΔY、ΔB 引起工序尺寸同向变化时，取“+”号；反向变化时，取“-”号。

方法二：直接求出工序基准在工序尺寸方向的最大变化量，即为定位误差 ΔD。方法是按最不利情况，确定工序基准的两个极限位置，根据几何关系求出这两个位置的距离，将其投影到工序尺寸方向上，即为定位误差。

3.3.3 典型表面定位时的定位误差计算

(1) 工件以平面定位

如图 3-28 所示，在一长方体零件上铣平面 C，其工序基准为表面 A，试分析本工序的定位误差。双点划线表示工件。

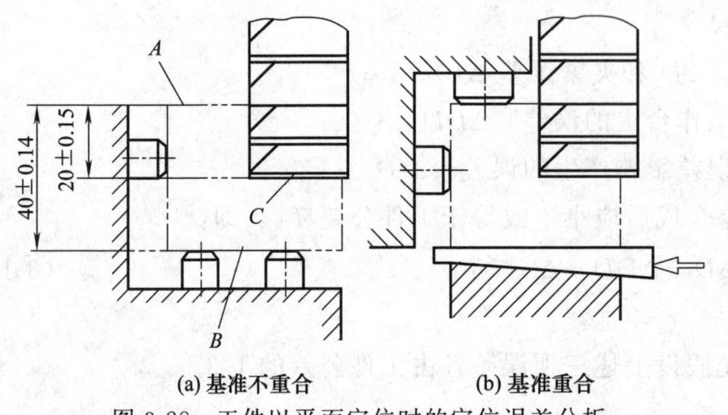

图 3-28 工件以平面定位时的定位误差分析

本例中，工序基准是表面 A，定位基准是表面 B，故基准不重合。基准不重合误差等于工序基准与定位基准之间的联系尺寸的公差值在工序尺寸方向上的最大变动量，即 $\Delta B=0.14\times2=0.28$mm。

定位基准是平面（平面作为第一定位基准，其定位误差为 0)，基准位移误差 $\Delta Y=0$。

定位误差 $\Delta D=\Delta Y+\Delta B=0.28$mm。

由于该工序的工序尺寸公差 $\delta=0.15-(-0.15)=0.30$ mm，因此 $\Delta D>\delta/3$，故该方案不能满足精度要求。

图 3-28 (b) 中，定位基准与工序基准重合，基准不重合误差 $\Delta B=0$；基准位移误差 $\Delta Y=0$。故定位误差 $\Delta D=\Delta Y+\Delta B=0$。显然，该方案定位精度高，但该方案装卸工件费时。实际生产时，对于大批量生产，多选用图 3-28 (a) 所示方案，但因基准不重合，需要提高尺寸 (40 ± 0.14)mm 的加工精度，方可满足设计尺寸 (20 ± 0.15)mm 的精度要求。

(2) 工件以外圆柱面定位

如图 3-29 (a) 所示，工件以外圆柱面在 V 形块上定位铣键槽，试分析工序尺寸 B_1、B_2、B_3的定位误差。

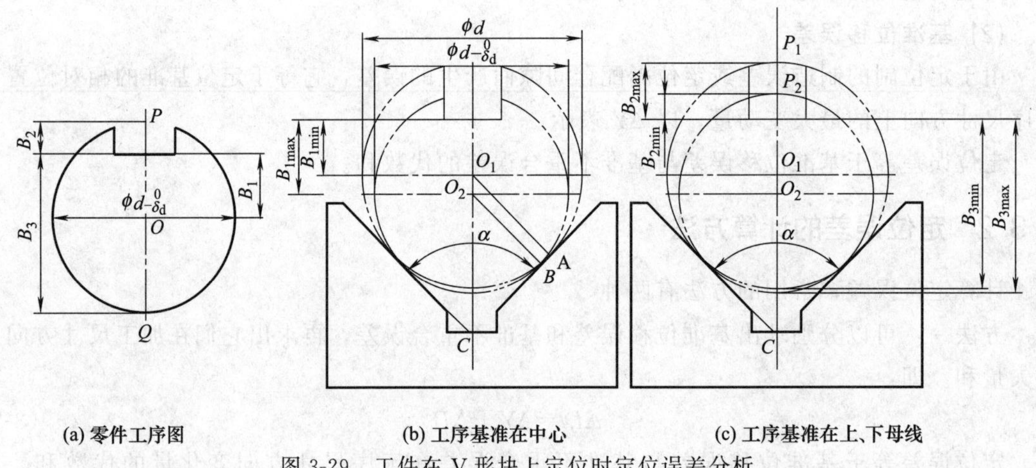

图 3-29 工件在 V 形块上定位时定位误差分析

V 形块是对中元件，若不考虑 V 形块的制造误差，则工件定位基准被限制在 V 形块的对称平面上，其水平方向上的位移为零，在垂直方向上，因工件外圆有制造误差，会引起基准位移误差。

如图 3-29（b）所示，定位基准的最大变动量$\overrightarrow{O_1O_2}$，即为基准位移误差，其值为：

$$\Delta Y=O_1O_2=O_1C-O_2C=\frac{O_1A}{\sin\frac{\alpha}{2}}-\frac{O_2B}{\sin\frac{\alpha}{2}}=\frac{\delta_d}{2\sin\frac{\alpha}{2}}$$

① 采用工序尺寸 B_1时，工序基准与定位基准重合，此时 $\Delta B=0$，其定位误差为：

$$\Delta D(B_1)=\Delta Y+\Delta B=\Delta Y=\frac{\delta_d}{2\sin\frac{\alpha}{2}}$$

② 采用工序尺寸 B_2时，工序基准与定位基准不重合，此时 $\Delta B=\frac{1}{2}\delta_d$。工序基准在定位基面上，$\Delta Y$、$\Delta B$ 有相关共同变量。当定位外圆直径由小变大时，定位基准上移，从而使工序基准上移，即 ΔY 使工序尺寸 B_2增大；与此同时，假定定位基准不动，当定位外圆直径仍由小变大时（注意：变化趋势要一致），工序基准上移，即 ΔB 使工序尺寸 B_2增大。因 ΔY、ΔB 引起工序尺寸 B_2作同向变化，故取"＋"号。定位误差为：

$$\Delta D(B_2)=\Delta Y+\Delta B=\frac{\delta_d}{2\sin\frac{\alpha}{2}}+\frac{1}{2}\delta_d$$

③ 采用工序尺寸 B_3时，工序基准与定位基准不重合，此时 $\Delta B=\frac{1}{2}\delta_d$。工序基准在定位基面上，$\Delta Y$、$\Delta B$ 有相关共同变量。当定位外圆直径由小变大时，定位基准上移，ΔY 使工序尺寸 B_3减小；与此同时，假定定位基准不动，当定位外圆直径仍由小变大时，ΔB 使工序尺寸 B_3增大。因 ΔY、ΔB 引起工序尺寸 B_3反向变化，故取"－"号。定位误差为：

$$\Delta D(B_3)=\Delta Y-\Delta B=\frac{\delta_d}{2\sin\frac{\alpha}{2}}-\frac{1}{2}\delta_d$$

由以上分析可知，工件以下母线为工序基准时定位误差最小，而以上母线为工序基准时定位误差最大。

(3) 工件以内孔定位

① 孔与芯轴过盈配合。如图 3-30 所示，工件在过盈配合定位芯轴（或定位销）上定位铣平面，试分析工序尺寸 H_1、H_2、H_3的定位误差。

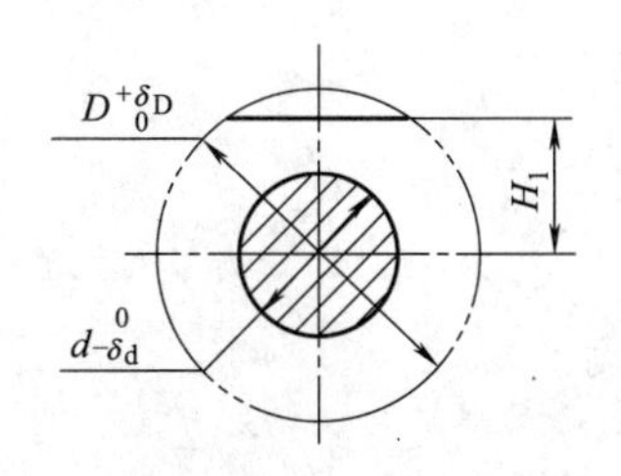

(a) 工序基准为孔中心

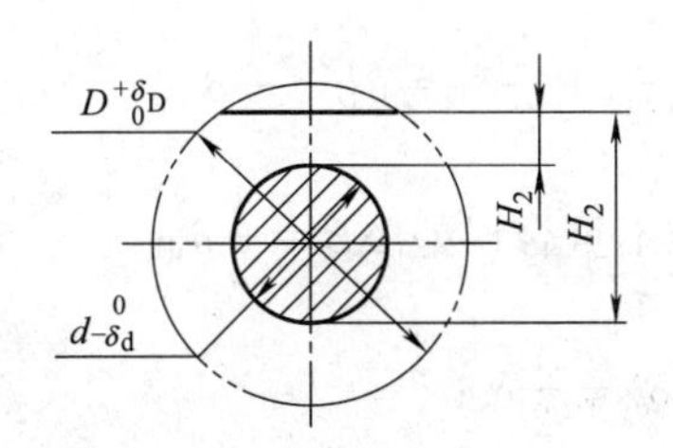

(b) 工序基准为内孔的上下母线

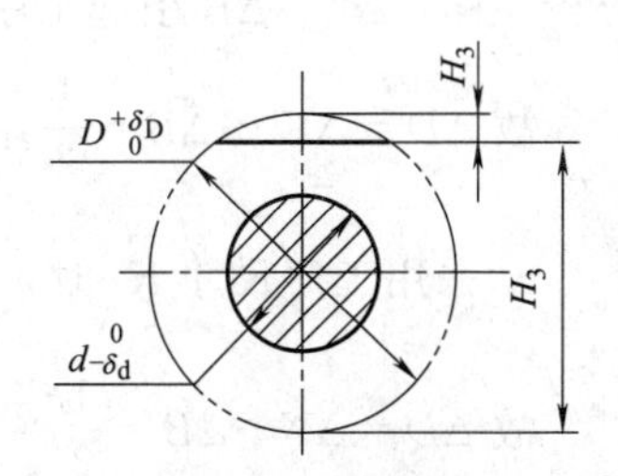

(c) 工序基准为外圆下母线

图 3-30 工件以圆柱孔在过盈配合芯轴上定位时定位误差分析

工件与定位芯轴（或定位销）过盈配合，$\Delta Y=0$。

a. 采用工序尺寸 H_1时，基准重合，$\Delta B=0$，故 $\Delta D=\Delta Y+\Delta B=0$。

b. 采用工序尺寸 H_2时，工序基准为工件内孔上（下）母线，而定位基准为孔的中心，

基准不重合误差 $\Delta B=\frac{\delta_{\mathrm{d}}}{2}$，故 $\Delta D=\Delta Y+\Delta B=\frac{\delta_{\mathrm{d}}}{2}$。

c. 采用工序尺寸 H_3 时，工序基准为工件外圆上（下）母线，而定位基准为孔的中心，基准不重合误差 $\Delta B=\frac{\delta_{\mathrm{D}}}{2}$，故 $\Delta D=\Delta Y+\Delta B=\frac{\delta_{\mathrm{D}}}{2}$。

由以上分析可知，工件孔与定位芯轴过盈配合时，定位精度较高，但工件装卸不便。

② 孔与芯轴固定边接触。如图 3-31 所示，工件在水平放置的芯轴上定位，由于工件的重力作用，使工件的孔与芯轴的单边接触，试分析工序尺寸 K_1、K_2、K_3 的定位误差。

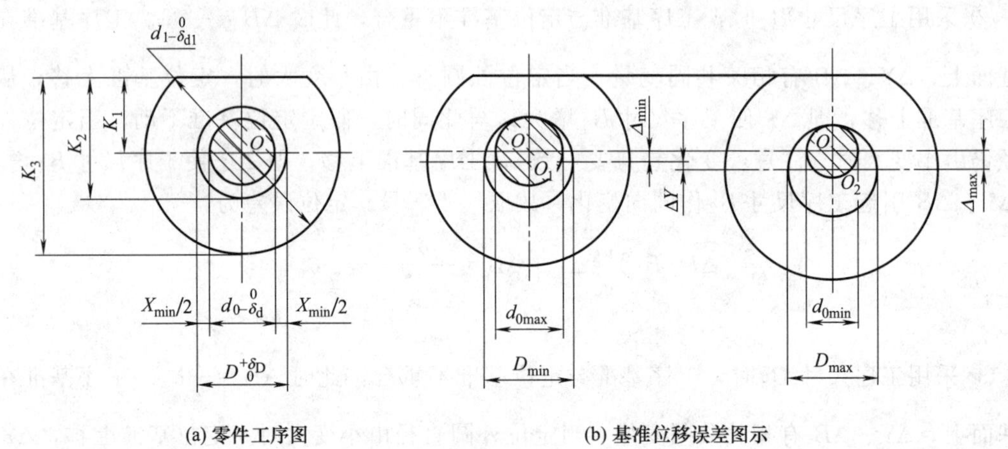

图 3-31 固定边接触定位误差

工件与芯轴单边接触，由于定位副的制造误差，将产生基准位移误差，如图 3-31（b）所示，$\Delta Y=\Delta_{\max}-\Delta_{\min}=\frac{1}{2}\delta_{\mathrm{D}}+\frac{1}{2}\delta_{\mathrm{d}}$。

a. 采用工序尺寸 K_1 时，工序基准与定位基准重合，$\Delta B=0$。

故 $\Delta D=\Delta Y+\Delta B=\frac{1}{2}\delta_{\mathrm{D}}+\frac{1}{2}\delta_{\mathrm{d}}$。

b. 采用工序尺寸 K_2 时，基准不重合误差 $\Delta B=\frac{1}{2}\delta_{\mathrm{D}}$。工序基准在定位基面上，与前面分析一样，$\Delta Y$、$\Delta B$ 引起工序尺寸 K_2 同向变化，故取“+”号。

故 $\Delta D=\Delta Y+\Delta B=\frac{1}{2}\delta_{\mathrm{D}}+\frac{1}{2}\delta_{\mathrm{d}}+\frac{1}{2}\delta_{\mathrm{D}}=\delta_{\mathrm{D}}+\frac{1}{2}\delta_{\mathrm{d}}$。

c. 采用工序尺寸 K_3 时，基准不重合误差 $\Delta B=\frac{1}{2}\delta_{\mathrm{d1}}$。

故 $\Delta D=\Delta Y+\Delta B=\frac{1}{2}\delta_{\mathrm{D}}+\frac{1}{2}\delta_{\mathrm{d}}+\frac{1}{2}\delta_{\mathrm{d1}}$

③ 孔与芯轴任意边接触。定位芯轴垂直放置时，定位芯轴与工件内孔的任意边接触，当工件孔径为最大，而定位芯轴直径为最小时，基准位移误差最大，即

$\Delta Y=D_{\max}-\mathrm{d}_{0\min}=\delta_{\mathrm{D}}+\delta_{\mathrm{d}}+X_{\min}$，其中 $X_{\min}$ 为最小间隙。

基准不重合误差 ΔB 方向也是随机分布的，可能出现的最大值依工序基准不同而不同。图 3-32（a）中孔与芯轴任意边接触，当采用工序尺寸 K_2 时，$\Delta D=\Delta Y=X_{\max}=\delta_{\mathrm{D}}+\delta_{\mathrm{d}}+$

$X_{\min}$；当采用工序尺寸 K_3 时，$\Delta D=\Delta Y+\Delta B=\delta_D+\delta_d+X_{\min}+\frac{1}{2}\delta_{d1}$。

间隙配合时，工件装卸方便，但定位误差增大，生产实践中一般取 H7/g6 配合。

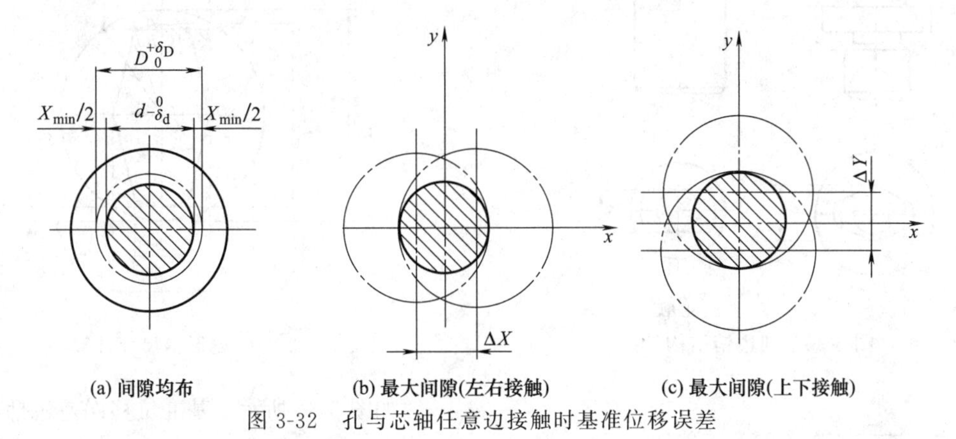

图 3-32　孔与芯轴任意边接触时基准位移误差

(4) 工件以组合方式定位

在加工箱体、支架零件时，常利用其上的设计孔或工艺孔，采用一面两孔定位，以使基准统一。所用的定位元件有支承板、定位销和削边销。下面介绍其结构尺寸以及定位误差计算方法。

① 一面两孔定位时结构尺寸的确定。一面两孔定位时结构尺寸主要包括两销的中心距及其公差、圆柱销的直径及其公差、削边销的直径及其公差。

a. 两销的中心距的基本尺寸应等于两孔中心距的平均尺寸，其公差为两孔中心距公差的 1/3～1/5。

b. 圆柱销直径基本尺寸等于孔的最小尺寸，公差一般取 g6 或 h7。

c. 削边销结构如图 3-33 所示，其中 A 型应用最多，其尺寸见表 3-2，尺寸计算见图 3-34。

表 3-2　菱形销的尺寸　　mm

d	>3～6	>6～8	>8～20	>20～24	>24～30	>30～40	>40～50
B	$d-0.5$	$d-1$	$d-2$	$d-3$	$d-4$	$d-5$	$d-6$
b_1	1	2	3	3	3	4	5
b	2	3	4	5	5	6	8

一面两孔定位如图 3-35 所示。孔中心距为 $L_D\pm\delta_{LD}$，销中心距为 $L_d\pm\delta_{Ld}$，其中 δ_{LD}、δ_{Ld} 分别为两孔、两销的中心距偏差。由图 3-35 可知，保证安装的起码条件是，补偿值 $a=\delta_{LD}+\delta_{Ld}$。

设菱形销圆柱部分的宽度为 b，菱形销定位孔的最小直径为 $D_{2\min}$，由相关几何计算(过程略)，菱形销定位的最小间隙 $X_{2\min}=\frac{2ab}{D_{2\min}}$。

则菱形销圆柱部分的直径为 $d_{2\max}=D_{2\min}-X_{2\min}$，公差取 h6。

② 定位误差计算。在计算基准位移误差后，根据加工尺寸的标注，通过几何关系转化为定位误差。

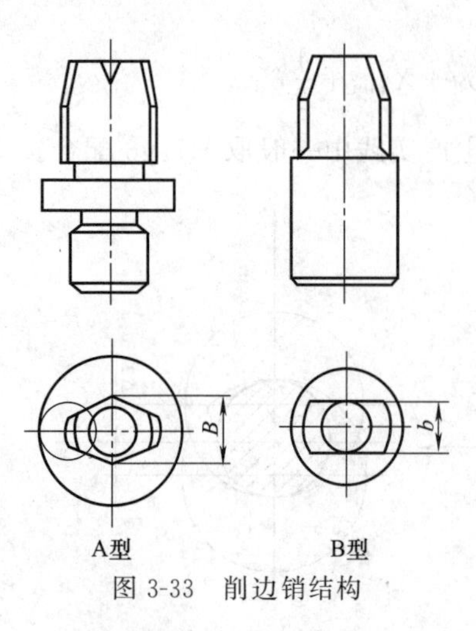

图 3-33 削边销结构

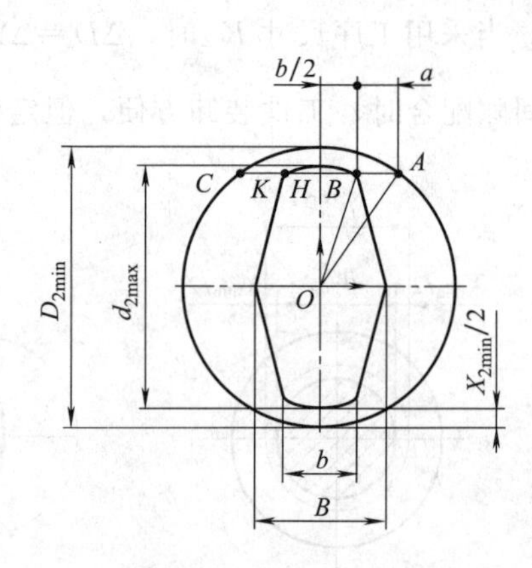

图 3-34 菱形销尺寸计算

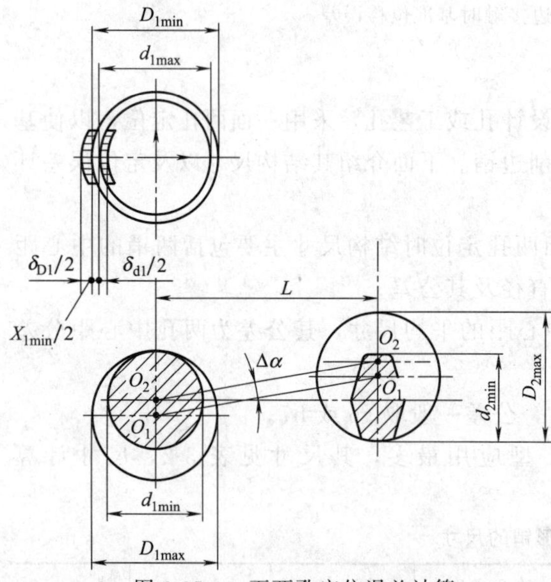

图 3-35 一面两孔定位误差计算

如图 3-35 所示，基准位移误差包括两项，一是位移误差 ΔY；二是转角误差 $\Delta\alpha$。其中位移误差 $\Delta Y=\delta D_1+\delta d_1+X_{1\min}$（位移自由度由销 1 限制，与削边销无关）；转角误差 $\Delta\alpha=\arctan\dfrac{\delta D_1+\delta d_1+X_{1\min}+\delta D_2+\delta d_2+X_{2\min}}{2}=\arctan\dfrac{X_{1\max}+X_{2\max}}{2L}$，式中 $X_{1\max}$、$X_{2\max}$ 为两定位副最大间隙。

例 某箱体件一面两销定位，已知孔距 $L_D=400\pm0.063$，两孔分别为 $D_1=\phi20^{+0.023}_{0}$，$D_2=\phi16^{+0.021}_{0}$，设计两销结构尺寸，计算定位误差。

解：a. 两销中心距 $L_d=L_D=400\text{mm}$；偏差 $\delta_{Ld}=\dfrac{1}{3}\delta_{LD}=0.021\text{mm}$。

b. 圆柱销尺寸 $d_1=D_{1\min}=20\text{mm}$；公差取 g6，故 $d_1=\phi20^{-0.007}_{-0.020}\text{mm}$。

c. 由表 3-1 可得，菱形销宽 $B=d-2=18\text{mm}$，菱形销圆柱部分的宽度 $b=4\text{mm}$。

补偿值 $a=\delta_{LD}+\delta_{Ld}=0.063+0.021=0.084$（mm）。

则菱形销定位的最小间隙 $X_{2\min}=\dfrac{2ab}{D_{2\min}}=\dfrac{2\times0.084\times4}{16}=0.042$（mm）。

故菱形销圆柱部分直径 $\phi16$ 的上偏差为 -0.042mm；公差取 h6，则 $d_2=\phi16^{-0.042}_{-0.060}\text{mm}$。

d. 位移误差 $\Delta Y=\delta D_1+\delta d_1+X_{1\min}=(0.023-0)+[(-0.007)-(-0.020)]+0.007=0.043\text{mm}$。

$$\text{转角误差 }\Delta\alpha=\arctan\frac{\delta D_1+\delta d_1+X_{1\min}+\delta D_2+\delta d_2+X_{2\min}}{2L}$$

$$=\arctan\frac{0.023+0.013+0.007+0.021+0.018+0.042}{2\times400}$$

$=0.000155\text{rad}=0.53'$

一面二孔定位方案，增加孔距，可减小转角定位误差。

3.4 工件的夹紧

3.4.1 夹紧装置的组成及基本要求

工件在夹具中定位后，还必须进行夹紧，这样才能保证加工过程中工件在受到切削力、惯性力及重力等外力作用时不发生移动，防止刀具、机床损坏，同时保障人身安全。

(1) 夹紧装置的组成

夹紧装置由动力源部分和夹紧装置两部分组成，如图3-36所示。

① 动力源部分。夹紧力来源于人力或某种动力装置。用人力夹紧，称为手动夹紧；用动力装置产生夹紧作用，称为机动夹紧。常用的动力装置有气动、液压、电磁、电动和真空装置等。

② 夹紧装置。夹紧装置就是将动力源产生的原始作用力传递给夹紧元件的机构。有时工件较重，其自重足以使工件不能移动，此时不必夹紧。

(2) 对夹紧装置的基本要求

① 定位准确。夹紧时不应破坏已经获得的正确定位。

② 夹紧可靠。工件和夹具的变形要在允许的范围内，不应产生不当变形或表面损伤。

③ 动作迅速。夹紧装置应便于操作，提高工效，且安全省力，减轻劳动强度。

④ 结构简单。其自动化程度必须与生产纲领相适应。在保证刚度和强度前提下，夹紧装置要采用最小的尺寸和最少的零件，且尽量标准化。

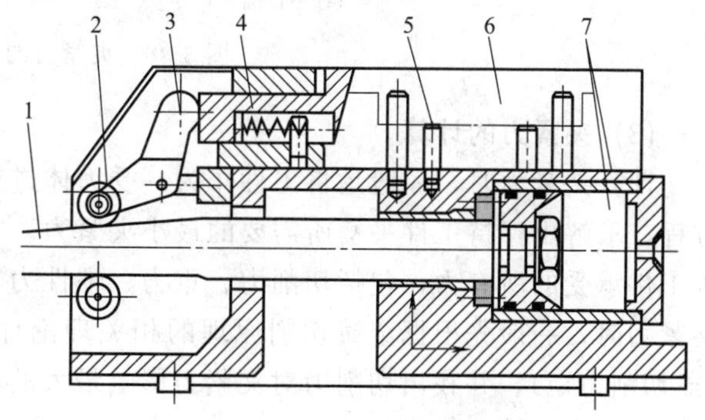

图3-36 夹紧装置的组成

1—斜面推杆；2—滚子；3—杠杆；4—压板；5—定位支承；6—工件；7—气缸

⑤ 能自锁。夹紧机构一般要有自锁功能，保证在加工过程中不会产生松动和振动。

3.4.2 夹紧力的确定

(1) 夹紧力方向的选择

① 夹紧力的作用方向应有利于定位，不应破坏定位。

② 主要夹紧力的作用方向应指向工件主要定位基准面，以保证工件的加工要求。

③ 夹紧力的作用方向应尽量与工件刚度大的方向相一致，以减小工件夹紧变形。

④ 夹紧力的作用方向应尽可能有利于减小夹紧力，以减小夹紧装置的体积。

如图3-37所示，F_1作用在主要支承面上，可行；F_2作用在非主要支承面上，如果仅用F_2夹紧，不合适；F_2要与支承C共线，否则，F_2将使工件产生翻转；F_3在两个支承面的方向均产生夹紧力，可行。综上，F_3夹紧力方向最好。

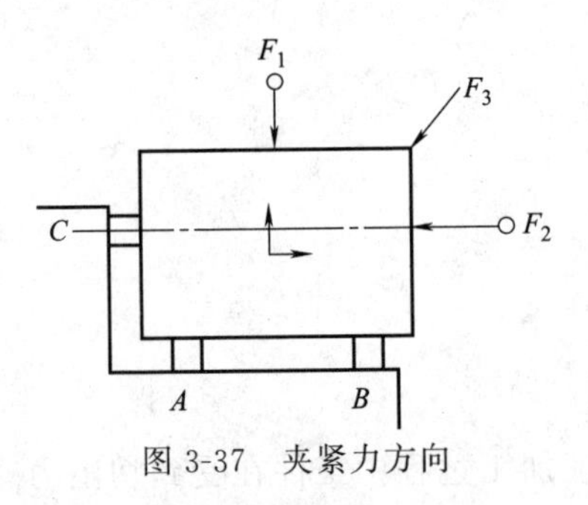

图 3-37 夹紧力方向

(2) 夹紧力作用点的确定

确定夹紧力作用点时，应注意以下问题。

① 夹紧力的作用点应正对支承元件或处于支承元件构成的稳定受力区域内，避免破坏工件的正确定位。

② 夹紧力作用点应处于工件刚性较好的部位或使夹紧力均匀分布，以减小工件的夹紧变形，如图 3-38 所示。

③ 夹紧力的作用点应尽量靠近加工部位，以防工件振动或变形。

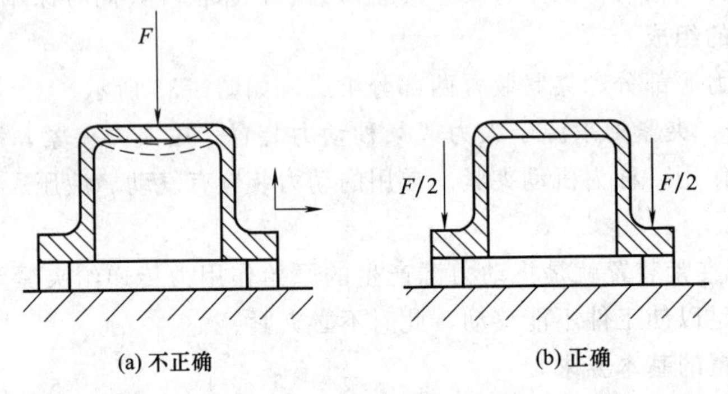

图 3-38 夹紧力的作用点

(3) 夹紧力的计算

计算夹紧力时，一般是将工件作为一受力体进行受力分析，根据静力平衡条件列出平衡方程，求解出保持工件平衡所需要的最小夹紧力。对工件进行受力分析时，应考虑加工过程中工件承受的所有力，包括切削力、重力、惯性力、夹紧力等，其中切削力是主要力。计算夹紧力时，一般先根据金属切削原理的相关理论计算出加工过程中可能产生的最大切削力(或切削力矩)，并找出切削力对夹紧力影响最大的状态，按静力平衡求出夹紧力的大小。实际夹紧力的计算公式为：

$$F_j = kF_{j0} \tag{3-3}$$

式中 F_j——实际所需夹紧力；

F_{j0}——按静力平衡求出的夹紧力；

k——安全系数。

安全系数 k 值的取值范围在 1.5～3.5 之间，视具体情况而定。精加工、连续切削、切削刀具锋利等加工条件好时，取 $k=1.5\sim2$；粗加工、断续加工、刀具刃口钝化等加工条件差时，取 $k=2.5\sim3.5$。

以车削时，常见夹紧方式下典型加工为例，说明夹紧力计算方法与步骤。

例： 如图 3-39 所示，已知切削力 $F_y=800\text{N}$、$F_z=200\text{N}$，工件自重 $G=100\text{N}$，求夹紧力。

解： 夹紧力大小取决于工件重力和切削力。车削受力如图 3-39 所示，各力对 O 点取矩，有：$F_y l-\left[F_{j0}\dfrac{l}{10}+Gl+F_{j0}\left(2l-\dfrac{l}{10}\right)+F_z y\right]=0$，其中 y 值是变化的，最不利情况 $y=l/5$，代入解得：$2F_{j0}=F_y-G-(l/5)F_z$。代入数值，解得：$F_{j0}=330\text{N}$。取安全系数 $k=3$，

则 $F=3\times330\approx1\text{kN}$。

3.4.3 典型夹紧机构

机械加工中，常用的夹紧机构有斜楔夹紧机构、螺旋夹紧机构、偏心夹紧机构和铰链夹紧机构等。

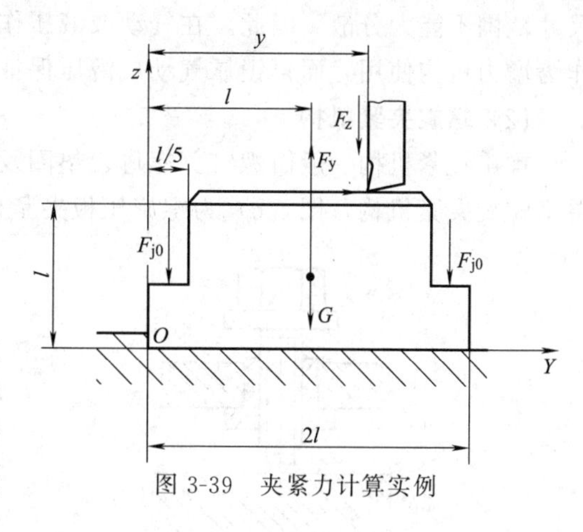

图 3-39　夹紧力计算实例

(1) 斜楔夹紧机构

斜楔夹紧机构是最基本的夹紧形式，它主要是利用斜楔移动时所产生的压力来夹紧工件的。如图 3-40 所示，敲击斜楔大头使其在导槽中移动，从而夹紧工件；加工完毕，敲击斜楔小头，便可拔出斜楔，取下工件。

斜楔的斜度一般取 1∶10。斜度的大小主要是根据满足斜楔的自锁条件确定的。所谓自锁性，即当外力一旦消失或撤出后，机构在摩擦力作用下，仍能保持夹紧状态，而不使斜楔退出的特性。满足斜楔自锁的条件是，楔角 α 小于斜楔与工件以及斜楔与夹具体之间的摩擦角之和，即：

$$\phi_1+\phi_2>\alpha \tag{3-4}$$

实际工程中为安全考虑，通常取 $\alpha=6°$，$\tan\alpha\approx\frac{1}{10}$。

楔角 α 越小，自锁性越好，增力作用越大，但夹紧行程越长，效率越低。

斜楔夹紧机构操作费时、费力，且效率低，一般用于机动夹紧装置中，并且要求毛坯的

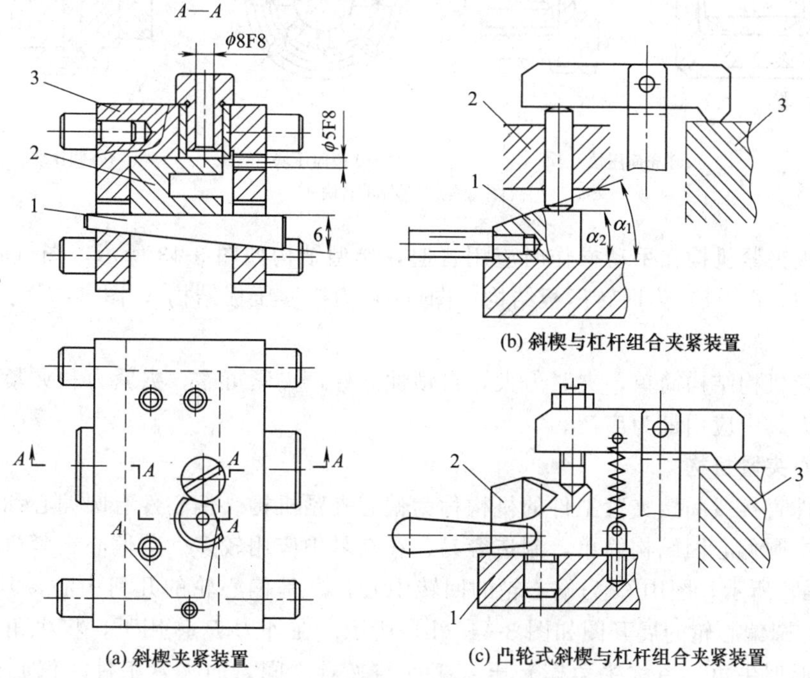

图 3-40　斜楔夹紧机构及其应用

1—夹具体；2—斜楔；3—工件

尺寸范围不能太分散。因此，在气动或液压作为动力源的高效机械化夹紧装置中，常用斜楔作为增力机构使用，而自锁靠气动或液压保证。

(2) 螺旋夹紧机构

螺旋夹紧机构一般由螺钉、螺母、垫圈及压板等元件组成，如图 3-41 所示，图（a）为单个螺旋夹紧机构，图（b）为螺旋压板夹紧机构。

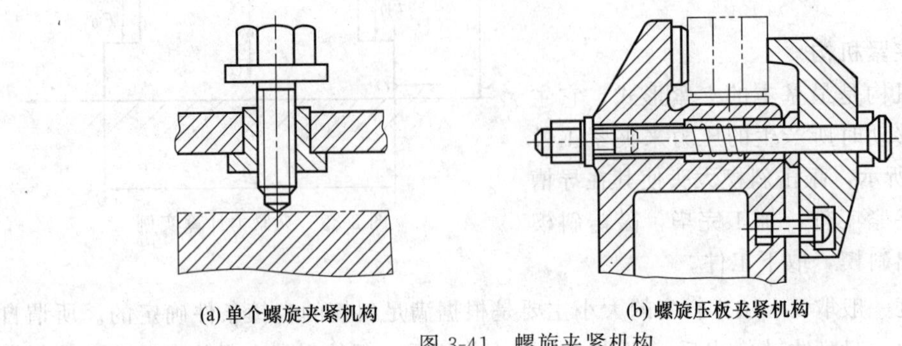

图 3-41　螺旋夹紧机构

单个螺旋夹紧机构的螺钉头直接与工件表面接触，在旋紧螺钉时，易损伤工件表面或引起工件转动，一般在螺钉头部装上摆动压块，如图 3-42 所示。单个螺旋夹紧机构夹紧动作慢，装卸工件费时，生产中应用不多。

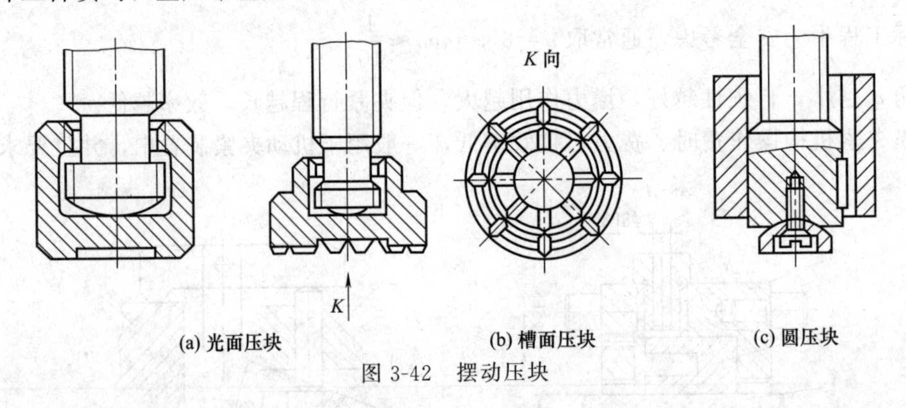

图 3-42　摆动压块

螺旋压板夹紧机构在手动操作时应用普遍，典型结构如图 3-43 所示，图（a）、（b）为移动压板结构，图（c）为回转压板结构，图（d）为钩形压板结构，图（e）为杠杆式压板结构。

螺旋夹紧机构结构简单，夹紧力大，自锁性能好，夹紧可靠，夹紧力和夹紧行程不受限制，因此在夹具中应用最为广泛。

(3) 偏心夹紧机构

用偏心件直接或间接夹紧工件的机构称为偏心夹紧机构。偏心件有圆偏心和曲线偏心两种类型，其中圆偏心因结构简单，制造容易，在夹具中应用较多。圆偏心夹紧机构工作原理如图 3-44（a）所示，图中 O 为偏心轮的回转中心，C 是偏心轮的几何中心，其直径为 D，偏心距为 e，圆偏心轮的展开图如图 3-44（b）所示。在外力 P 作用下，将牛角楔（图中划虚线部分，形似牛角，俗称牛角楔）压入工件与夹具之间，而夹紧工件。偏心轮与斜楔相比，其工作面上各点的升角不是一个常数，它随着回转角的改变发生很大变化。在 m、n 点（死点处）升角为 0，此时自锁性最好。圆偏心轮当满足 $D/e \geqslant 20$ 时，可保证全程安全自锁。

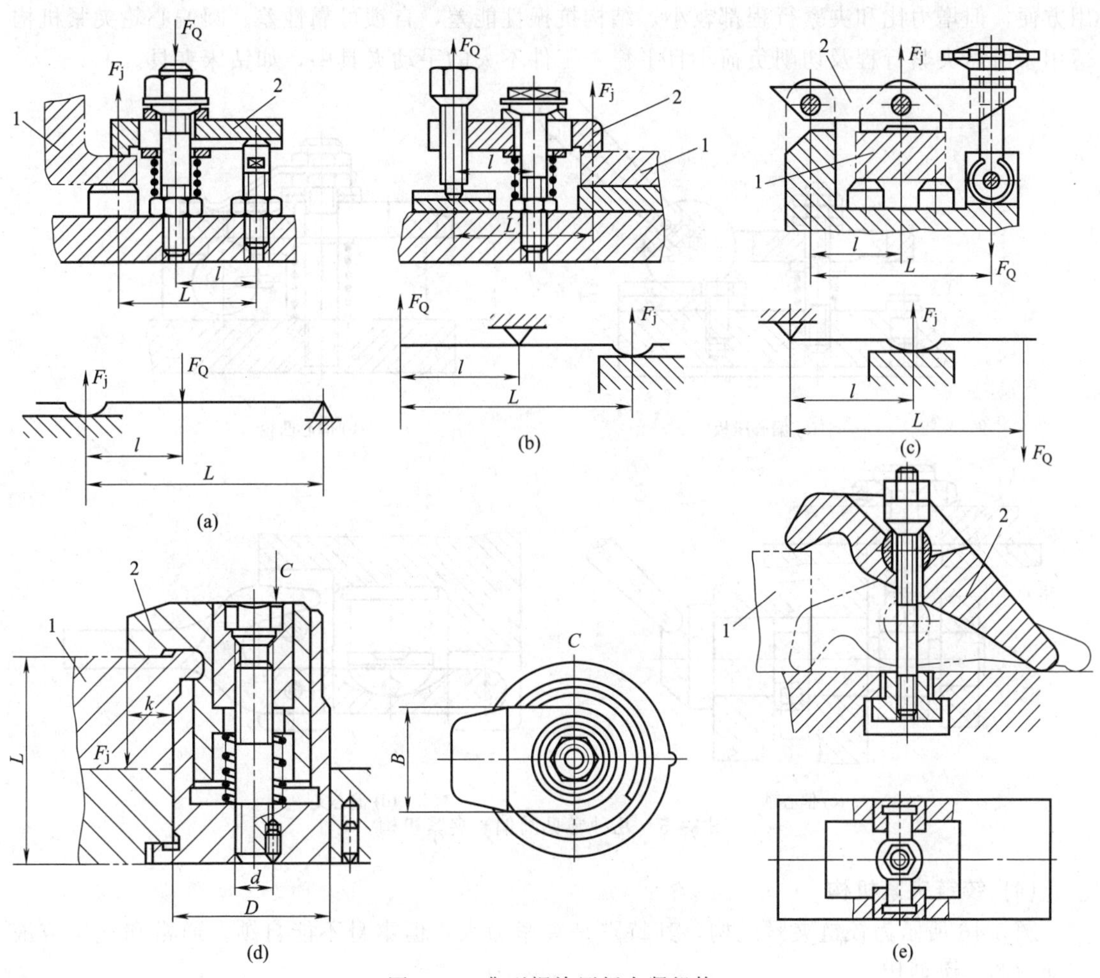

图 3-43 典型螺旋压板夹紧机构

1—工件；2—压板

设 $D=100$，则 $e=5$，此时行程很小。

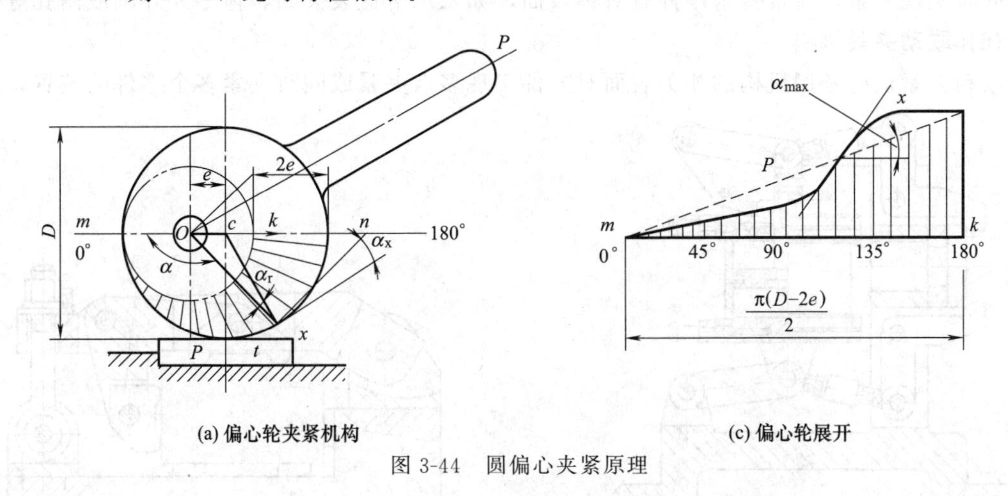

图 3-44 圆偏心夹紧原理

圆偏心夹紧常见机构如图 3-45 所示。圆偏心轮夹紧机构结构简单，夹紧动作迅速，使用方便，但增力比和夹紧行程都较小，结构抗振性能差，自锁可靠性差。圆偏心轮夹紧机构适用于所需夹紧行程及切削负荷小且平稳、工件不大的手动夹具中，如钻床夹具。

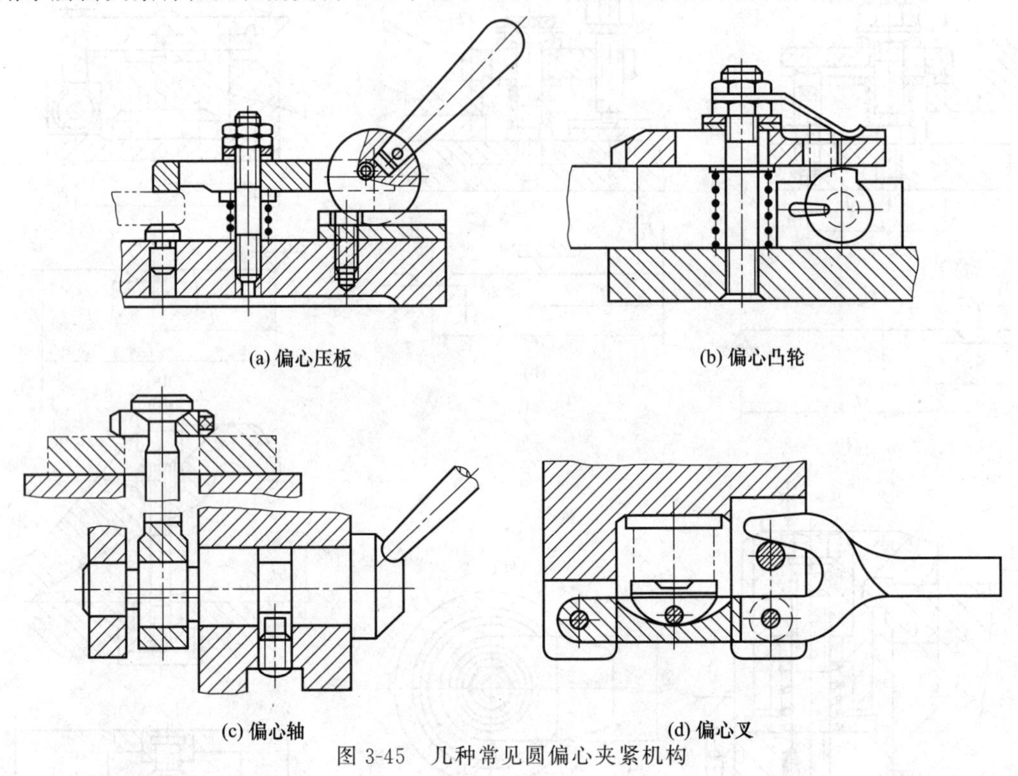

图 3-45　几种常见圆偏心夹紧机构

(4) 铰链夹紧机构

图 3-46 所示为铰链夹紧机构，其特点是夹紧力大，但本身不能自锁，通常和气压或液压动力源结合使用。

(5) 定心夹紧机构

定心夹紧机构的工作原理是利用定位元件等速趋近或等速退离零件的定位表面，并在定位的同时实现夹紧，通常要求零件有对称表面，如三爪卡盘装夹回转体零件外圆或内孔等。

(6) 联动夹紧机构

联动夹紧机构是用机构的相关表面对零件实现多点夹紧或同时夹紧多个零件的装置，如

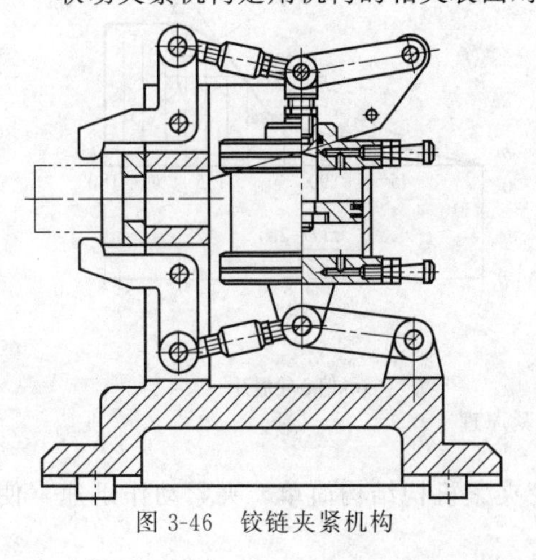

图 3-46　铰链夹紧机构

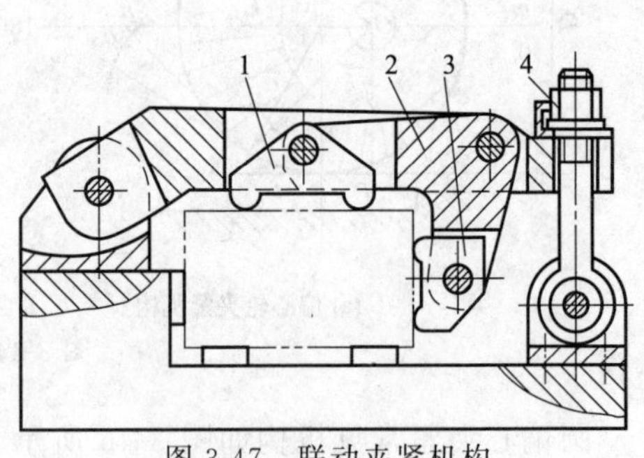

图 3-47　联动夹紧机构

图 3-47 所示，元件 1、3 为浮动压头，元件 2 为杠杆，元件 4 为锁紧螺母。

(7) 其他夹紧装置

除了斜楔、螺旋、偏心、铰链、定心、联动夹紧机构外，还有薄膜夹紧机构、电磁夹紧机构及真空夹紧机构等。实际设计夹具时，根据具体问题及要求选择合适的夹紧机构及动力装置（液压、气动、电磁等）。

3.5 各类机床夹具

机床夹具一般可以分为通用夹具和专用夹具两大类。通用夹具作为机床附件已经标准化，如三爪自定心卡盘、四爪单动卡盘、顶尖、机用虎钳、分度盘等；而专用夹具是按工件某道工序的加工要求专门设计的夹具。本节主要介绍典型机床的专用夹具及其设计特点。

3.5.1 车床夹具

(1) 车床夹具的典型结构

车床夹具的种类很多，主要有芯轴式车床夹具、角铁式车床夹具、圆盘式车床夹具、卡盘式车床夹具等。

① 芯轴式车床夹具。在套类、盘类零件的加工中，工件常以内孔为主要定位基准面，采用芯轴为定位元件，加工外圆。按照芯轴与机床主轴的连接方式，分为顶尖式芯轴和锥柄式芯轴两种。

图 3-48 所示为顶尖式芯轴，工件以孔口 60°角定位车削外圆表面。顶尖式芯轴结构简单、夹紧可靠、操作方便，适用于加工内、外圆无同轴度要求，或只需加工外圆的长套筒类零件。一般内孔直径 d_s 在 32～100mm 范围内，长度 L_s 在 120～780mm 范围内。芯轴与机床以两顶尖相连接。

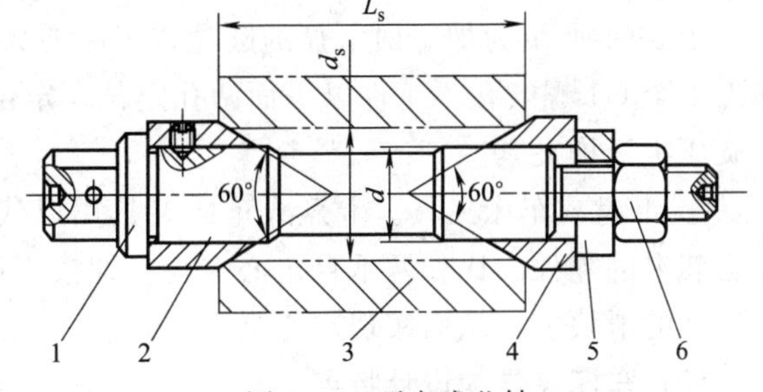

图 3-48 顶尖式芯轴

1—芯轴；2—固定顶尖套；3—工件；4—活动顶尖套；5—快换垫圈；6—螺母

图 3-49 所示为锥柄式芯轴，适用于加工短套筒或盘状工件。锥柄式芯轴应与主轴锥孔的锥度相一致。锥柄尾部有螺纹孔，是当承受力较大时用拉杆拉紧芯轴用的。

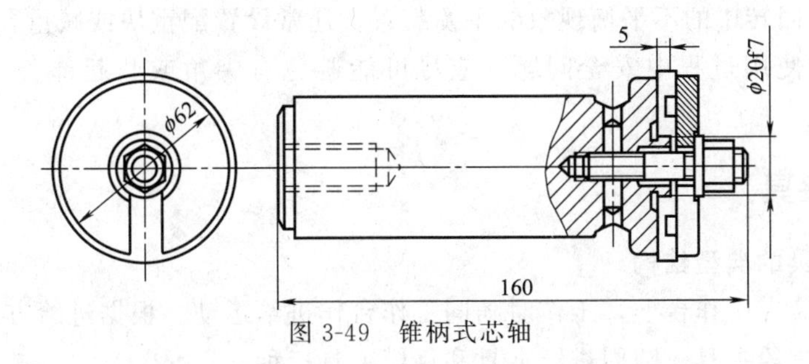

图 3-49 锥柄式芯轴

② 角铁式车床夹具。角铁式车床夹具的结构特点是具有类似角铁的夹具体。它常用于加工壳体、支座等零件上的圆柱面和端面。

图 3-50 所示为角铁式车床夹具，工件以一平面和两圆孔为基准，在夹具倾斜的定位面和两个销子上定位，用两只钩形压板夹紧。被加工表面是孔和端面。为了便于在加工过程中检验所车端面的尺寸，靠近加工面处设计有测量基准面。为使夹具在回转运动时保持平衡，夹具设置了平衡块，并装有防护罩。

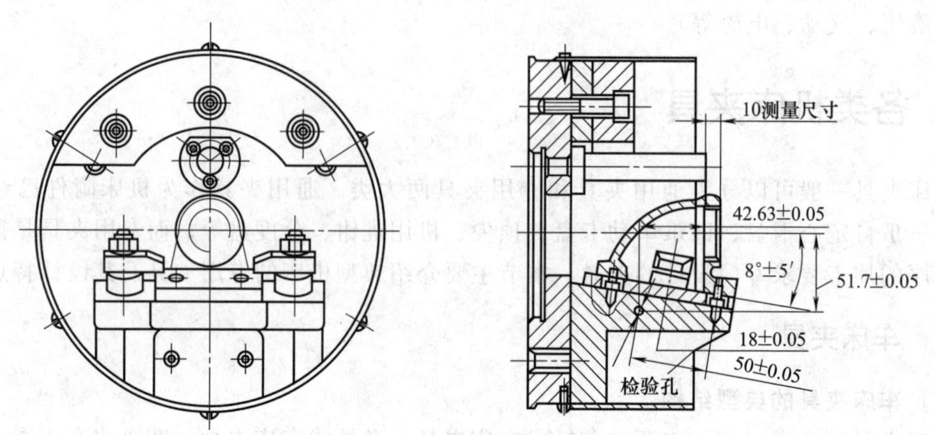

图 3-50 角铁式车床夹具

③ 圆盘式车床夹具。圆盘式车床夹具的夹具体为圆盘形。圆盘平面是其定位元件，它与车床主轴的轴线相垂直。大多情况下，工件的定位基准是与加工圆柱面相垂直的端面。圆盘式车床夹具常用于连杆、拨叉等复杂零件的加工。

图 3-51 所示为加工回水盘的圆盘式车床夹具。回水盘工序图如图 3-51（b）所示，要求加工 2 个 G1 螺纹孔。工件以一面两孔定位，定位元件有分度盘、定位销和菱形销。工件用螺旋压板机构夹紧。

④ 卡盘式车床夹具。卡盘式车床夹具用以代替三爪自定心卡盘，装夹三爪自定心卡盘无法装夹的零件。比如两爪自定心卡盘，即按工件表面形状设计卡爪，并将卡爪装在等速定心移动的滑块上，从而实现定心夹紧工件。

(2) 车床夹具的设计特点

① 由于车床夹具随机床主轴一同回转，故要求夹具结构紧凑，轮廓尺寸尽量小，重量尽量轻，重心尽可能靠近主轴，且靠近回转轴线。

② 车床夹具与机床主轴的连接部分是其定位基准，因此要有较准确的圆柱孔（或圆锥孔）。各种车床主轴前端的结构尺寸，可查阅有关机床夹具设计手册。

③ 应有消除回转中的不平衡现象的平衡装置，通常设置配重块或减重孔等。

④ 考虑夹具使用过程中安全问题，应尽可能避免有尖角或凸起部分，必要时设置防护罩。

3.5.2 铣床夹具

(1) 铣床夹具的典型结构

铣床夹具安装在工作台上，工作时随同工作台作进给运动。根据进给方式的不同，铣床夹具可分为直线进给夹具、圆周进给夹具和靠模夹具三种。

① 直线进给的铣床夹具应用广泛。根据零件结构和生产批量，可单件、多件装夹，也可多工位装夹。图 3-52 所示为加工壳体的铣床夹具，工件以端面、$\phi58$ 大孔和 $\phi5.2$ 小孔采

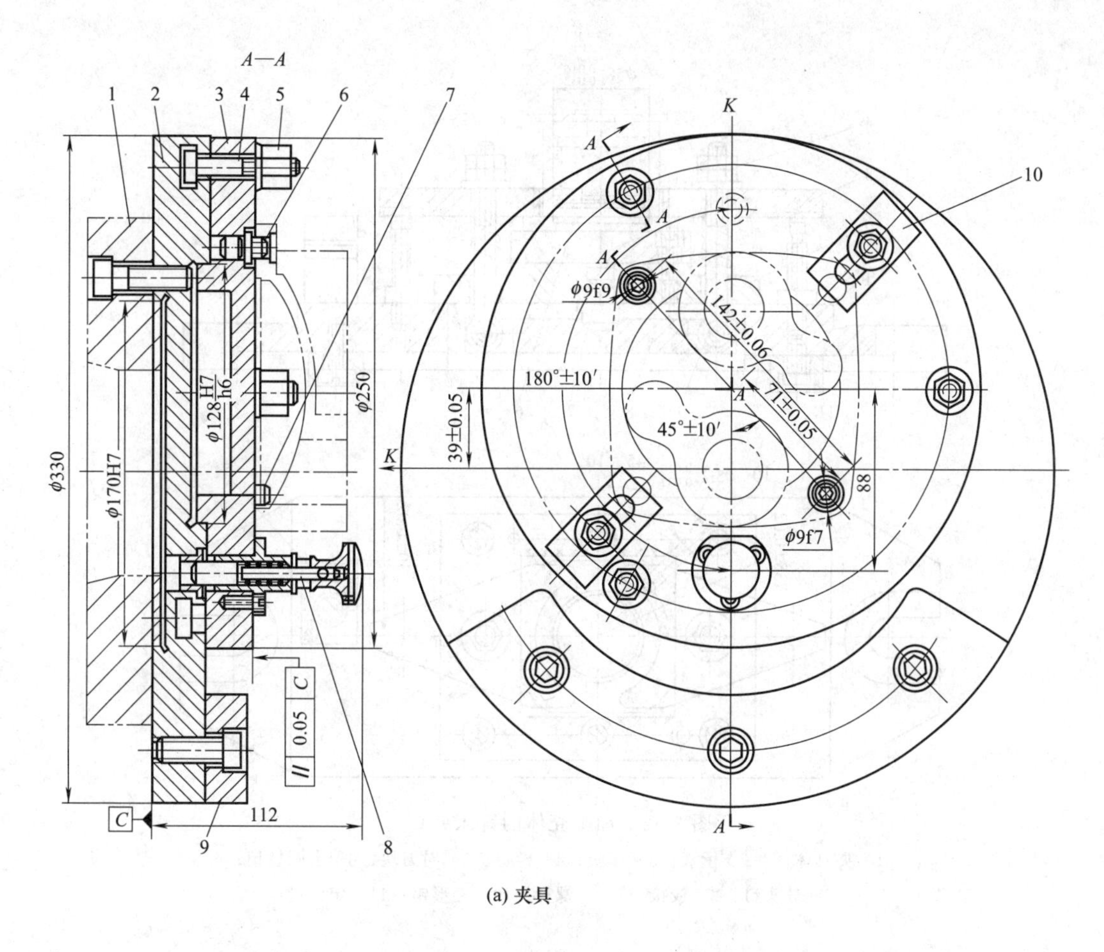

(a) 夹具

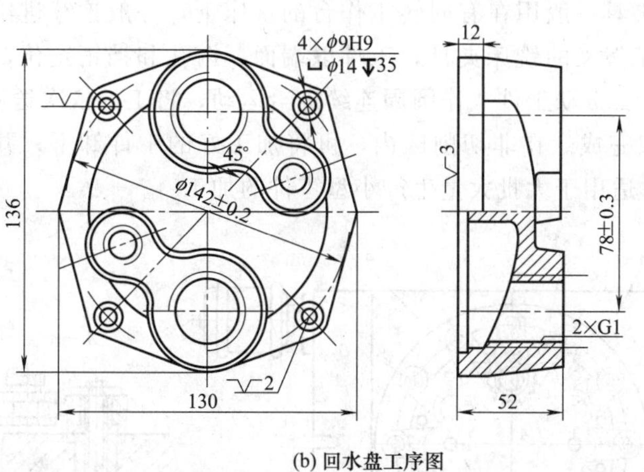

(b) 回水盘工序图

图 3-51 加工回水盘的圆盘式车床夹具

1—过渡盘；2—夹具体；3—分度盘；4—T 形螺钉；5—螺母；6—菱形销；
7—定位销；8—分度对定机构；9—平衡块；10—螺旋压板夹紧机构

用一面两销定位，定位元件为带台阶面的大圆柱销 6 和菱形销 10。夹紧装置采用螺旋压板的联动夹紧机构。操作时，只需拧紧螺母 4，即可使左右两个压板同时夹紧工件。夹具上还有对刀块 5，用来确定铣刀的位置。两个定位键 11 用来确定夹具在机床中的位置。

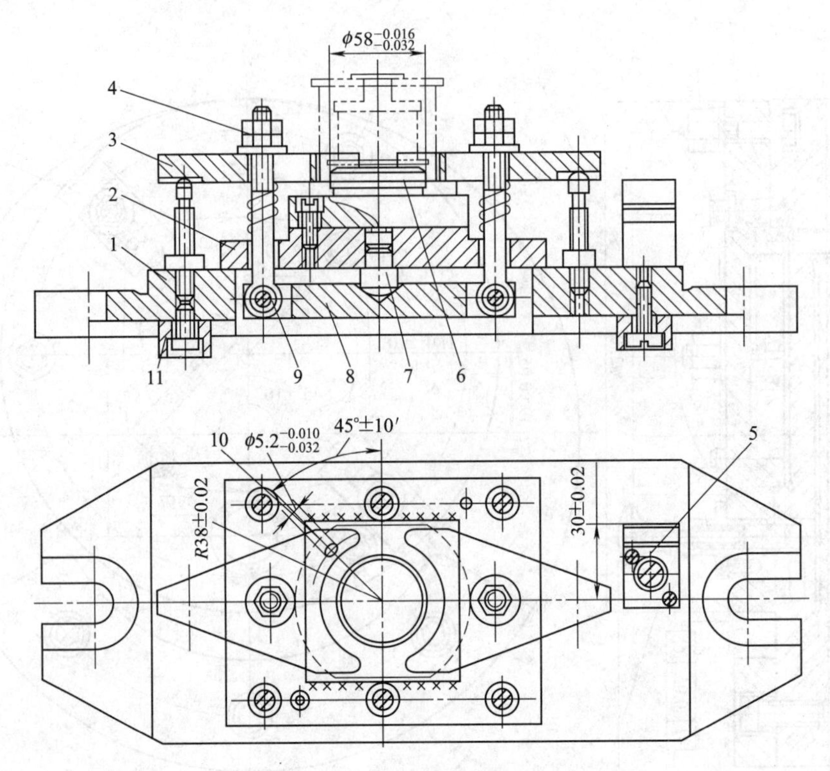

图 3-52 加工壳体的铣床夹具

1—夹具体；2—支承板；3—压板；4—螺母；5—对刀块；6—大圆柱销；7—球头钉；8—铰接板；9—螺杆；10—菱形销；11—定位键

② 圆周进给铣床夹具一般用在有回转工作台的铣床上，一般连续进给，有较高的生产率。图 3-53 所示为加工拨叉的铣床夹具，工件以端面、内孔和挡销定位，以螺旋夹紧机构夹紧工件。回转工作台 2 带动工件 4 作圆周连续进给运动，将工件依次送入切削区，当工件离开切削区后即被加工完成。在非切削区内，可将加工好的工件卸下，并装上待加工的工件。圆周进给铣床夹具适用于大批大量生产小型零件的加工。

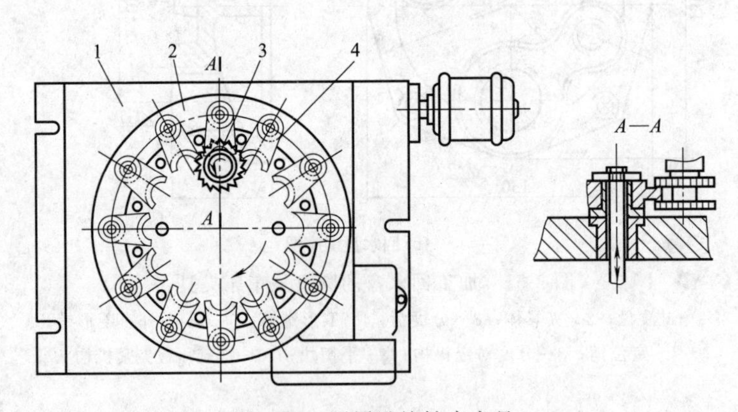

图 3-53 圆周进给铣床夹具

1—夹具；2—回转工作台；3—铣刀；4—工件

③ 靠模式铣床夹具是利用仿形装置进行靠模加工非圆曲线的夹具，使用较少。

(2) 铣床夹具的设计特点

① 铣床夹具与铣床工作台连接，用以确定夹具在机床中的方位。连接方式有多种，常用的有定位键、定向键连接，此外还可通过找正连接。

图 3-54 为定位键及其连接情况。夹具通过两个定位键嵌入到铣床工作台的同一条 T 形槽中，再用 T 形螺栓、垫圈和螺母将夹具体紧固在工作台上。设计夹具时，定位键的距离应力求最大，以利提高安装精度。安装夹具时，应将定位键推向 T 形槽的同侧再拧紧螺栓，以避免间隙的影响。定位键（JB/T 8016—1999）的结构尺寸已标准化。

小型夹具可选用定向键（JB/T 8017—1999），其结构尺寸已标准化。

对于位置精度要求较高的夹具，一般用找正的方法确定夹具的位置。找正连接可消除机床的纵向导轨与 T 形槽的平行度误差对加工精度的影响，提高连接精度。图 3-55 所示的 A 平面，即为夹具体上的找正面。

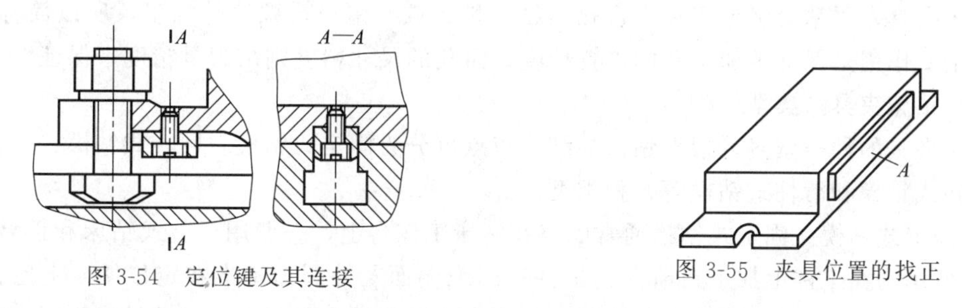

图 3-54 定位键及其连接　　图 3-55 夹具位置的找正

② 铣床夹具通常用对刀装置确定刀具与工件的相对位置，以便进行定距加工。对刀装置由对刀块和塞尺组成。图 3-56 所示为对刀块及其应用。图 3-56（a）为圆形对刀块（JB/T 8031.1—1999），用于加工平面；图 3-56（b）为方形对刀块（JB/T 8031.2—1999），用于调整组合铣刀的位置；图 3-56（c）为直角对刀块（JB/T 8031.3—1999），图 3-56（d）为侧装对刀块（JB/T 8031.4—1999），均用于加工两垂直面或铣槽时的对刀。图 3-56（e）为对刀块用销

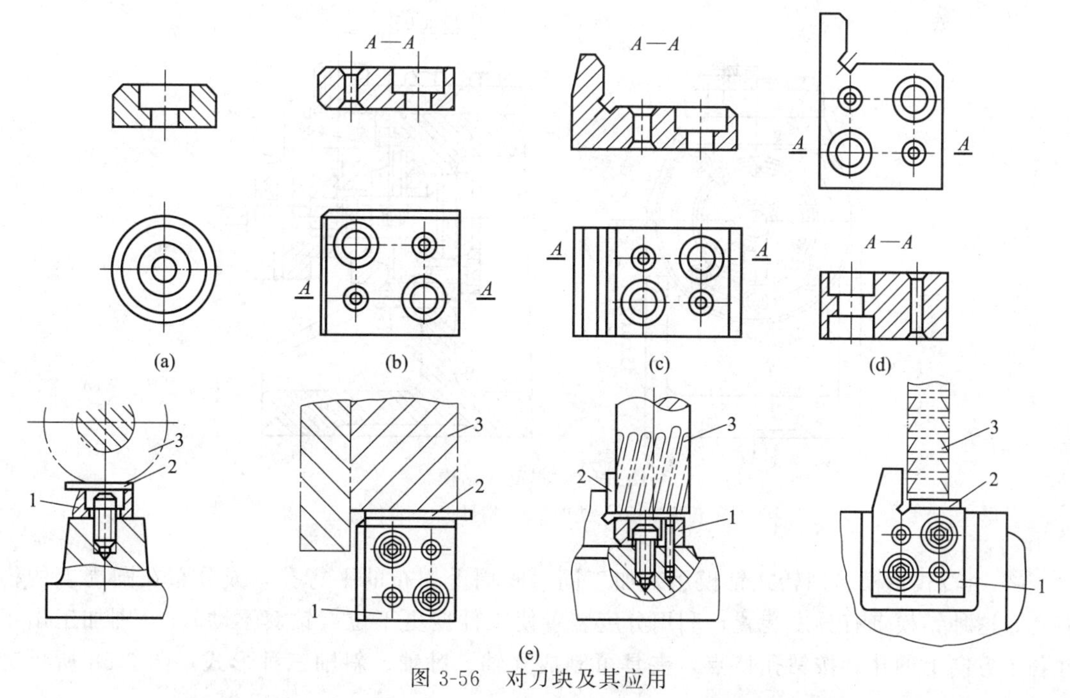

图 3-56 对刀块及其应用

钉、螺钉紧固在夹具上，其位置应便于使用塞尺对刀和不妨碍工件装卸。塞尺 2 置于对刀块 1 与铣刀 3 之间，对刀时凭抽动的松紧感觉来判断铣刀位置。铣刀在该方向的位置调整好后，在一段时间内不再变动。塞尺有平塞尺（JB/T 8032.1—1999）和圆柱塞尺（JB/T 8032.2—1999）两种，已标准化。

当加工要求较高或不便于设置对刀块时，也可采用试切法或用百分表来校正定位元件相对于刀具的位置。

③ 铣削加工时切削力较大，又是断续切削，加工中易引起振动，因此要求铣床夹具的受力元件要有足够的强度和刚度，夹紧力应足够大，且有较好的自锁性。此外，应尽可能降低夹具的重心，以提高夹具的稳定性。

3.5.3 钻床夹具

钻床夹具是用钻套引导刀具进行孔的钻、扩、铰、锪、攻螺纹等加工，所以简称钻模。钻模的主要作用是保证被加工孔的位置精度，而孔的尺寸精度则由刀具精度来保证。

(1) 钻床夹具的典型结构

钻床夹具的种类繁多，根据钻模的结构特点可分为固定式钻模、回转式钻模、盖板式钻模、翻转式钻模和滑柱式钻模等几种类型。

① 固定式钻模。固定式钻模通常固定在钻床工作台上，一般用于立式钻床和摇臂钻床。图 3-57 所示为在工件上加工台阶孔。工件以凸缘端面及外圆为基准在定位件 4 上定位，并用凸缘上的孔在菱形销 1 上定角向位置。加工台阶孔需要多把刀具，因此钻模板固定在夹具体上，并通过快速更换钻套，实现台阶孔的加工。此钻模刚性较好，但钻套底面离工件加工面较远，刀具容易引偏。

固定式钻模安装时，应先将钻头装入钻床主轴，然后将刀具伸入钻套中，以确定钻模的位置，再将其紧固。

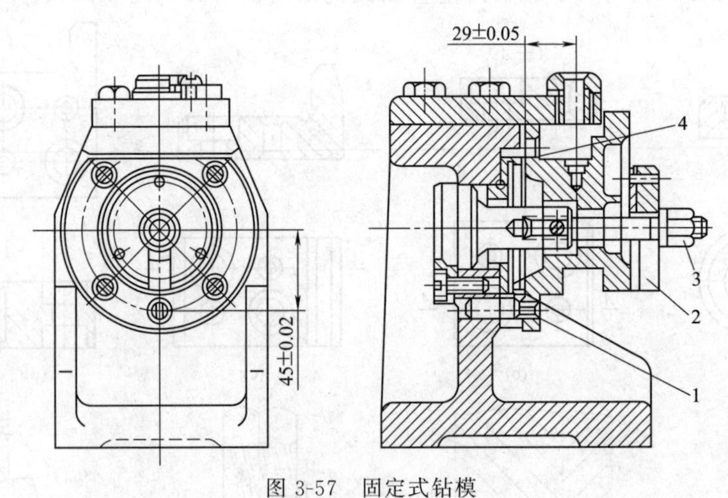

图 3-57 固定式钻模

1—菱形销；2—垫圈；3—螺母；4—定位件

② 回转式钻模。回转式钻模用来加工同一圆周上均布的平行孔，或分布在圆周上的径向孔。这种钻模带有分度装置，利用分度装置使工件变更工位（钻套不动），分别加工出工件各个方向上的孔。按钻孔特点，夹具可制成立轴、卧轴、斜轴三种形式。图 3-58 所示为

卧轴回转式钻模。

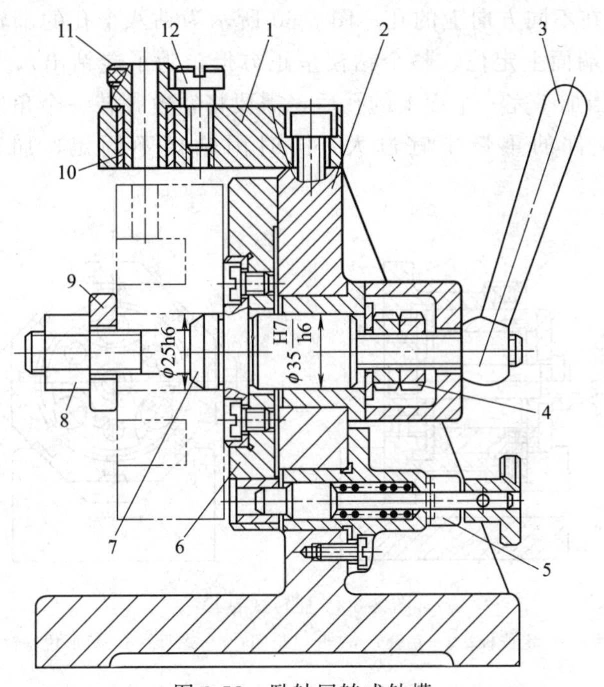

图 3-58 卧轴回转式钻模

1—钻模板；2—夹具体；3—手柄；4—双螺母；5—分度对定机构；6—分度板；7—主轴；8—六角螺母；9—快换垫圈；10—衬套；11—钻套；12—钻套螺钉

③ 盖板式钻模。盖板式钻模没有夹具体，钻模板“盖”在工件上即可加工。钻削时，通常工件直接放置在机床工作台上。在钻模板上，装有定位件和钻套，钻模就利用本身的定位元件，在工件上的定位基准面上定位，有时甚至没有夹紧装置。图 3-59 所示为盖板式钻模。

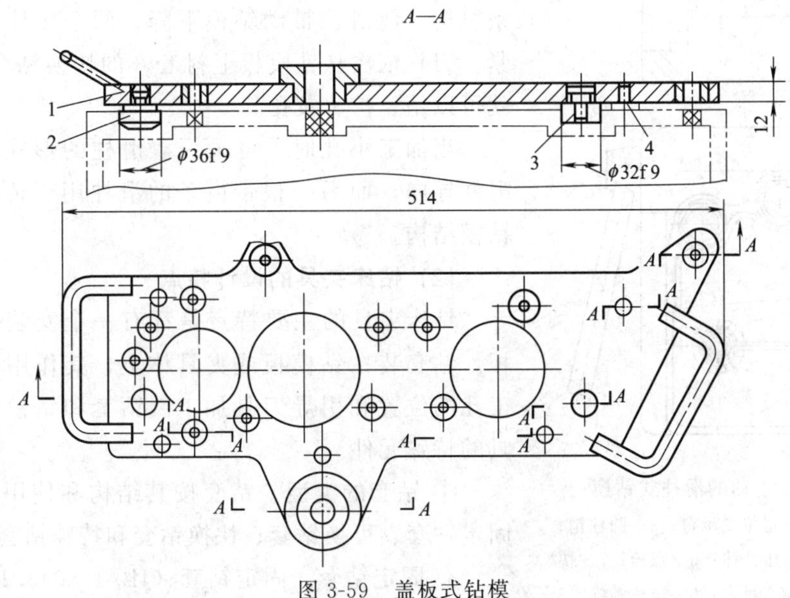

图 3-59 盖板式钻模

1—钻模盖板；2—圆柱销；3—削边销；4—支承钉

④ 翻转式钻模。翻转式钻模的特点是整个夹具可以连同工件一起翻转。它主要用于加工中、小型工件分布在不同方向上的孔。图 3-60 所示为钻八个孔的翻转式钻模，工件在夹具内孔及定位板 2 的端面上定位，整个钻模呈正方形，为了能钻出八个径向孔，另设有 V 形块 6。翻转式钻模当加工完一个面上的孔后，需要将钻模翻转一个角度再加工其他面上的孔，因此夹具连同工件的重量不宜过大。同时因钻模不固定，加工的孔径一般不超过 ϕ10mm。

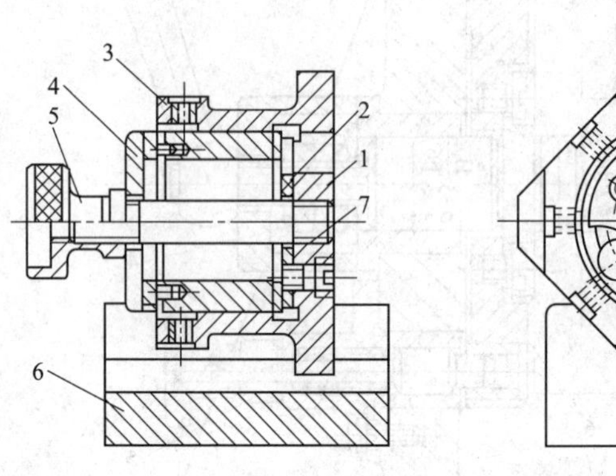

图 3-60 翻转式钻模

1—夹具体；2—定位板；3—钻套；4—开口垫圈；5—螺母；6—V 形块；7—螺纹轴

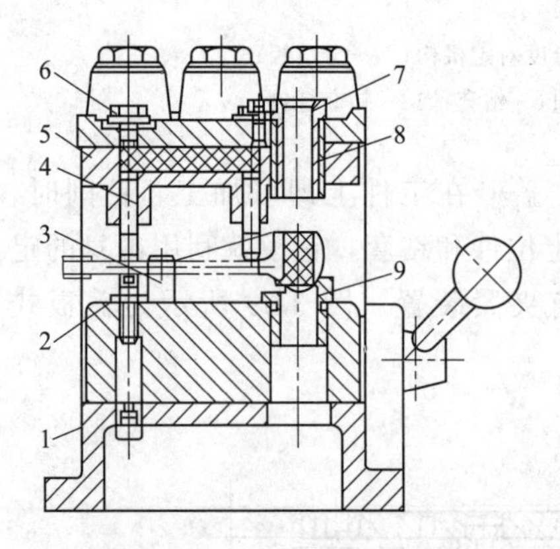

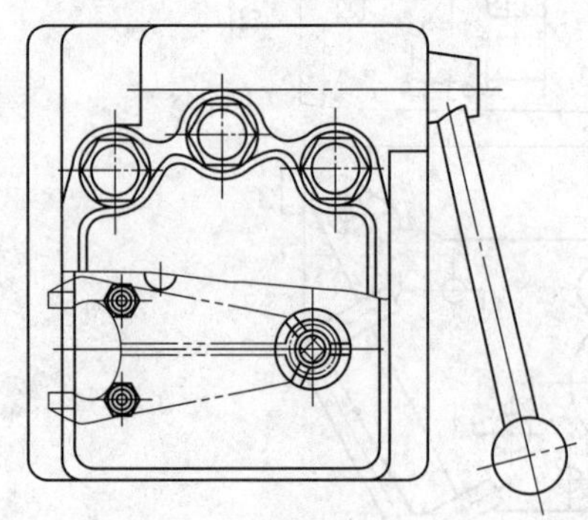

图 3-61 手动的滑柱式钻模

1—底座；2—定位支承钉；3—圆柱销；4—压柱；5—压柱体；6—螺栓；7—快换钻套；8—衬套；9—定位圆锥

⑤ 滑柱式钻模。滑柱式钻模是一种带有升降钻模板的通用可调夹具。这种钻模结构已规格化，且不必使用单独的夹紧装置，操作迅速，故在生产中应用广泛。

图 3-61 为手动的滑柱式钻模，它用来钻、扩、铰拨叉上的 ϕ20H8 的孔。在底座 1 上安装定位圆锥 9、可调定位支承钉 2 以及圆柱销 3。转动手柄通过齿轮齿条机构，使滑柱带动钻模下降，两个压柱 4 把工件夹紧。刀具依次从钻模板上衬套 8 的快换钻套 7 中通过，就可以钻、扩、铰孔。

当加工小孔时，可采用双滑柱的形式，只用一根滑柱导向，而另一根带齿条的滑柱用于传动，以简化钻模结构。

(2) 钻床夹具的设计特点

钻床夹具的主要特点是都有一个安装钻套的钻模板。钻套装在钻模板或夹具体上，其作用是确定被加工孔的位置和引导刀具加工。钻套和钻模板是钻床夹具的特殊元件。

① 钻套的类型。钻套按其结构和使用特点，分为固定钻套、可换钻套、快换钻套和特殊钻套。

a. 固定钻套。固定钻套（JB/T 8045.1—1999）如图 3-62（a）所示，分为 A、B 两种类型。钻套安装在钻模板或夹具体中，其配合为 H7/n6 或 H7/r6。固定钻套结构简单，钻孔精度高，适用于小批生产。

b. 可换钻套。可换钻套（JB/T 8045.2—1999）如图 3-62（b）所示。它用于单一钻孔工序的大批量生产中，当钻套磨损后可更换。钻套与衬套之间采用 F7/m6 或 F7/k6 配合，衬套与钻模板之间采用 H7/n6 配合。当钻套磨损后，拆卸螺钉，更换钻套。螺钉可避免工作时钻套随刀具转动，或被切屑顶出。

c. 快换钻套。快换钻套（JB/T 8045.3—1999）如图 3-62（c）所示。它用于依次进行钻、扩、铰等多工步的加工中，可以实现快速更换不同孔径的钻套。快换钻套的有关配合同可换钻套。更换钻套时，旋转钻套，将其削边转至螺钉头部，即可取出钻套。

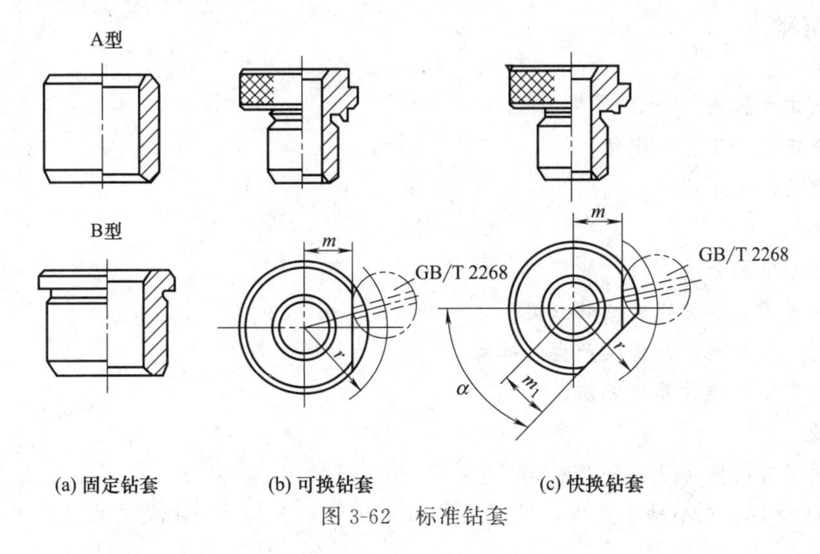

图 3-62　标准钻套

d. 特种钻套。当工件的结构形状特殊，或者被加工孔的位置特殊时，标准钻套不能满足使用要求，此时需要设计特殊结构的钻套。图 3-63 为几种特殊钻套的示例。

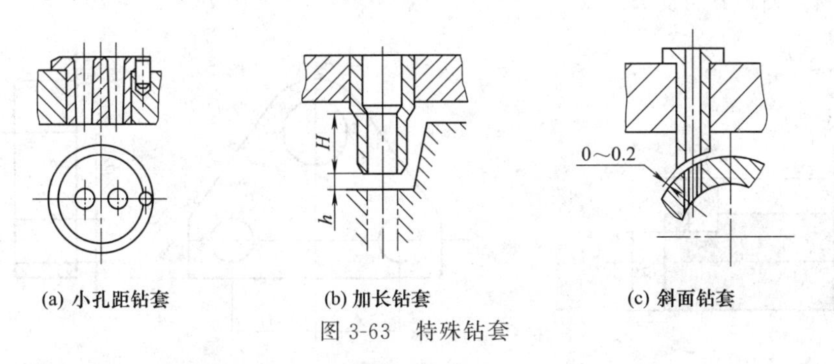

图 3-63　特殊钻套

② 钻模板的类型。按照钻模板与夹具体的连接方式不同，钻模板常见的有固定式、铰链式、可卸式和悬挂式四种。

a. 固定式钻模板。固定式钻模板直接固定在夹具体上。一般采用两个圆柱销和若干螺钉固定，也可采用整体铸造或焊接结构。由于固定式钻模板上的钻套位置固定，因此钻孔位置精度较高。

b. 铰链式钻模板。当钻模板妨碍工件装卸时，可采用铰链式钻模板。铰链式钻模板应相对定位和锁紧，其结构形式有多种。

c. 可卸式钻模板。可卸式钻模板与夹具体是可分离的，即工件装夹一次，钻模板也需安装一次。其特点是操作费时，钻孔位置精度不高。

d. 悬挂式钻模板。悬挂式钻模板常用于具有多轴传动头的专用立式钻床上。如在专用立式钻床上加工平行孔系时，钻模板连接在传动箱上，随机床主轴往复移动。

③ 钻模板用于安装钻套，应有一定的强度和刚度，以防止变形而影响钻套的位置和引导精度；钻模板应力求结构简单，重量小，便于制造，便于操作。

能力训练

1. 名词解释

(1) 基准

(2) 六点定位原理

(3) 完全定位、不完全定位

(4) 过定位、欠定位

2. 简答题

(1) 简述基准的分类。

(2) 简述机床夹具的组成及其分类。

(3) 何谓定位误差，分析其产生的原因。

(4) 阐述定位误差计算的方法。

3. 分析题

(1) 简述基准的概念及其分类。

如图 3-64 所示，在小轴上铣槽，保证尺寸 H 和 L，试分析需限制的自由度，并选择定位基准和定位元件。

(2) 要加工图 3-65 所示零件的 $2\times\phi20$ 孔，指出定位时需限制的自由度，试选择定位基准并用符号表示所限制的自由度数。

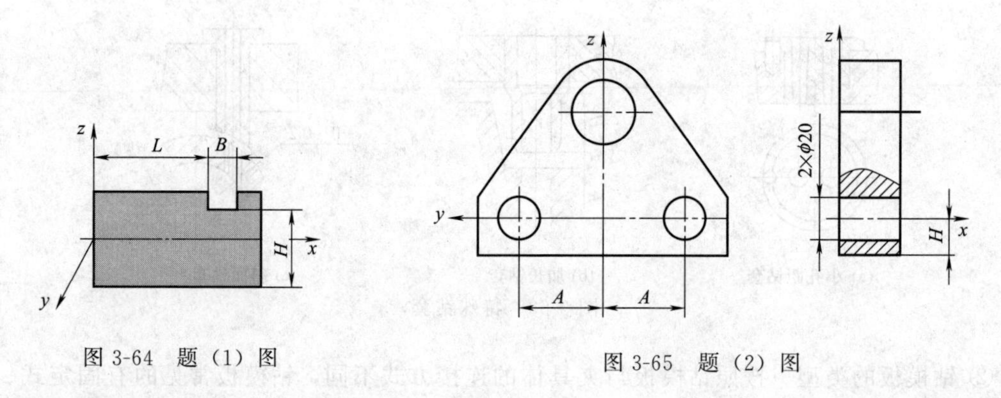

图 3-64 题 (1) 图　　图 3-65 题 (2) 图

(3) 图 3-66 为连杆在夹具中定位，定位元件分别为支撑平面、短圆柱销和固定 V 形块。指出各定位基准限制了几个自由度，是否合理，如果不合理如何改进。

(4) 图 3-67 为在车床上加工 $\phi200$mm 外圆，试说明其定位基准、限制的自由度数目、是否有过定位或欠定位，假如有，应如何改进。

(5) 套类零件铣键槽，采用芯轴定位，若芯轴水平放置，定位芯轴及定位孔尺寸如图 3-68 所示，试分析工序尺寸 $25_{-0.02}^{\ 0}$mm 的定位误差。

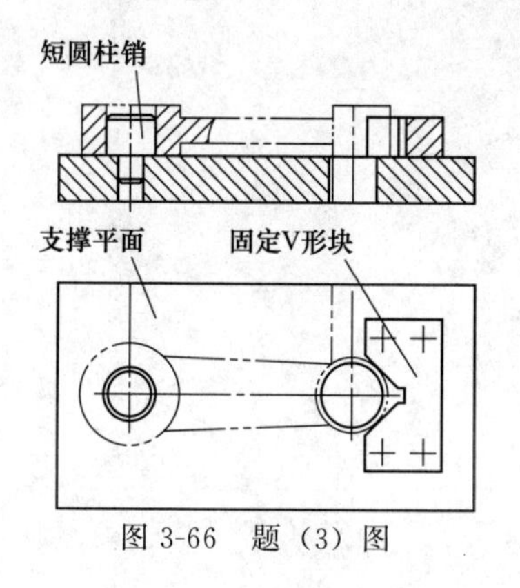

图 3-66　题（3）图

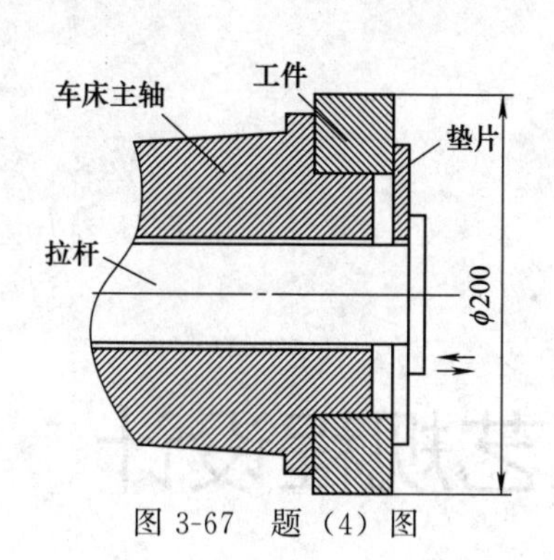

图 3-67　题（4）图

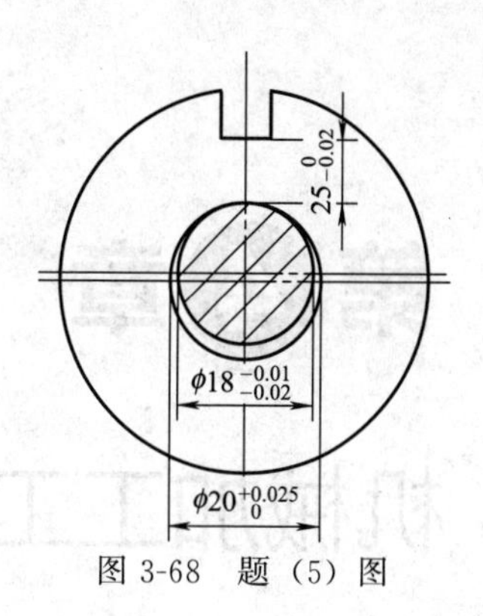

图 3-68　题（5）图

第4章 机械加工工艺规程设计

知识目标

① 明确生产过程、工艺过程的概念，掌握机械加工工艺过程的组成。

② 明确生产纲领的概念，熟悉生产类型的划分及其工艺特点。

③ 掌握定位基准选择原则。

④ 熟悉毛坯的种类及其特点。

⑤ 掌握经济加工精度和经济表面粗糙度的概念，掌握基本表面的典型加工路线。

⑥ 掌握机械加工中加工阶段的划分方法，以及工序顺序安排方法。

⑦ 掌握加工余量的概念，正确计算工序尺寸及其公差。

⑧ 掌握工艺尺寸链的概念、组成、计算公式以及应用。

⑨ 掌握数控加工工艺路线设计的原则与方法。

⑩ 了解机械加工工艺方案技术经济性分析的方法，以及提高生产率的工艺途径。

能力目标

① 能正确分析零件工艺性，合理选择定位基准及毛坯。

② 会查阅机械加工手册以及相关技术资料。

③ 能读懂机械加工工艺文件，并制订简单零件机械加工工艺规程。

4.1 机械加工工艺过程概述

4.1.1 生产过程与工艺过程

(1) 生产过程

产品的生产过程是指把原材料变为成品的全过程。它包括以下内容。

① 生产技术准备过程。包括产品投产前的市场调研、新产品开发、标准化审查、技术文件制订、生产计划编制、生产资料准备等。

② 生产工艺过程。包括毛坯制造、切削加工、热处理、检验、装配、调试、喷漆等基本生产活动。

③ 辅助生产过程。为了保证基本生产过程的正常运行所必需的辅助生产活动，如能源

供给、工艺装备制造、设备维修等。

④ 生产服务过程。指原材料的采购、外购件和工具的供应、物料运输、保管等。

为了便于组织生产和提高劳动生产率，现代工厂趋向于专业化协作，即一种产品的若干零部件分散到若干专业化工厂生产，总装厂只生产主要零部件并进行总装调试，如飞机、汽车等行业大都采用这种模式进行生产。

(2) 工艺过程

在生产过程中直接改变生产对象的形状、尺寸、相对位置和性能等，使其成为半成品或成品的过程。如毛坯的制造、机械加工、热处理、装配等均为工艺过程。它是生产过程的主体。

工艺过程中，用机械加工的方法直接改变生产对象的形状、尺寸和表面质量，使之成为合格零件的工艺过程，称为机械加工工艺过程。同样，将加工好的零件装配成机器使之达到所要求的装配精度并获得预定技术性能的工艺过程，称为装配工艺过程。

4.1.2 机械加工工艺过程的组成

机械加工工艺过程由一个或若干个顺序排列的工序组成，而工序又可分为若干个安装、工位、工步和走刀。通过依次完成工序内容，逐步改变毛坯形状、尺寸和表面质量，使之成为合格零件。

(1) 工序

一个（或一组）工人，在一个工作地对一个（或同时对几个）工件所连续完成的那一部分工艺过程，称为工序。工序是组成工艺过程的基本单元，也是生产计划、成本核算的基本单元。如图4-1所示阶梯轴，当加工数量较少时，其工序划分见表4-1；当加工数量较大时，其工序划分见表4-2。

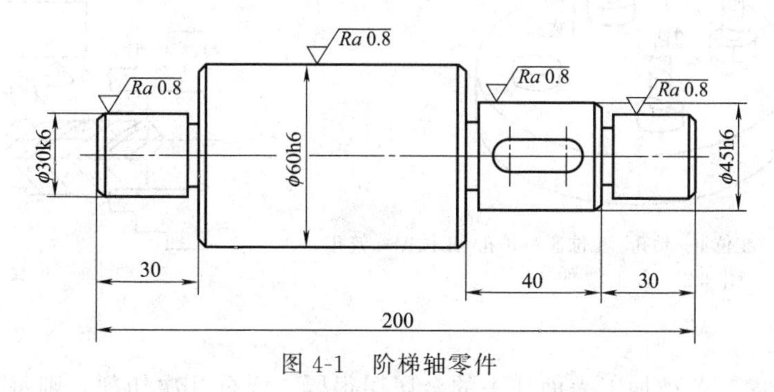

图4-1 阶梯轴零件

表4-1 阶梯轴加工工艺过程（批量较小时）

工序号	工 序 内 容	设备
1	车端面,钻中心孔,车全部外圆,倒角,车槽	车床
2	铣键槽,去毛刺	铣床
3	磨外圆	外圆磨床

(2) 安装

工件加工前，需要在机床上占据正确的位置，称为工件的定位；为确保工件的正确定位在加工过程中不被破坏，需要夹紧固定工件，称为工件的夹紧。工件定位和夹紧的过程，称为装夹。在一道工序中，工件有时需要多次装夹，才能完成加工。工件经一次装夹完成的工序内容，称为安装。如表 4-1 中工序 1，需要多次装夹。

表 4-2 阶梯轴加工工艺过程（批量较大时）

工序号	工序内容	设备
1	铣端面，钻中心孔	铣端面、钻中心孔专用机床
2	车一端外圆，倒角，车槽	车床
3	车另一端外圆，倒角，车槽	车床
4	铣键槽	铣床
5	去毛刺	钳工台
6	磨外圆	外圆磨床

(3) 工位

一次装夹工件后，工件（或装配单元）与夹具或设备的可动部分一起相对刀具或设备的固定部分所占据的每一个位置，称为工位。如图 4-2 所示，利用回转工作台一次安装中顺次完成装卸工件、钻孔、扩孔、铰孔四个工位。

(4) 工步

工步是指加工表面和刀具不变的情况下，连续完成的那部分工艺内容。对于在一次装夹中连续完成的若干个相同的工步，习惯上视为一个工步。如在工件上钻 4 个 $\varphi10$ 的孔，可视为一个工步。有时为了提高生产率，用几把刀具同时加工几个表面，称为复合工步，如图 4-3 所示，复合工步也视为一个工步。

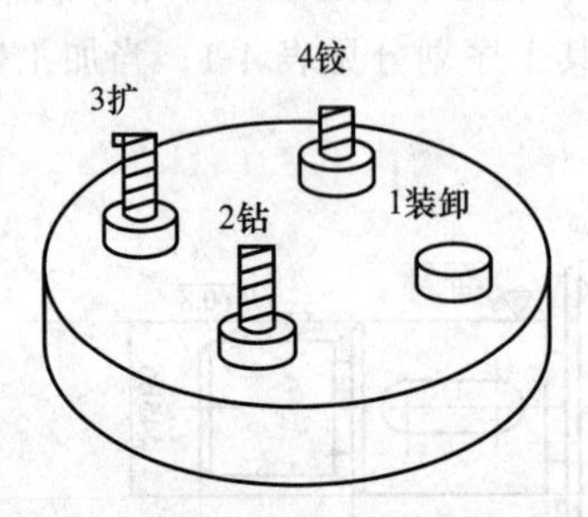

工位Ⅰ—装卸工件 工位Ⅱ—钻孔 工位Ⅲ—扩孔 工位Ⅳ—铰孔

图 4-2 多工位加工

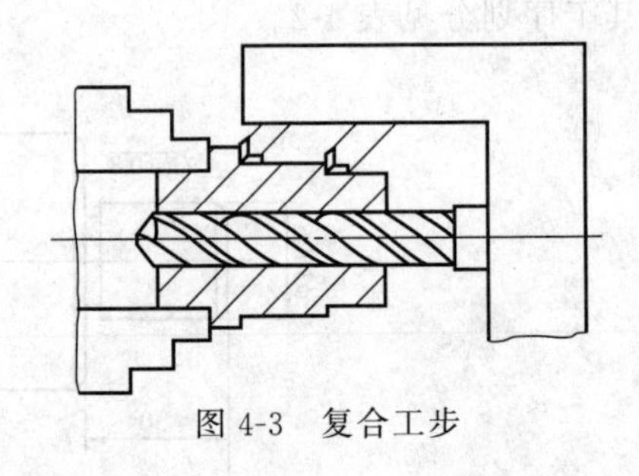

图 4-3 复合工步

(5) 走刀

在一个工步内，若被加工表面切去的金属层很厚，需分几次切削，则每一次切削就是一次走刀。走刀是构成加工过程的最小单元。

4.1.3 生产类型及其工艺特征

(1) 生产纲领

企业在计划期内生产的产品产量和进度计划称为生产纲领。零件的年生产纲领可按下式计算：

$$N=Qn(1+a)(1+b)$$

式中 N——零件的年产量，件/年；

Q——产品的年产量，台/年；

n——每台产品中，该零件的数量，件/台；

a——该零件备品百分率；

b——该零件废品百分率。

(2) 生产类型

企业（或车间、工段等）生产专业化程度的分类称为生产类型。生产类型一般分为单件生产、成批生产、大量生产。

① 单件生产。其基本特点是：产品品种多，但同一产品的产量少，而且很少重复生产，各工作地加工对象经常改变。如重型机器制造、新产品试制等都属于单件生产。

② 成批生产。其基本特点是：分批地生产相同的产品，生产呈周期性重复。如机床制造、电动机制造等都属于成批生产。成批生产又可按其批量大小分为小批生产、中批生产、大批生产三种类型。其中小批生产的工艺特点与单件生产的工艺特点类似；大批生产的工艺特点与大量生产的工艺特点类似；中批生产介于小批生产与大批生产之间。

③ 大量生产。其基本特点是：产量大、品种少，大多数工作地长期重复地进行某个零件的某一道工序的加工。如汽车、手表、轴承等的制造都属于大量生产。

生产类型的划分除了与生产纲领有关外，还应考虑产品本身的大小和结构的复杂程度，表4-3为生产纲领与生产类型的关系，供确定生产类型时参考。

表 4-3 生产纲领与生产类型的关系

生产类型	生产纲领(台/年或件/年)		
	重型机械	中型机械	轻型零件
单件生产	<5	<10	<100
小批生产	5～100	10～200	100～500
中批生产	100～300	200～500	500～5000
大批生产	300～1000	500～5000	5000～50000
大量生产	>1000	>5000	>50000

生产类型不同，产品制造的工艺方法、所用的设备和工艺装备以及生产的组织形式等均不同。大批大量生产应采用高效率的设备和工艺方法，以提高生产率；单件小批生产应采用通用设备和工艺装备，也可采用先进的数控机床生产，以降低生产成本。各种生产类型的工艺特征参见表4-4。

表 4-4 各种生产类型的工艺特征

工艺特征	生产类型		
	单件小批生产	中批生产	大批大量生产
加工对象	经常变换	周期性交换	固定不变
毛坯的制造方法及加工余量	铸件用木模手工造型；锻件用自由锻。毛坯精度低，加工余量大	部分铸件用金属模；部分锻件用模锻。毛坯精度和加工余量中等	采用金属模机器造型、模锻及其他高效方法。毛坯精度高，加工余量小
机床设备及其布置形式	通用机床。按机床类别机群式布置	部分通用机床和高效机床，按工件类别分工段排列设备	广泛采用高效专用机床、自动机床和生产线，按流水线和自动线排列设备
工艺装备	大多采用通用夹具、标准附件、通用刀具和万能量具；靠划线和试切法达到精度要求	广泛采用可调夹具；部分靠找正装夹达到精度要求。部分采用专用刀具和量具	广泛采用高效专用夹具、复合刀具、专用量具和自动检测装置。靠调整法达到精度要求

续表

工艺特征	生产类型		
	单件小批生产	中批生产	大批大量生产
装配方法	采用修配法，钳工修配，缺乏互换性	大部分采用互换法；装配精度要求高时，灵活采用分组装配法和调整法，并保留某些修配法	广泛采用互换法；少数装配精度较高处，采用分组装配法和调整法
操作工人技术水平	需技术水平高的工人	需一般技术水平的工人	对调整工技术水平要求高，对操作工技术水平要求较低
工艺文件	简单，一般为工艺过程卡片	有工艺过程卡，关键零件要工序卡	有工艺过程卡、工序卡，关键工序要调整卡、检验卡
成本	较高	一般	较低

4.1.4 制订工艺规程的原则、原始资料及步骤

机械加工工艺规程是规定零件机械加工工艺过程和操作方法等的工艺文件之一，它是在具体的生产条件下，把较为合理的工艺过程和操作方法，按照规定的形式书写成工艺文件，经审批后用来指导生产。机械加工工艺规程一般包括以下内容：工件加工的工艺路线、各工序的具体内容、所用的设备和工艺装备、工件的检验项目和检验方法、切削用量、时间定额等。

(1) 制订工艺规程的原则

制订工艺规程的基本原则是优质、高产和低成本，即在保证产品质量的前提下，争取最好的经济效益。为此，应力求技术先进、经济合理、安全环保，并且有良好的劳动条件。

(2) 制订工艺规程的原始资料

① 产品装配图和零件图。

② 产品的生产纲领（年产量）。

③ 产品验收的质量标准。

④ 毛坯和半成品的资料、毛坯制造方法、供货状态等。

⑤ 本厂的生产条件。

⑥ 国内外同类产品的有关的工艺资料等。

(3) 制订工艺规程的步骤

① 计算年生产纲领，确定生产类型。

② 分析零件图和产品装配图，对零件进行工艺分析。

③ 选择毛坯。

④ 拟订工艺路线。

⑤ 确定各工序的加工余量，计算工序尺寸及公差。

⑥ 确定各工序所用的设备、刀具、夹具、量具和辅助工具。

⑦ 确定切削用量，制订工时定额。

⑧ 确定各主要工序的技术要求及检验方法。

⑨ 进行技术经济分析。

⑩ 填写工艺文件。

4.1.5 机械加工工艺文件的格式

机械加工工艺文件格式有以下几种。

(1) 机械加工工艺过程卡片

机械加工工艺过程卡片见表4-5。它是以工序为单位，简要地列出了整个零件加工所经过的工艺路线（包括毛坯制造、机械加工和热处理等），它是制订其他工艺文件的基础，也是生产技术准备、编排作业计划和组织生产的依据。由于各工序的说明较简单，一般不直接指导工人操作，仅用于生产管理或单件小批量生产中。

表4-5 机械加工工艺过程卡片

厂名	机械加工工艺过程卡片			产品型号		零件图号		共 页	
				产品名称		零件名称		第 页	
材料牌号	毛坯种类		毛坯外形尺寸		每台毛坯件数		每台件数	备注	
工序号	工序名称	工序内容	车间	工段	设备	工艺装备		工时定额	
								准终	单件
					编制（日期）	审核（日期）	会签（日期）		
标记	处记	更改文件号	签字	日期	处记	更改文件号	签字	日期	

(2) 机械加工工艺卡片

机械加工工艺卡片见表4-6。它是以工序为单位，详细说明整个工艺过程的工艺文件，用于指导工人生产和帮助车间管理人员和技术人员掌握整个零件加工过程的一种主要技术文件。

表4-6 机械加工工艺卡片

厂名	机械加工工艺卡片				产品型号			零(部)件图号					共 页	
					产品名称			零(部)件名称					第 页	
材料牌号			毛坯种类		毛坯外形尺寸		每台毛坯件数		每台件数				备注	
工序	安装	工步	工序内容	同时加工工件数	切削用量				设备名称及编号	工艺准备名称及编号			技术等级	工时定额
					背吃刀量/mm	切削速度/(m/min)	转速或往复数/(r/min)	进给量/(mm/r)		夹具	刀具	量具		准终	单件
									编制日期	审核日期		会签日期		
标记	处记	更改文件号	签字	日期	更改文件号	签字	日期							

(3) **机械加工工序卡片**

机械加工工序卡片见表 4-7。它是在工艺过程卡片的基础上，为每一道工序编制的工艺文件，它详细说明每个工步的加工内容、工艺参数、操作要求以及所用的设备等，主要用于大批量或单件小批生产中的关键工序或成批生产的重要零件。

表 4-7　机械加工工序卡片

<table>
<tr><td rowspan="3" colspan="3">厂　名</td><td rowspan="3" colspan="3">机械加工工序卡片</td><td colspan="2">产品名称</td><td colspan="2"></td><td colspan="2">零件名称</td><td colspan="2"></td></tr>
<tr><td colspan="2">产品型号</td><td colspan="2"></td><td colspan="2">零件图号</td><td colspan="2"></td></tr>
<tr><td colspan="2">工序号</td><td colspan="2"></td><td colspan="2">工序名称</td><td colspan="2"></td></tr>
<tr><td rowspan="9" colspan="6">工序简图
（表述：加工表面、定位表面、夹紧位置、工序要求）</td><td colspan="2">车间</td><td colspan="2">工段</td><td colspan="2">材料牌号</td><td colspan="2">力学性能</td></tr>
<tr><td colspan="2"></td><td colspan="2"></td><td colspan="2"></td><td colspan="2"></td></tr>
<tr><td colspan="2">毛坯种类</td><td colspan="2">毛坯外形尺寸</td><td colspan="2">每料件数</td><td colspan="2">每台件数</td></tr>
<tr><td colspan="2"></td><td colspan="2"></td><td colspan="2"></td><td colspan="2"></td></tr>
<tr><td colspan="2">设备名称</td><td colspan="2">设备型号</td><td colspan="2">设备编号</td><td colspan="2">切削液</td></tr>
<tr><td colspan="2"></td><td colspan="2"></td><td colspan="2"></td><td colspan="2"></td></tr>
<tr><td colspan="2">夹具编号</td><td colspan="2">夹具名称</td><td colspan="4">工序工时</td></tr>
<tr><td colspan="2"></td><td colspan="2"></td><td colspan="2">准终</td><td colspan="2">单件</td></tr>
<tr><td colspan="2"></td><td colspan="2"></td><td colspan="2"></td><td colspan="2"></td></tr>
<tr><td rowspan="2">工步号</td><td rowspan="2">工步内容</td><td rowspan="2">主轴转速/(r/min)</td><td rowspan="2">进给量/(mm/r)</td><td rowspan="2">背吃刀量/mm</td><td rowspan="2">进给次数</td><td colspan="2">工步工时</td><td colspan="2">刀具</td><td colspan="2">辅具</td><td colspan="2">量具</td></tr>
<tr><td>基本时间</td><td>辅助时间</td><td>名称</td><td>编号</td><td>名称</td><td>编号</td><td>名称</td><td>编号</td></tr>
<tr><td></td><td></td><td></td><td></td><td></td><td></td><td></td><td></td><td></td><td></td><td></td><td></td><td></td><td></td></tr>
<tr><td colspan="3">编制</td><td colspan="3">校对</td><td colspan="4">审核</td><td colspan="4">批准</td></tr>
</table>

此外，还有数控加工的工艺文件，包括数控加工工序卡、数控刀具卡、数控加工走刀路线图、数控加工程序单等。

4.2 制订机械加工工艺规程的准备

4.2.1 零件加工工艺分析

在制订零件的机械加工工艺规程时，首先要对照产品装配图分析零件的零件图，明确其在产品中的位置、作用以及与相关零件的位置关系，然后分析零件的结构工艺性及技术要求。

(1) **零件的结构工艺性分析**

零件的结构工艺性是指所设计的零件在满足使用要求的前提下，制造的经济性和可行性，包括装配维修的合理性。表 4-8 为零件结构工艺性分析实例。

(2) **零件的技术要求分析**

零件图样上的技术要求，既要满足设计要求，又要便于加工。它主要包括以下几个方面。

① 加工表面本身的要求：尺寸精度、形状精度、表面粗糙度等，据此选择加工方法。

② 加工表面之间的相对位置要求：距离尺寸精度、位置公差等，它与基准的选择有关。

③ 表面质量及其他要求：热处理、动平衡、镀铬、去磁等，它与选材及热处理工艺有关。

表 4-8 零件结构工艺性分析实例

序号	结构工艺性不好	结构工艺性好	说明
1			尽量减少大平面加工；尽量避免深孔加工
2			孔距离箱壁太近，不利于采用标准刀具和辅具
3	a=1mm	a=3～5mm	加工面与非加工面应明显分开；凸台高度应一致，以便一次加工
4	Ra 0.8　Ra 0.8		应留有足够的退刀槽，以避免刀具或砂轮与工件相碰
5			槽与沟的表面不应与其他加工面重合，以免划伤
6			钻头的切入及切出表面最好是平面，以免钻头引偏甚至折断
7			多个加工面的位向尽量一致，以减少调整次数

续表

序号	结构工艺性不好	结构工艺性好	说明
8	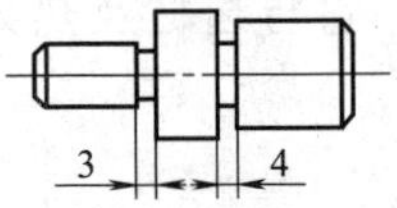 3 4	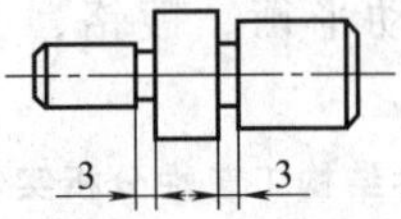 3 3	加工面的尺寸尽量一致，减少刀具数量
9		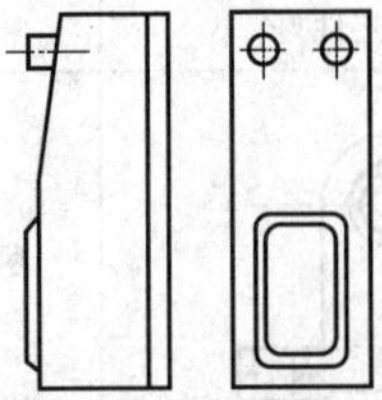	增设工艺凸台作为辅助定位基准，加工完后去掉
10	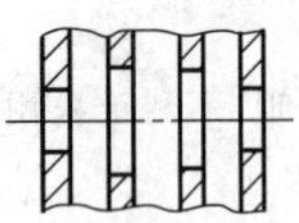	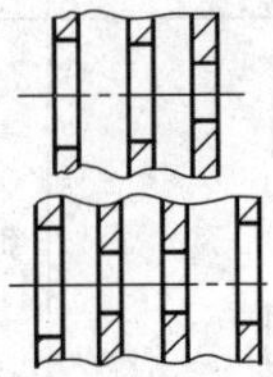	为了便于加工，孔径应从一个方向递减或从两个方向递减
11	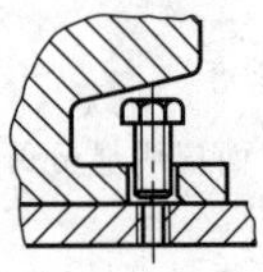	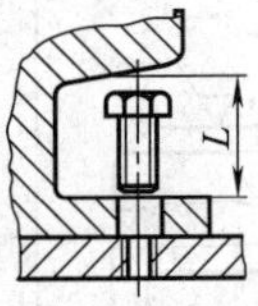 L	应留出足够的安装空间
12	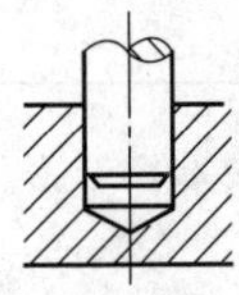	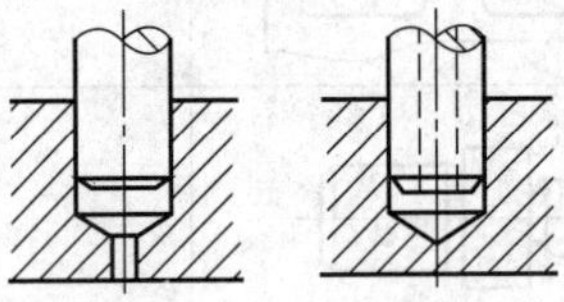	设有出气孔，以利于安装
13	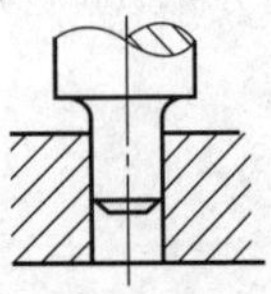	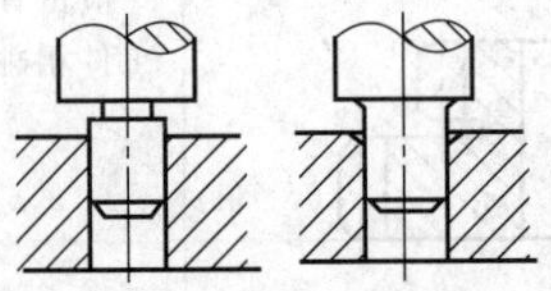	轴肩切槽，或孔口倒角，以便于装配

4.2.2 定位基准的选择

在制订工艺规程时，合理选择定位基准对保证零件加工精度、安排加工顺序有决定性影响。定位基准有粗基准和精基准之分。在加工起始工序中，只能用毛坯上未曾加工过的表面作为定位基准，该表面称为粗基准；利用已加工过的表面作为定位基准，称为精基准。

(1) 粗基准的选择原则

① 不加工表面作粗基准。为保证不加工表面与加工表面之间的位置精度，应选择不加工表面作为粗基准，如图 4-4（a）所示。如果零件上有多个不加工表面，则选择与加工表面相互位置精度要求较高的表面作为粗基准。如图 4-4（b）所示，零件有三个不加工表面，若要求表面 2 和表面 4 组成的壁厚均匀，此时应选择表面 2 作为粗基准。

② 合理分配加工余量。如果零件上有多个表面需要加工，则选择加工余量最小的表面作为粗基准，以保证各加工表面都有足够的余量。如图 4-4（c）所示阶梯轴毛坯，毛坯大小

头的同轴度误差为 0～3mm，大头加工余量为 8mm，小头加工余量为 5mm，若以加工余量大的大头为粗基准加工小头，则小头可能会因加工余量不足而使工件报废，因此应选择小头作为粗基准。

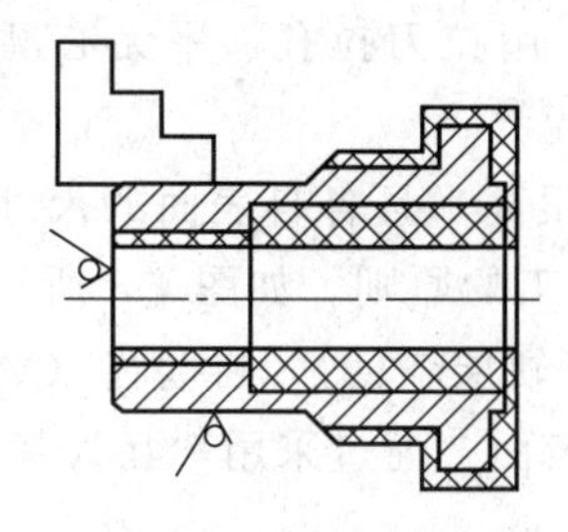

(a) 选择不加工表面为粗基准

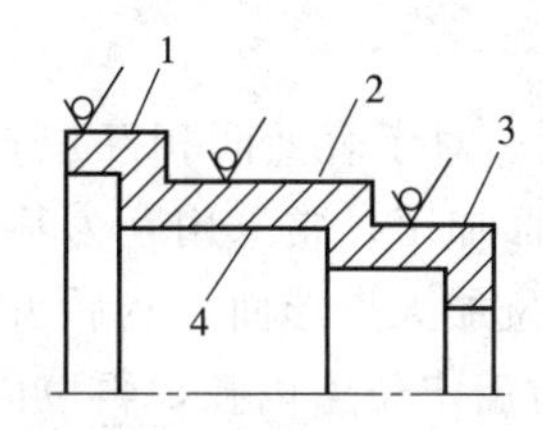

(b) 选择与加工表面位置精度要求高的不加工表面为粗基准

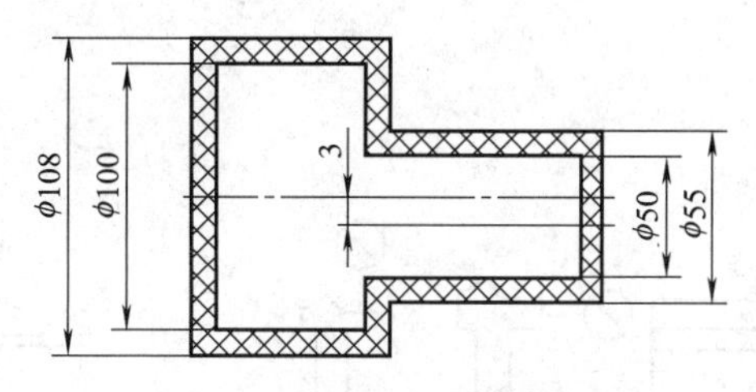

(c) 选择加工余量小的表面为粗基准

图 4-4　粗基准的选择

③ 对于某些重要表面（如导轨和重要孔等），为保证其表面的加工余量均匀，应优先选择该重要表面作为粗基准。见图 4-5，床身导轨面要求表面耐磨性好，且在整个导轨面内具有大体一致的力学性能，因此选择导轨面作为粗基准来加工床身底面，然后再以床身底面为精基准加工导轨面。

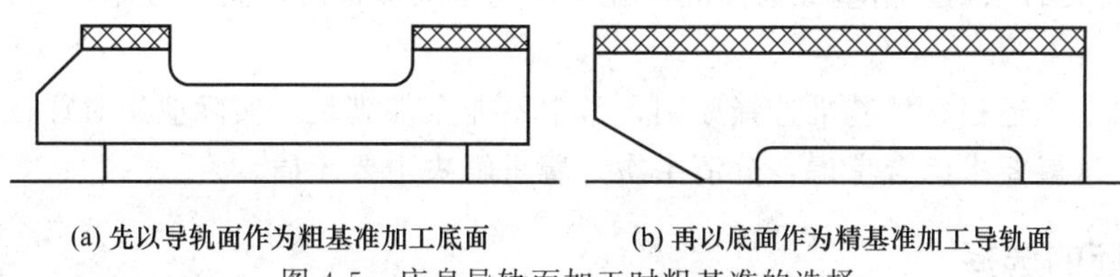

(a) 先以导轨面作为粗基准加工底面　　(b) 再以底面作为精基准加工导轨面

图 4-5　床身导轨面加工时粗基准的选择

④ 粗基准避免重复使用。在同一尺寸方向上，粗基准只能使用一次，否则产生定位误差。如图 4-6 所示，车床上加工小轴，如反复使用 B 面作粗基准，则加工后的 A 面和 C 面有较大的同轴度误差。

⑤ 粗基准应便于装夹。选作粗基准的表面应平整，没有浇冒口或飞边等缺陷，以便定位可靠。

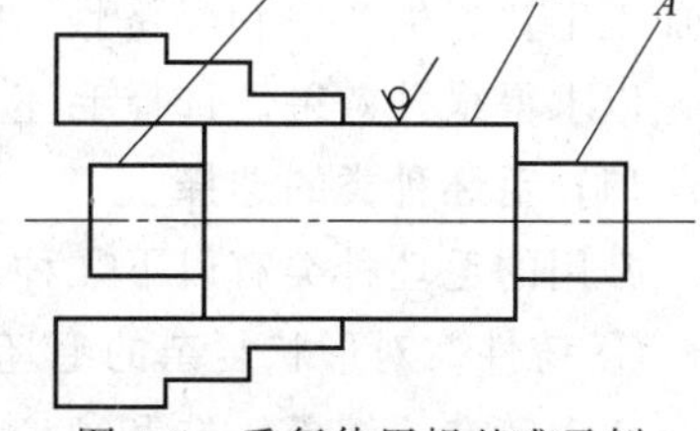

图 4-6　重复使用粗基准示例

（2）精基准的选择原则

① 基准重合的原则。尽量选择被加工表面的设计基准作为精基准，以避免基准不重合引起的误差。

② 基准统一的原则。选择尽可能多的表面加工时都能使用的基准作为精基准，称为基准统一的原则。例如轴类零件常以顶尖孔作统一基准加工外圆表面，这样可保证各加工表面

的同轴度；盘类零件常以一端面和一短孔为精基准完成各工序的加工。

③ 自为基准的原则。对于加工精度要求高、加工余量小且均匀的表面，常选择加工表面本身作为定位基准。例如磨削床身导轨面时，为保证磨削余量均匀，以导轨面本身找正定位磨削导轨面，如图 4-7 所示。此外，用浮动铰刀铰孔、用拉刀拉孔、用无心磨床磨外圆等，均属于自为基准。

④ 互为基准的原则。对于表面间相互位置精度要求很高，且各自表面的尺寸精度、形状精度要求都很高的表面加工，常采用互为基准、反复加工的原则。如图 4-8 所示，加工精密齿轮时，先以内孔定位加工齿形面，然后齿面淬硬（淬硬层较薄），再磨齿（磨削余量小而均匀），磨削时可用齿面定位磨内孔，再以内孔定位磨齿面。通过采用“互为基准”，保证齿面的磨削余量均匀，保证内孔与齿面的相互位置精度要求。

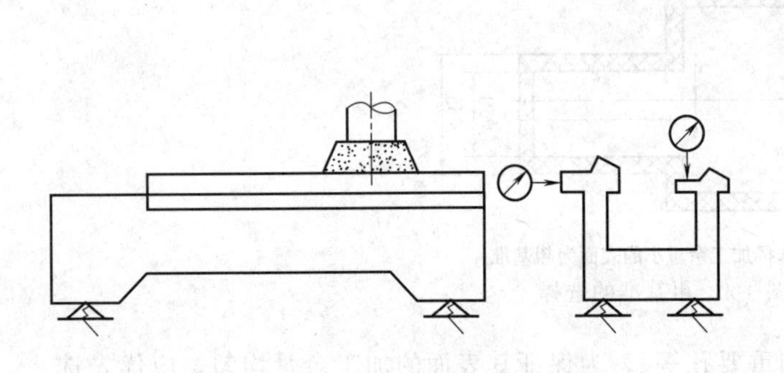

图 4-7　磨床导轨面自为基准示例

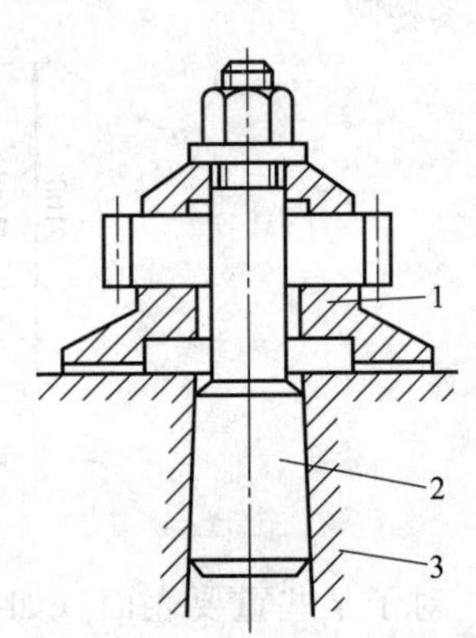

图 4-8　加工精密齿轮互为基准示例

1—支承凸台；2—芯轴；3—通用底盘

⑤ 便于装夹的原则。精基准选择应保证工件定位准确稳定，夹紧可靠，夹具结构简单，操作方便。

应当指出，上述粗、精基准选择原则，常常不能全部满足，实际应用时往往会出现相互矛盾的情况，这就要求综合考虑，分清主次，着重解决主要矛盾。

4.2.3　毛坯的选择

在制订工艺规程时，合理选择毛坯将直接影响毛坯本身的制造工艺和费用，以及零件机械加工工艺、生产率和经济性。因此，选择毛坯要从毛坯制造和机械加工两个方面综合考虑，以求得最佳效果。选择毛坯主要包括选择毛坯的种类、形状和尺寸。

(1) 毛坯种类的选择

常用的毛坯种类有以下几种。

① 铸件。对形状复杂的毛坯，一般采用铸造的方法制造，主要有砂型铸造、金属型铸造、压力铸造、熔模铸造和离心铸造等，其中砂型铸造较常用。铸件材料主要有铸铁、铸钢，以及铜、铝等有色金属。

② 锻件。由于锻件的力学性能较好，因此机械强度要求高的钢质零件一般选择锻件毛坯。锻件可以采用自由锻和模锻两种方法获得。自由锻有手工锻打、机械锤锻和压力机压锻等。自由锻的锻件要求结构简单，其特点是生产率低、加工精度低、加工余量大，故适用于单件小批生产。模锻锻件的结构形状可较为复杂，精度和表面质量比自由锻锻件好，加工余

量也较小。模锻的生产率比自由锻高，但需要特殊的设备和锻模，故适用于批量较大的中小型锻件。

③ 型材。型材按截面形状分为圆钢、方钢、六角钢、角钢、槽钢及特殊截面型材。型材有热轧和冷拉两种。热轧型材精度低，但价格便宜，适用于一般零件的毛坯。冷拉的型材尺寸较小、精度高，但价格较高，易于实现自动送料，适用于自动机床上大批量生产。

④ 焊接件。焊接件是用焊接方法获得的结合件，其优点是制造简单、生产周期短、省料，其缺点是抗振性差，易变形，需经时效处理后方可机械加工。焊接件适用于单件小批生产、大型零件和样机试制。

此外，还有冲压件、冷挤压件、粉末冶金等其他毛坯。

(2) 毛坯形状和尺寸的确定

毛坯的形状和尺寸主要由零件组成表面的形状、结构、尺寸及加工余量等因素确定，应尽量与零件相接近，以达到减少机械加工的劳动量，力求达到少或无切削加工的要求。从机械加工工艺角度考虑还应注意以下问题。

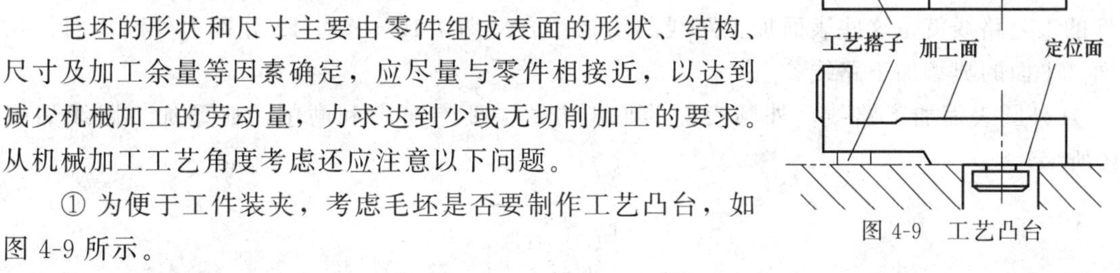

图 4-9　工艺凸台

① 为便于工件装夹，考虑毛坯是否要制作工艺凸台，如图 4-9 所示。

② 为了提高机械加工生产率，可将多个零件做成一个毛坯，如短小的轴套、垫圈和螺母等，在选择棒料、钢管等毛坯时就可采用这种方法，加工到一定阶段再切割分离成单个零件，也有利于保证加工质量。

③ 还应注意铸件的分型面、拔模斜度、铸造圆角，锻件的敷料、分模面、模锻斜度及圆角半径等。

(3) 选择毛坯时应考虑的因素

① 零件材料的工艺特性及力学性能。当材料要求具有良好的铸造性时，应采用铸件毛坯；当材料要求具有较高的力学性能时，应采用锻件。

② 零件的生产类型。不同的生产类型决定了不同的毛坯制造方法。当大量生产时，应选择精度和生产率都比较高的毛坯制造方法，如铸件可采用金属模及其造型，锻件应采用模锻；当单件小批生产时，则采用木模手工造型或自由锻。

③ 零件的结构形状和尺寸。毛坯的形状、尺寸应尽量与零件的形状、尺寸接近。如轴类零件毛坯，各台阶直径相差不大时可采用棒料；各台阶直径相差很大时宜采用锻件。如锻件，当尺寸大时可采用自由锻；尺寸小时可采用模锻。形状复杂的毛坯，一般采用铸造方法制造。

④ 考虑具体生产条件。在选择毛坯时，应考虑企业现有生产条件。

⑤ 考虑采用新工艺、新技术和新材料的可能性。如采用精密铸造、精密锻造、冷挤压、冷轧、粉末冶金和工程塑料等，可大大减少机械加工劳动量。

4.3　机械加工工艺路线的拟订

机械加工工艺路线的拟订是制订工艺规程的关键，其主要任务是选择各表面的加工方法，确定各表面的加工顺序以及工序集中的程度，合理选用机床和刀具等。机械加工工艺路线的拟订不仅影响工件的加工质量，而且影响生产效率、生产成本和劳动强度等。

4.3.1 表面加工方法的选择

(1) 经济加工精度和经济表面粗糙度

各种加工方法可以达到的加工精度和表面粗糙度均有一个较大的范围。精细操作可以获得较高的加工精度，但生产率低、生产成本高；若增大切削用量，可以提高生产率、降低生产成本，但加工精度降低。在正常的加工条件下（采用符合质量的标准设备、工艺装备和标准技术等级的工人，不延长加工时间）所能保证的加工精度，称为经济加工精度；与之相应的表面粗糙度，称为经济表面粗糙度。

(2) 表面典型加工路线

机械零件由一些简单的几何表面（如外圆柱面、孔、平面、成形面等）组合而成，因此零件的工艺路线就是这些表面加工路线的恰当组合。图 4-10～图 4-12 分别为外圆表面、孔表面、平面的典型加工路线。

① 外圆表面加工路线。外圆表面的加工方法主要有车削和磨削，典型加工路线如图 4-10所示。

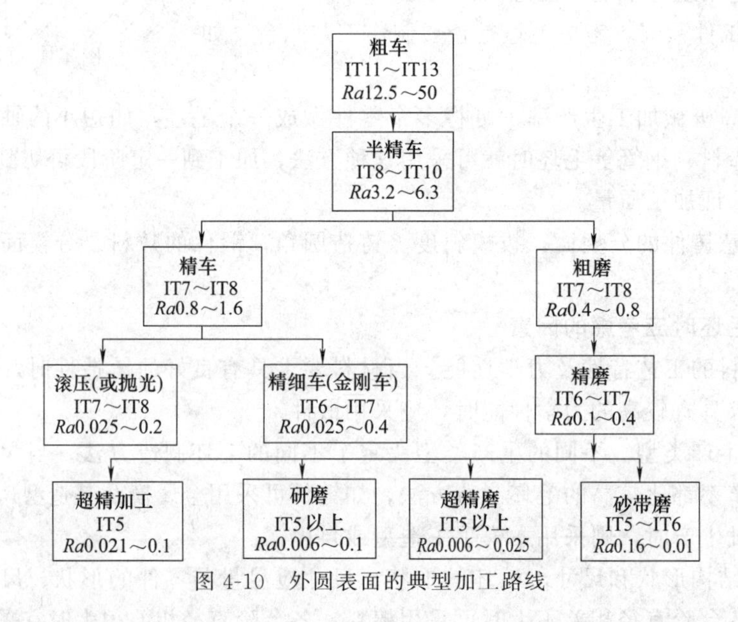

图 4-10 外圆表面的典型加工路线

外圆表面常用加工路线有四条。

a. 粗车—半精车—精车。该路线适用于除淬火钢外的其他材料。

b. 粗车—半精车—粗磨—精磨。该路线主要适用于淬火钢，也可用于未淬火钢，不宜加工有色金属。

c. 粗车—半精车—精车—金刚车。该路线主要适用于精度要求较高的有色金属。

d. 粗车—半精车—粗磨—精磨—光整加工。对于精度要求高、表面粗糙度值小的黑色金属材料，最终工序可采用光整加工。其中抛光是以减小表面粗糙度为主要目的。

② 孔表面的加工路线。孔的典型加工路线如图 4-11 所示。

孔常用加工路线有四条。

a. 钻—扩—铰。该路线适用于除淬火钢外的其他材料，加工孔径一般小于 ϕ40mm，加工精度可达 IT7～IT8 级。当孔径小于 ϕ20mm 时，可采用钻—铰方案。

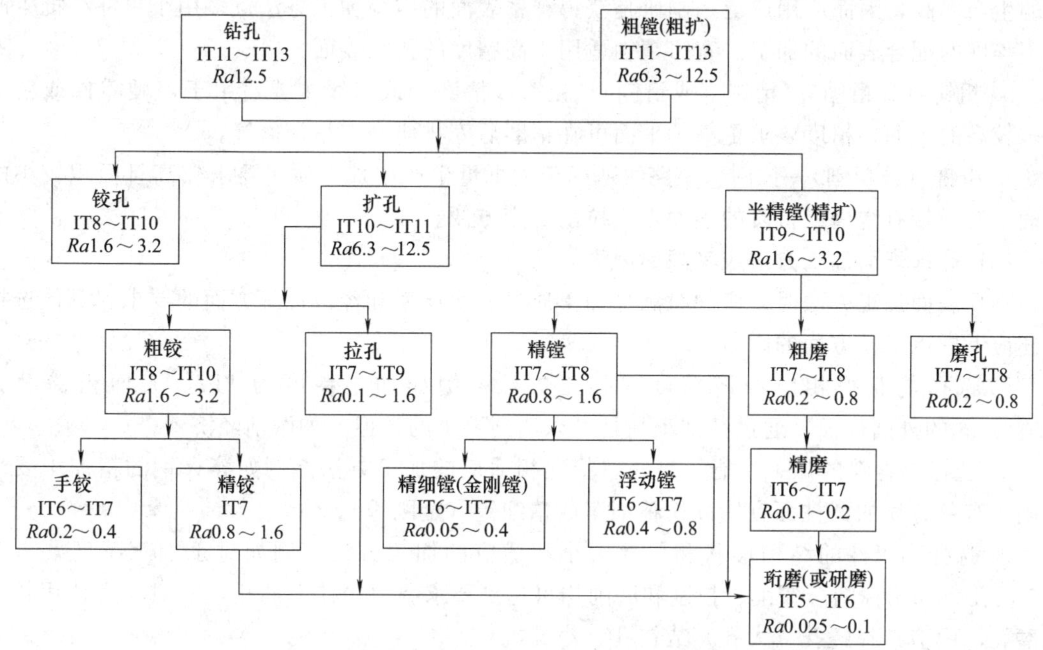

图 4-11 孔表面的典型加工路线

b. 粗镗—半精镗—精镗。该路线适用于大孔径或位置精度要求较高的孔系加工，以及单件小批生产中的非标准小尺寸孔的加工。当孔的精度提高时，需增加浮动镗或金刚镗。

c. 粗镗—半精镗—粗磨—精磨。该路线主要适用于淬硬材料的孔加工。当孔的精度提高时，需增加研磨或珩磨。

d. 钻—扩—拉。该路线适用于大批大量生产的盘套类零件的内孔加工。

③ 平面加工路线。平面的加工方法主要有铣削、刨削、车削、磨削和拉削等，典型加工路线如图 4-12 所示。

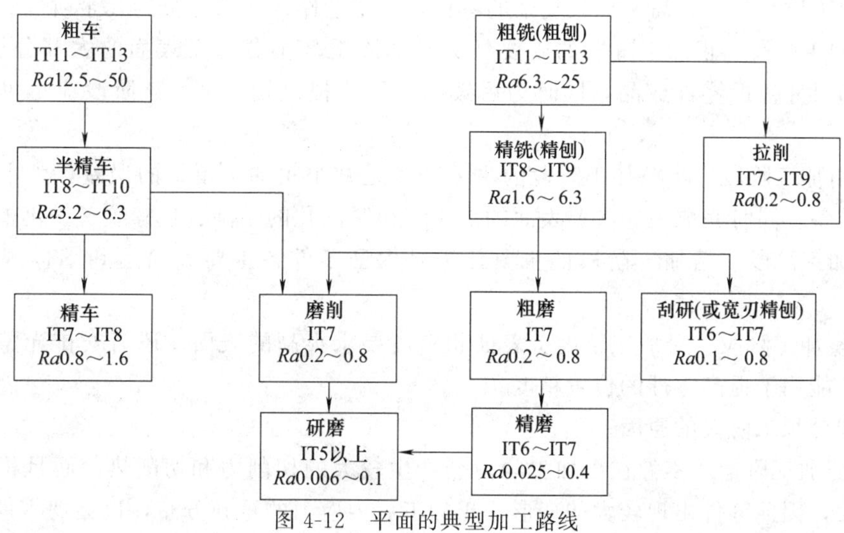

图 4-12 平面的典型加工路线

平面常用加工路线有三条。

a. 粗铣（或粗刨）—精铣（或精刨）—宽刃精刨、刮研或研磨。在平面加工中铣削比刨削的生产率高，因而应用广泛。刮研是获得精密表面的传统加工方法，多用于单件小批生产中不淬硬的配合表面的加工。宽刃精刨适用于高精度的狭长表面。

b. 粗铣（或粗刨）—精铣（或精刨）—粗磨—精磨。该路线主要适用于淬硬零件或精度要求较高的平面，精度要求更高的平面可在精磨后安排研磨或精密磨等。

c. 粗铣（或粗刨）—拉削。该路线适用于大批量生产中加工质量要求较高且面积较小的平面，对于带有沟槽或台阶的表面，用拉削更为方便。

(3) 选择表面加工方法应考虑的因素

选择表面加工方法时，应同时满足加工质量、生产率和经济性等方面的要求，具体选择时还应考虑以下几方面的因素。

① 选择能获得相应经济精度的加工方法。例如加工精度为 IT7、表面粗糙度为 $Ra0.4\mu m$ 的外圆柱面，通过精细车削是可以达到要求的，但不如磨削经济。

② 选择与材料的加工性能、热处理状况相适应的加工方法。例如淬火钢的精加工要用磨削，有色金属的圆柱面宜用高速精细车或精细镗（金刚镗）。

③ 选择与工件的结构形状和尺寸大小相适应的加工方法。例如对于加工精度要求为 IT7 的孔，采用镗削、铰削、拉削和磨削均可达到要求。但箱体上的孔，一般不宜选用拉孔或磨孔，而应选择镗孔（大孔）或铰孔（小孔）。

④ 选择与生产类型相适应的加工方法。大批量生产时，应采用高效率的先进工艺，例如用拉削方法加工孔和平面，用组合铣削或磨削同时加工几个表面，对于复杂表面采用数控机床及加工中心等；单件小批生产时，避免盲目采用高效设备或专用设备而造成经济损失。

⑤ 选择与现有生产条件相适应的加工方法。不能脱离现有设备状况和工人技术水平，要充分利用现有设备和工艺手段，发挥工人的创造性，挖掘企业潜力。

4.3.2 加工阶段的划分

(1) 划分方法

对于加工质量要求较高或比较复杂的零件，其工艺路线一般划分为几个阶段。

① 粗加工阶段。粗加工阶段的主要任务是切除毛坯上各加工表面的大部分加工余量，使之形状和尺寸接近零件成品，同时为后续加工阶段提供精基准。该阶段应尽可能提高生产率。

② 半精加工阶段。半精加工阶段的主要任务是减小粗加工留下的误差，为主要表面的精加工做准备，同时完成一些次要表面的加工（如紧固孔的钻削、攻螺纹、铣键槽等）。

③ 精加工阶段。精加工阶段的主要任务是保证零件各主要表面达到图样规定的技术要求。

④ 光整加工阶段。对加工精度、表面粗糙度要求很高的表面，还需安排光整加工。该阶段一般不能用于提高零件的位置精度。

(2) 划分加工阶段的原因

① 保证加工质量。零件在粗加工阶段会产生较大的切削力和切削热，而且粗加工时的夹紧力较大，因此零件出现较大的变形。粗加工后内应力的重新分布，也会使零件产生进一步变形。经过划分加工阶段，粗加工造成的误差和变形，通过半精加工和精加工得到修正，并逐步提高了零件的精度和表面质量。

② 合理使用机床设备。粗加工一般要求功率大、刚性好、生产率高而精度不高的机床

设备；精加工则需采用精度高的机床设备。划分加工阶段后就可以充分发挥粗、精加工设备各自性能的特点，不仅提高粗加工的生产率，同时保持了精加工设备的精度，延长了机床的使用寿命。

③ 及时发现毛坯缺陷。毛坯上的各种缺陷（如气孔、砂眼等），在粗加工后即可被发现，便于及时修补或决定报废。

在零件工艺路线拟订时，一般应遵守划分加工阶段这一原则，但具体应用时还要根据零件的情况灵活处理。例如对于刚性好、加工余量小、加工要求不高的工件，可不划分加工阶段。又如刚性好的重型零件，由于装夹吊运很费时，也往往在一次安装中完成粗、精加工。

4.3.3 工序集中与工序分散

在确定了表面的加工方案和划分出加工阶段以后，需要将加工表面的全部加工内容，按不同的加工阶段，组合成若干个工序，从而拟订出整个加工路线。组合工序有两种方式：工序集中和工序分散。

(1) 工序集中

工序集中就是将零件的加工内容集中在少数几道工序中完成，每道工序加工内容多。工序集中的特点如下。

① 减少了工序数目，从而简化了生产计划和生产组织工作。

② 减少了设备数量，相应减少了操作工人和生产面积。

③ 工件安装次数少，不仅缩短了辅助时间，而且在一次安装下能加工较多的表面，也易于保证这些表面的相对位置精度。

④ 专用设备和工艺装置复杂，生产准备工作和投资都比较大。

(2) 工序分散

工序分散就是将零件的加工内容分散到很多工序内完成。工序分散的特点如下。

① 设备和工艺装备结构比较简单，调整方便，对工人的技术水平要求低。

② 有利于采用最合理的切削用量，减少机动时间。

③ 设备数量多，操作工人多，占用生产面积大。

工序集中和工序分散各有特点，在拟订工艺路线时，应根据零件的生产类型、结构特点以及企业现有条件灵活处理。一般情况下，单件小批生产时，多将工序集中；大批量生产时，既可采用多刀、多轴等高效率机床将工序集中，也可将工序分散后组织流水线生产。

4.3.4 加工顺序的安排

(1) 机械加工工序的安排

① 基准先行。优先考虑精基准面的加工，然后以精基准定位加工其他表面。例如轴类零件常以中心孔为精基准，因此要先加工中心孔，再以中心孔作为精基准加工其他表面；齿轮加工则先加工内孔及基准端面，再以内孔及端面作为精基准，加工齿形表面。

② 先粗后精。精基准面加工好以后，整个零件的加工工序，应是粗加工工序在前，顺次为半精加工、精加工及光整加工。在对重要表面精加工之前，有时需对精基准进行修整，以利于保证重要表面的加工精度。例如主轴的高精度磨削时，精磨和超精磨削前都要研磨中心孔；精密齿轮磨齿前，也要对内孔进行磨削加工。

③ 先主后次。先安排零件的主要表面（如装配基面和工作表面等）的加工，再以主要

表面作为基准进行次要表面（如键槽、螺孔、销孔等）的加工。次要表面的加工一般放在主要表面的半精加工以后、精加工以前。

④ 先面后孔。对于箱体、底座等零件，平面的轮廓尺寸较大，用它作为精基准加工孔，比较稳定可靠，也容易加工，有利于保证孔的精度。如果先加工孔，再以孔为基准加工平面，则比较困难，加工质量也受影响。

(2) 热处理工序的安排

热处理可用来提高材料的力学性能，改善材料的加工性能和消除内应力。热处理分为预备热处理和最终热处理。

① 预备热处理工序的安排。预备热处理的目的是改善材料的加工性能、消除内应力和为最终热处理准备良好的金相组织。预备热处理工艺有退火、正火、时效和调质等。

a. 退火和正火用于经过热加工的毛坯。含碳量高于0.5%的碳钢和合金钢，为降低其硬度以易于切削，常采用退火处理；含碳量低于0.5%的碳钢和合金钢，为避免其硬度过低切削时粘刀，常采用正火处理。退火和正火常安排在毛坯制造之后、粗加工之前进行。

b. 时效主要用于消除毛坯制造和机械加工中产生的内应力。为减少运输工作量，对于一般精度的零件，在精加工前安排一次时效处理即可；精度要求较高的零件（如坐标镗床的箱体等），应安排多次时效工序。

c. 调质即是淬火后进行高温回火处理，它能获得均匀细致的回火索氏体组织，为后续的表面淬火、渗氮处理减少变形做准备。零件调质后，有较好的综合力学性能，对硬度和耐磨性要求不高的零件，可以作为最终热处理。调质安排在粗加工之后、精加工之前进行。

② 最终热处理工序的安排。最终热处理的目的是提高硬度、耐磨性和强度等力学性能。

a. 淬火有表面淬火和整体淬火，其中表面淬火变形、氧化和脱碳较小，因而应用较广。表面淬火具有外部强度高、耐磨性好，内部则保持良好韧性的优点。为提高零件的力学性能，表面淬火前需进行调质或正火等预备热处理。表面淬火的一般工艺路线为：下料—锻造—正火（退火）—粗加工—调质—半精加工—表面淬火—精加工。

b. 渗碳淬火适用于低碳钢和低合金钢，先提高零件表层的含碳量，经淬火后使表层获得高的硬度，而心部仍保持一定的强度和较高的韧性和塑性。渗碳分整体渗碳和局部渗碳。由于渗碳淬火变形大，一般安排在半精加工和精加工之间。渗碳淬火一般工艺路线为：下料—锻造—正火—粗加工、半精加工—渗碳—淬火—精加工。

c. 渗氮可以提高零件表面的硬度、耐磨性、疲劳强度和抗蚀性。由于渗氮处理温度较低、变形小且渗氮层较薄（一般不超过0.6～0.7mm），因此渗氮工序尽量靠后安排。

③ 辅助工序的安排。辅助工序包括零件的检验、倒棱、去毛刺、去磁、清洗和涂防锈油等。检验工序一般安排在：粗加工全部结束后；零件在车间之间转换时；重要工序加工前后；零件全部加工结束后等。在铣键槽、齿面倒角等工序后应安排去毛刺工序。零件在研磨等光整加工工序之后应安排清洗工序，以防止残余的磨料嵌入工件表面；在装配前要安排清洗工序。

4.4 机械加工工序的设计

4.4.1 加工余量的确定

拟订出零件的加工工艺路线之后，需要对其中的每一道工序进行设计，决定工序内容。

(1) 加工余量的概念

在机械加工过程中，从被加工表面切除的金属层厚度，称为加工余量。加工余量分为工序余量和加工总余量。

① 工序余量。工序余量是指完成某道工序时所切除的金属层厚度，它等于相邻两工序的工序尺寸之差。工序余量分为单边余量和双边余量：一般非对称表面为单边余量，对称表面为双边余量，如图 4-13 所示。

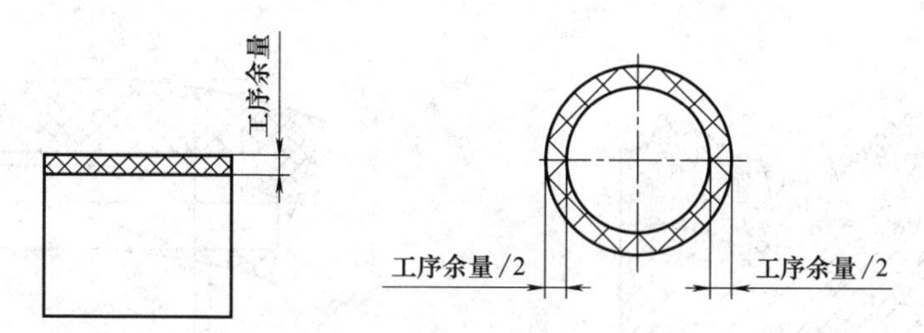

图 4-13　工序余量

② 加工总余量。加工总余量是指零件从毛坯变为成品过程中，同一表面切除的金属层总厚度。它等于毛坯尺寸与零件设计尺寸之差。显然加工总余量等于各工序余量之和，即：

$$Z_{\Sigma}=\sum_{i=1}^{n} Z_i \tag{4-1}$$

式中　Z_i——第 i 道工序余量，mm；

n——该表面加工的工序数。

③ 工序余量与工序尺寸的关系。由于毛坯制造和各工序尺寸都不可避免地存在着误差，所以当相邻工序的尺寸以基本尺寸计算时，所得余量为公称加工余量；当工序尺寸以极限尺寸计算时，所得余量就出现了最小加工余量和最大加工余量，如图 4-14 所示。最小加工余量和最大加工余量的差就是加工余量的变动范围，即加工余量的公差。为了便于加工，工序尺寸的极限偏差都按“入体原则”标注，即被包容面的工序尺寸取上偏差为零；包容面的工序尺寸取下偏差为零。毛坯尺寸一般按双向标注上、下偏差。

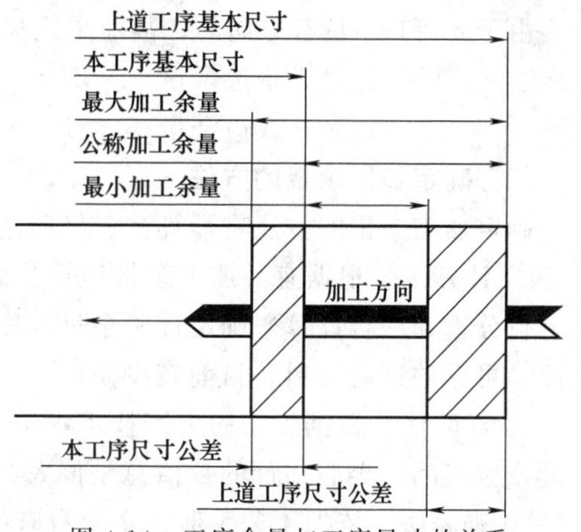

图 4-14　工序余量与工序尺寸的关系

(2) 影响加工余量的因素

加工余量的大小对工件的加工质量和生产率均有较大影响。余量过大，不仅增加机械加工的劳动量，降低了生产率，也浪费材料，增加工具损耗；余量过小，又不能消除上道工序的各种误差和表面缺陷，不能保证加工质量。因此，确定加工余量的基本原则是：在保证加工质量的前提下，尽量减小加工余量。影响加工余量的因素主要有以下几个方面。

① 上道工序的表面粗糙度 Rz 和表面缺陷层深度 H_a。如图 4-15 所示，上道工序的表面粗糙度 Rz 和表面缺陷层深度 H_a 必须在本道工序中予以切除。在某些光整加工中，该项因素甚至是决定加工余量的唯一因素。

② 上道工序的尺寸公差 T_a。在加工表面上存在着各种几何形状误差，如圆度、圆柱度等，这些误差包含在上道工序的公差范围内，因此在本道工序余量中，应计入上道工序的尺寸公差 T_a。

③ 上道工序留下的位置误差 ρ_a。包括轴心线的弯曲、位移、偏心、偏斜，平行度以及垂直度等，这类误差应在本工序中得以修正。如图 4-16 所示，一根直径为 $2r$ 的轴热处理后产生弯曲，其轴心线的直线度误差为 e，如果加工前不进行校直，则加工余量至少需要 $2e$ 才能使加工后的轴心线变直。

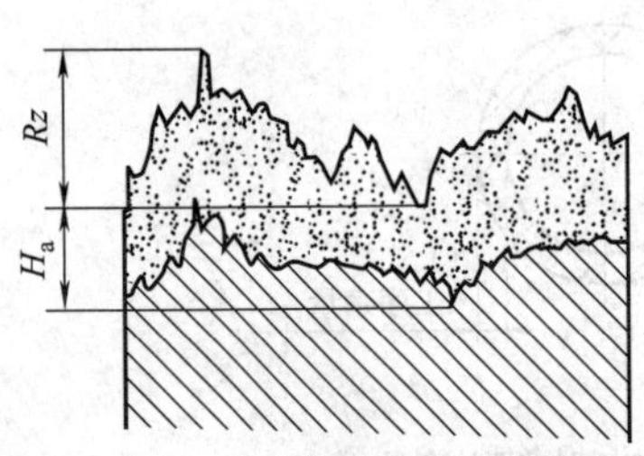

图 4-15 表面粗糙度与缺陷层

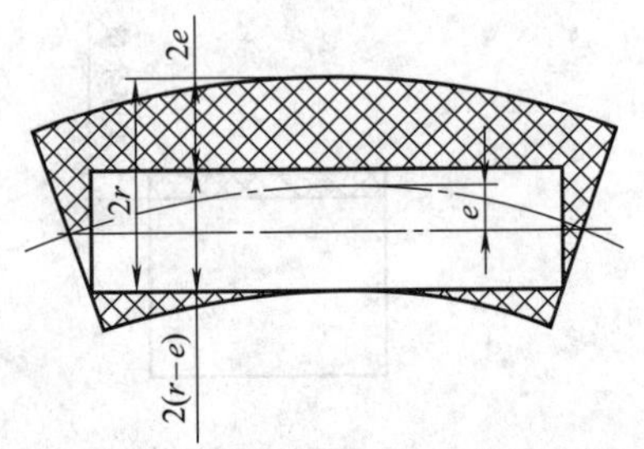

图 4-16 轴心线弯曲对加工余量的影响

④ 本道工序的装夹误差 ε_b。包括定位误差和夹紧误差，这类误差影响刀具与加工表面的位置，使加工余量不够，应在本工序中加大余量予以纠正。

由于 ρ_a 和 ε_b 是有方向的，故应采用矢量相加。综上所述，加工余量的基本公式为：

$$\left.\begin{aligned}&\text{对于单边余量}\quad Z_b=T_a+Ra+H_a+|\rho_a+\varepsilon_b|\\&\text{对于双边余量}\quad 2Z_b=T_a+2(Ra+H_a)+2|\rho_a+\varepsilon_b|\end{aligned}\right\}\tag{4-2}$$

(3) 确定加工余量的方法

确定加工余量的方法有计算法、经验法和查表法三种。

① 计算法。根据有关加工余量计算公式和一定的试验资料，对影响加工余量的各项因素进行分析和综合计算来确定加工余量。用这种方法确定加工余量较为经济合理，但必须有全面、可靠的试验资料，目前较少使用。

② 经验法。根据工厂的生产技术水平，依靠实际经验确定加工余量。为防止因余量过小而产生废品，经验估计的数值总是偏大，该方法常用于单件小批量生产。

③ 查表法。依据工艺手册或企业自有的针对生产实践特点制订的加工余量的技术资料，直接查找加工余量，同时结合实际情况进行适当修正，从而确定加工余量。该方法应用广泛。

4.4.2 工序尺寸及公差的确定

在零件机械加工中，最后一道工序完成以后，尺寸应达到该表面的设计尺寸及公差。而中间工序的工序尺寸及公差则需要通过计算来确定。计算分两种情况。

(1) 基准重合时工序尺寸及公差的确定

当加工某表面的各道工序都采用同一个定位基准，并与设计基准重合时，工序尺寸计算只需考虑工序余量。计算步骤如下。

① 确定各工序余量的数值。

② 最后一道工序的工序尺寸取零件图样的设计尺寸，由此向前逐道推算前道工序的工序尺寸。

③ 最后一道工序的工序尺寸公差取零件图样的设计尺寸公差，中间工序的工序尺寸公

差取经济加工精度。各工序应该达到的表面粗糙度以相同的方法确定。

④ 各工序尺寸的上、下偏差按“入体原则”确定：对于孔，下偏差取零，上偏差取正值；对于轴，上偏差取零，下偏差取负值。

例 1　某阶梯轴零件，长度为 300mm，其上有一圆柱面，尺寸为 $\phi50_{-0.011}^{\ 0}$mm，表面粗糙度为 $Ra0.04\mu m$。该圆柱面的加工工艺过程为：粗车—半精车—淬火—粗磨—精磨—研磨。试确定各工序尺寸及公差。

解：①确定各工序的加工余量。

查阅工艺手册可得各工序的加工余量：研磨余量为 0.01mm，精磨余量为 0.1mm，粗磨余量为 0.3mm，半精车余量为 1.1mm，毛坯余量为 6mm，则粗车余量为 6－(0.01＋0.1＋0.3＋1.1)＝4.49mm。

② 确定各工序的基本尺寸。

研磨的工序尺寸即为设计尺寸 $\phi50_{-0.011}^{\ 0}$mm。

精磨后的基本尺寸为 ϕ(50＋0.01)＝ϕ50.01mm。

粗磨后的基本尺寸为 ϕ(50.01＋0.1)＝ϕ50.11mm。

半精车后的基本尺寸 ϕ(50.11＋0.3)＝ϕ50.41mm。

粗车后的基本尺寸 ϕ(50.41＋1.1)＝ϕ51.51mm。

毛坯尺寸 ϕ(51.51＋4.49)＝ϕ56mm。

③ 确定各工序的经济精度及公差。

查阅工艺手册可得各工序的经济精度及公差。

精磨的经济精度为 IT6，其公差为 0.016mm。

粗磨的经济精度为 IT8，其公差为 0.039mm。

半精车的经济精度为 IT11，其公差为 0.16mm。

粗车的经济精度为 IT13，其公差为 0.39mm。

毛坯公差为 2.4mm。

④ 按照加工尺寸“单向入体原则”以及毛坯尺寸“1/3～2/3 入体原则”标注偏差。

研磨的工序尺寸即为设计尺寸 $\phi50_{-0.011}^{\ 0}$mm。

精磨工序 $\phi50.01_{-0.016}^{\ 0}$mm。

粗磨工序 $\phi50.11_{-0.039}^{\ 0}$mm。

半精车工序 $\phi50.41_{-0.16}^{\ 0}$mm。

粗车工序 $\phi51.51_{-0.39}^{\ 0}$mm。

毛坯尺寸 $\phi(56\pm1.2)$mm。

轴的加工余量、工序尺寸及公差的分布如图 4-17 所示。

(2) 基准不重合时工序尺寸及公差的确定

定位基准与设计基准（或工序基准）不重合时，工序尺寸及公差的确定需要通过工艺尺寸链理论进行分析计算。

4.4.3　工艺尺寸链及其应用

在机械加工过程中，从毛坯到零件，工件的尺寸在不断变化，这种变化无论是在一个工序内部，还是在各个工序之间，都有一定的内在联系。工艺尺寸链理论揭示了它们之间的内在联系，它是确定工序尺寸及其公差的基础。

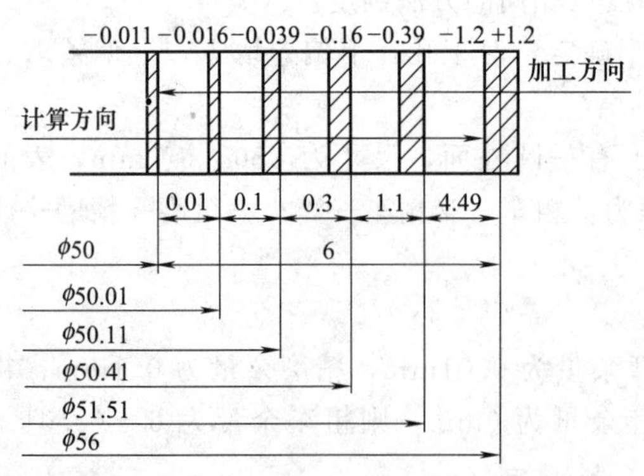

图 4-17 轴的加工余量、工序尺寸及公差分布图

(1) 工艺尺寸链

① 工艺尺寸链的概念。在零件的加工过程中，由一系列相互联系的工艺尺寸按一定顺序首尾相连排列成一封闭的尺寸组，称为工艺尺寸链。

如图 4-18 所示台阶零件，上道工序已完成表面 1 和表面 2 的加工，工序尺寸为 A_1，本工序要求加工表面 3，工序尺寸为 A_0。为便于装夹和工件定位稳定，选择 1 面为定位基准，为提高生产率，采用调整法加工，工序尺寸 A_0 则由 A_2 间接保证。尺寸 A_1、A_2 和 A_0 在加工过程中组成了工艺尺寸链。

由以上分析可知，工艺尺寸链的主要特征是封闭性和关联性，即不封闭就不称其为尺寸链，且其中的任何一个直接保证的尺寸及其精度的变化，必将影响间接保证的尺寸及其精度。

② 工艺尺寸链的组成。工艺尺寸链中的每一个尺寸称为尺寸链的环，环又分为封闭环和组成环。

封闭环是在加工过程中最后自然形成的尺寸，其精度是由各组成环间接保证的。如图 4-18中的 A_0。

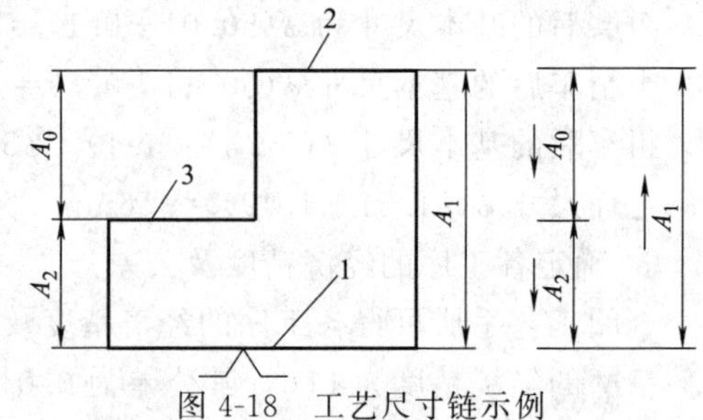

图 4-18 工艺尺寸链示例

工艺尺寸链中除封闭环以外的各环都称为组成环。根据其对封闭环的影响不同，组成环又可分为增环和减环。组成环中，当该环增大使封闭环增大的环，称为增环。增环用向右的箭头表示，如图 4-18 中的 $\overrightarrow{A}_1$。组成环中，当该环增大使封闭环减小的环，称为减环。减环用向左的箭头表示，如图 4-18 中的 $\overleftarrow{A}_2$。

③ 建立工艺尺寸链的步骤。

首先确定封闭环，即加工后最后形成的尺寸。

然后查找组成环。从封闭环开始，依次首尾相接，画出对封闭环有影响的其他尺寸，形成一个封闭图形，就构成一个工艺尺寸链。

最后确定增、减环。增减环可根据定义进行判别，也可采用画箭头的方法判别。画箭头的方法即先赋予封闭环任意一个方向，然后沿此方向，绕工艺尺寸链依次给各组成环画出箭头，凡是与封闭环箭头方向相同的就是减环，相反的就是增环。

(2) 工艺尺寸链的计算公式

工艺尺寸链的计算方法有两种：极值法和概率法。极值法是按照各组成环处于极限状态的条件下，建立封闭环与组成环关系的一种计算方法；概率法是应用概率论和数理统计原理进行尺寸链分析计算的方法。这里仅介绍极值法，符号含义见表 4-9。

表 4-9 尺寸链计算公式中的符号含义

名称	基本尺寸	最大尺寸	最小尺寸	上偏差	下偏差	公差
封闭环	A_0	$A_{0\max}$	$A_{0\min}$	ES_0	EI_0	T_0
增环	$\overrightarrow{A}_1$	$\overrightarrow{A}_{i\max}$	$\overrightarrow{A}_{i\min}$	$\overrightarrow{ES}_i$	$\overrightarrow{EI}_i$	T_i
减环	$\overleftarrow{A}_i$	$\overleftarrow{A}_{i\max}$	$\overleftarrow{A}_{i\min}$	$\overleftarrow{ES}_i$	$\overleftarrow{EI}_i$	T_i

① 封闭环的基本尺寸。根据尺寸链的封闭性，封闭环的基本尺寸等于增环基本尺寸的代数和减去减环基本尺寸的代数和，即：

$$A_0=\sum_{i=1}^{m}\overrightarrow{A}_i-\sum_{i=m+1}^{n-1}\overleftarrow{A}_i \tag{4-3}$$

式中　m——增环数；

n——包括封闭环在内的总环数。

② 封闭环的极限尺寸。封闭环的最大尺寸等于增环最大尺寸的代数和减去减环最小尺寸的代数和，即：

$$A_{0\max}=\sum_{i=1}^{m}\overrightarrow{A}_{i\max}-\sum_{i=m+1}^{n-1}\overleftarrow{A}_{i\min} \tag{4-4}$$

封闭环的最小尺寸等于增环最小尺寸的代数和减去减环最大尺寸的代数和，即：

$$A_{0\min}=\sum_{i=1}^{m}\overrightarrow{A}_{i\min}-\sum_{i=m+1}^{n-1}\overleftarrow{A}_{i\max} \tag{4-5}$$

③ 封闭环的极限偏差。封闭环的上偏差等于增环上偏差的代数和减去减环下偏差的代数和，即：

$$\mathrm{ES}_0=\sum_{i=1}^{m}\overrightarrow{\mathrm{ES}}_i-\sum_{i=m+1}^{n-1}\overleftarrow{\mathrm{EI}}_i \tag{4-6}$$

封闭环的下偏差等于增环下偏差的代数和减去减环上偏差的代数和，即：

$$\mathrm{EI}_0=\sum_{i=1}^{m}\overrightarrow{\mathrm{EI}}_i-\sum_{i=m+1}^{n-1}\overrightarrow{\mathrm{ES}}_i \tag{4-7}$$

④ 封闭环的公差。封闭环的公差等于各组成环公差的代数和，即：

$$T_0=\sum_{i=1}^{n-1}T_i \tag{4-8}$$

由上式可知，封闭环的公差比任一组成环的公差都大。因此，在工艺尺寸链中，通常以最不重要的环作为封闭环。

(3) 工艺尺寸链的应用

① 测量基准与设计基准不重合时工序尺寸及公差的计算。在工件加工过程中，当某些加工表面的设计尺寸不便测量或无法测量时，需要选择一个容易测量的测量基准，通过控制该测量尺寸，间接保证原设计尺寸的精度。

例 2　图 4-19（a）为铣削台阶面的零件图，零件上、下表面已加工完成，现以 A 面定位，调整尺寸 A_2 加工 B 面，各尺寸如图，试求调整尺寸为 A_2。

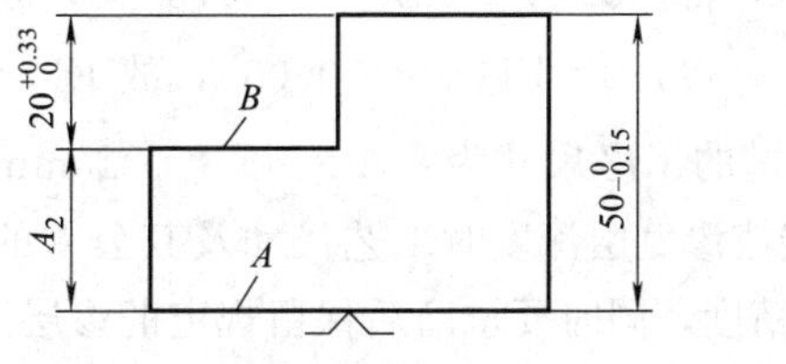

(a) 零件简图

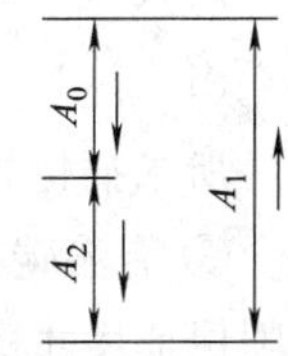

(b) 尺寸链图

图 4-19　铣削台阶面尺寸计算

解：确定封闭环和各组成环。根据题意，尺寸 $20^{+0.33}_{0}$ 是间接保证的，故为封闭环，以 A_0 表示。工艺尺寸链如图 4-19（b）所示，其中 $A_1=50^{0}_{-0.15}$ 为增环，A_2 为减环。

计算工序尺寸及偏差。

由式（4-1）得，$20=50-A_2$，故 $A_2=30\text{mm}$。

由式（4-4）得，$0.33=0-\mathrm{EI}_2$，故 $\mathrm{EI}_2=-0.33\text{mm}$。

由式（4-5）得，$0=-0.15-ES_2$，故 $ES_2=-0.15$mm。

所求工序尺寸为 $A_2=30^{-0.15}_{-0.33}$mm。

② 中间工序的工序尺寸及公差的计算。在工件加工过程中，有时一个基面的加工会同时影响两个设计尺寸的数值，此时需要直接保证其中公差要求较严的一个设计尺寸，而另一设计尺寸需由该工序前面的某一中间工序的合理工序尺寸间接保证。因此需要对中间工序尺寸进行计算。

例 3 图 4-20（a）为齿轮内孔简图，孔径 $\phi85^{+0.035}_{0}$ mm 需淬火，键槽深度尺寸为 $90.4^{+0.20}_{0}$mm。孔和键槽的加工顺序如下。

a. 镗孔至 $\phi84.8^{+0.07}_{0}$mm；

b. 插键槽，工序尺寸为 A；

c. 热处理；

d. 磨孔至 $\phi85^{+0.035}_{0}$ mm，同时保证 $90.4^{+0.20}_{0}$mm。

试求插键槽的工序尺寸及其公差。

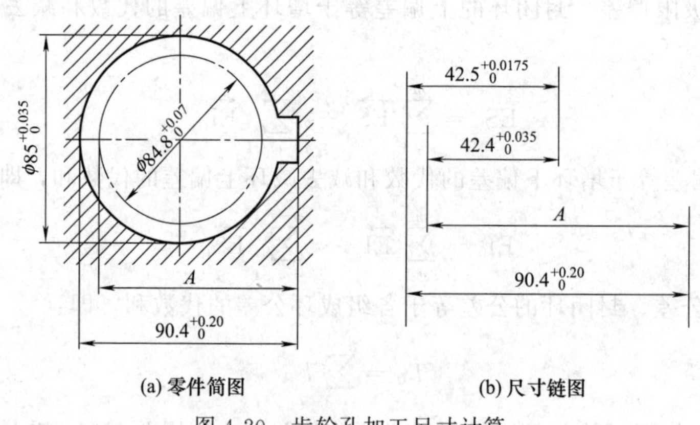

(a) 零件简图　　(b) 尺寸链图

图 4-20　齿轮孔加工尺寸计算

解：确定封闭环和各组成环。根据题意，间接保证的尺寸 $90.4^{+0.20}_{0}$mm 是封闭环。磨孔后的半径尺寸 $42.5^{+0.0175}_{0}$mm、镗孔后的半径尺寸 $42.4^{+0.035}_{0}$mm、插键槽尺寸 A 都是直接获得的尺寸，均为组成环。工艺尺寸链如图 4-20（b）所示，其中 A、$42.5^{+0.0175}_{0}$mm 为增环，$42.4^{+0.035}_{0}$mm 为减环。

计算工序尺寸及偏差。

由式（4-1）得，$90.4=A+42.5-42.4$，故 $A=90.3$mm。

由式（4-4）得，$0.20=ES_A+0.0175-0$，故 $ES_A=0.1825\text{mm}\approx0.183$mm

由式（4-5）得，$0=EI_A+0-0.035$，故 $EI_A=0.035$mm。

所求插键槽的工序尺寸为：$A=90.3^{+0.183}_{+0.035}$mm。

③ 有渗碳或渗氮层深度时工艺尺寸及其公差的计算。零件渗碳或渗氮后，表面一般要经磨削保证尺寸精度，同时要求磨后保留规定的渗层深度。这就要求进行渗碳或渗氮处理时按一定渗层深度及公差进行（用控制热处理时间保证），并对这一合理渗层深度及公差进行计算。

例 4 某零件材料为 1Cr13Mo，其孔加工过程如下。

a. 车孔至 $\phi31.8^{+0.14}_{0}$mm。

b. 液体碳氮共渗，工艺要求渗层深度为 t_1，如图 4-21（a）所示。

c. 磨内孔至 $\phi32^{+0.035}_{+0.010}$mm，并要求保证液体碳氮共渗层深度为 0.3～0.5mm，如图4-21（b）所示。

试求液体碳氮共渗层深度 t_1。

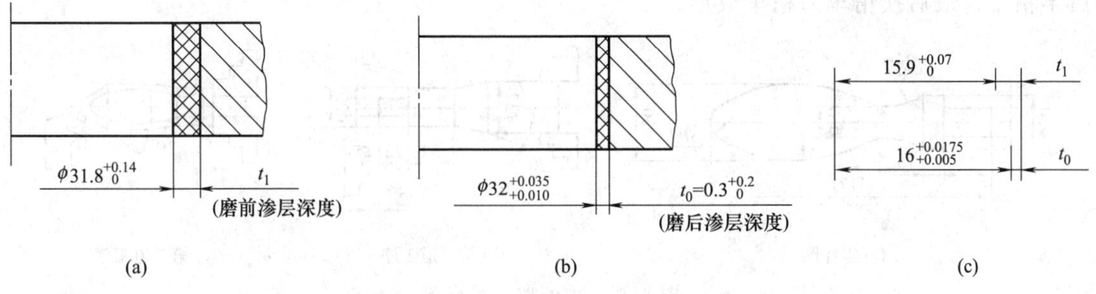

图 4-21　保证渗碳层深度的尺寸换算

解：确定封闭环和各组成环。据题意，$t_0=0.3\sim0.5=0.3^{+0.2}_{0}$mm 是间接获得的，为封闭环。工艺尺寸链图如图 4-21（c）所示。

计算工序尺寸及偏差。

由式（4-1）得，$0.3=15.9+t_1-16$，故 $t_1=0.4$mm。

由式（4-4）得，$+0.2=+0.07+ES_1-(+0.005)$，故 $ES_1=0.135$mm。

由式（4-5）得，$0=0+EI_1-(+0.0175)$，故 $EI_1=0.0175$mm。

所求 $t_1=0.4^{+0.135}_{+0.0175}$mm。

4.5　数控加工工艺路线设计

4.5.1　数控车削加工工艺路线设计

（1）工序的划分

数控加工较多采用工序集中法划分工序，一般方法如下。

① 以一次安装作为一道工序。该方法是以一次安装下完成的工艺内容作为一道工序。它有利于将位置精度要求较高的表面安排在一次安装下完成，避免因多次安装带来的安装误差。该方法适合于加工内容不多、加工完毕就能达到待检状态的工件。

② 按加工部位划分工序。即以完成相同型面（如内型、外轮廓等）的那部分工艺内容为一道工序。有些零件加工表面多而复杂，构成零件轮廓的表面结构差异较大，此时一般按加工部位划分工序。

③ 以粗、精加工划分工序。考虑工件的加工精度、刚度等因素划分工序时，一般按粗、精加工分开的原则划分，即以粗加工中完成的那部分工艺内容为一道工序，精加工中完成的那部分工艺内容为另一道工序，并采用不同的刀具或不同的数控车床加工。

④ 以一把刀具加工的内容为一道工序。有些结构复杂、加工内容较多的零件，可将加工内容组合，把用一把刀具加工的内容作为一道工序，这样可以减少换刀次数，减少空行程和换刀时间。

下面以图 4-22（a）所示手柄零件的车削加工为例，说明工序的划分。该零件加工所用坯料为棒料，批量生产，加工时用一台数控车床。

第一道工序如图 4-22（b）所示，工序内容包括：夹棒料外圆柱面，车两圆柱面（终加工）及一圆锥面（粗加工），换刀后按总长要求留下加工余量切断。

第二道工序如图 4-22（c）所示，工序内容包括：调头装夹，车总长，对轮廓粗车，然后半精车，最后换精车刀精车成形。

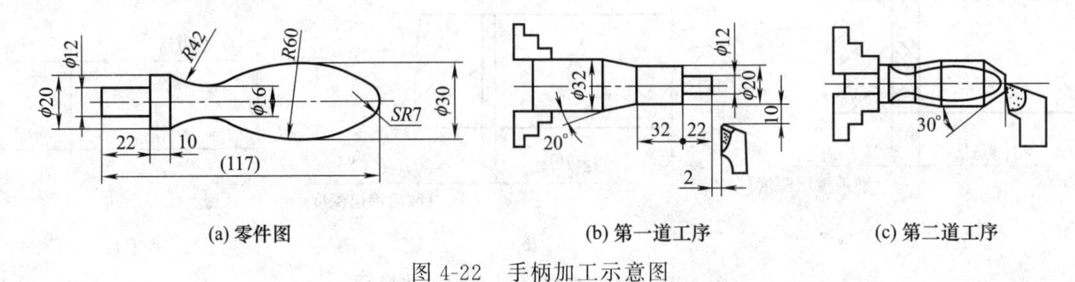

图 4-22　手柄加工示意图

综上所述，划分工序时要根据零件的结构特点、技术要求、机床功能、零件数控加工内容的多少以及生产组织等实际情况综合考虑。

(2) 加工顺序的安排

与普通加工相同，数控加工顺序的安排同样遵循“基准先行、先粗后精、先主后次、先面后孔”的基本原则，此外，结合数控加工的特点，还应注意以下几点。

① 在一次安装下尽可能完成更多的工艺内容，以减少定位、装夹次数，提高生产率，保证加工质量。

② 数控加工工序穿插普通机床加工工序时，应注意工序间的衔接，使整个工艺过程协调吻合。

(3) 工步顺序的安排

数控车削加工中，工步顺序安排一般遵循以下原则。

① 先粗后精的原则。对于粗、精加工安排在一道工序内的加工表面，常常先进行各表面的粗加工，再进行半精加工和精加工，逐步提高加工精度，如图 4-23 所示。

② 先近后远的原则。数控车削加工时，为减小刀具的移动距离，通常从对刀点（起刀点）开始，由近及远加工工件各表面。如图 4-24 所示的直径相差不大的阶梯轴，加工时，如果按照零件直径尺寸先大后小的顺序进行车削，会增加刀具返回对刀点的空运行时间，因此生产中，采用较大的背吃刀量，按照直径尺寸先小后大、距离对刀点先近后远的加工顺序加工阶梯轴。

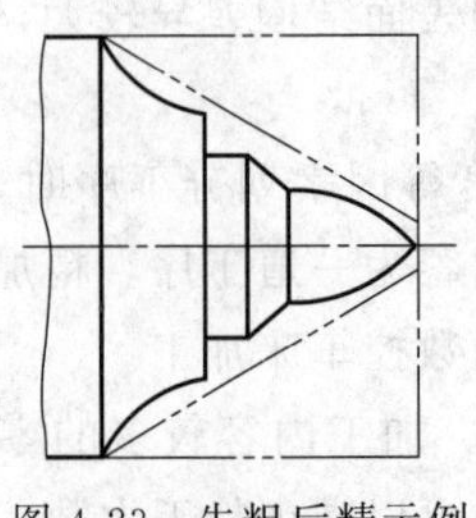
图 4-23　先粗后精示例

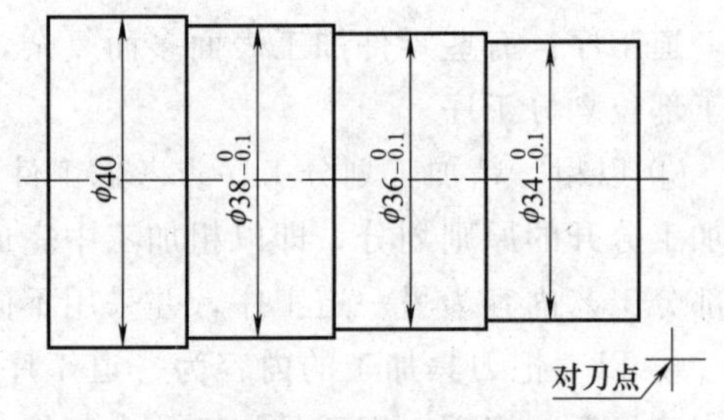

图 4-24　先近后远示例

③ 先内后外，内外结合的原则。对于内、外表面均需加工的零件，一般先进行内表面的粗加工，在进行外表面的粗加工，最后进行内、外表面的精加工。

(4) 进给路线的确定

进给路线包括切削加工的路径，以及刀具切入、切出等非切削空行程路径。确定进给路线主要是确定粗加工及空行程的进给路线，因精加工的进给路线基本上都是沿零件轮廓进行。确定进给路线的原则是在保证加工质量的前提下使进给路线最短。

① 最短空行程路线。

a. 巧设起刀点。在图 4-25（a）中，起刀点 A 的设定考虑到了换刀方便，故设置在离坯料较远处，此时起刀点、对刀点、换刀点重合在一起。图 4-25（b）中，起刀点 B 与对刀点 A 分离。显然，图 4-25（b）所示进给路线短，空行程短。

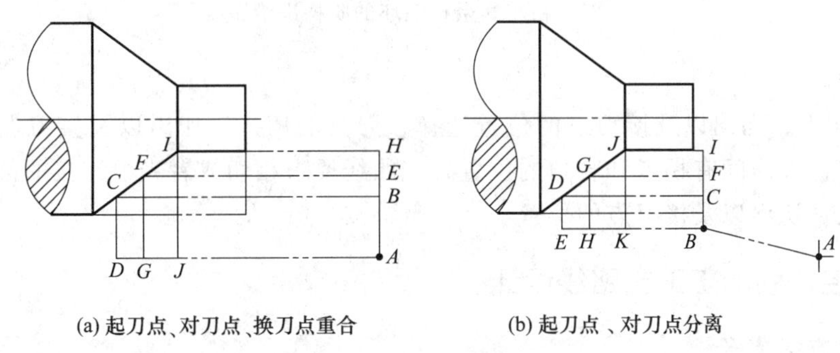

(a) 起刀点、对刀点、换刀点重合　(b) 起刀点、对刀点分离

图 4-25 巧设起刀点

b. 合理安排“回零”路线。安排“回零”路线时，在不发生加工干涉现象的前提下，应尽量采用 x、z 坐标双向同时“回零”，这种“回零”路线最短。

② 最短切削进给路线。若能使切削进给路线最短，就可有效地提高生产效率，降低刀具的损耗。图 4-26 为粗车图 4-23 所示工件的几种不同切削进给路线的示意图。其中，图 4-26（a）为刀具沿着工件轮廓切削进给的路线。粗车时，刀具背吃刀量不同，有空走刀，切削进给路线较长，但精车余量均匀。图 4-26（b）为三角形的进给路线。粗车时，刀具背吃刀量不同，要计算终刀距，切削进给的路线较短，精车余量不均匀。图 4-26（c）为矩形的进给路线。粗车时，刀具背吃刀量相同，切削进给的路线最短，需要半精加工。

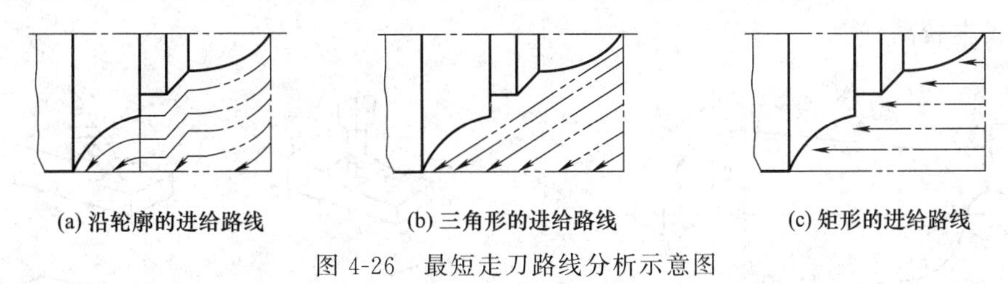

(a) 沿轮廓的进给路线　(b) 三角形的进给路线　(c) 矩形的进给路线

图 4-26 最短走刀路线分析示意图

以上三种切削进给路线，经分析矩形的走刀长度总和为最短，且编程容易，因此，当毛坯余量较大时，多采用该进给路线。

③ 阶梯切削进给路线。图 4-27 为粗车大余量工件的两种加工路线。图 4-27（a）的加工方式留取的加工余量多而且不均匀，所以是不合理的进给路线；图 4-27（b）的加工方式按照序号 1～5 的加工顺序进行切削，每次切削留取的加上余量相等，是合理的进给路线。

④ 精加工最后一刀要连续进给。在安排进行一刀或多刀加工的精车进给路线时，零件的最终成形轮廓应该由最后一刀连续加工完成，并且要考虑到加工刀具的进刀、退刀位置，尽量不要在连续的轮廓轨迹中安排切入、切出以及换刀和停顿，以免造成工件的弹性变形、

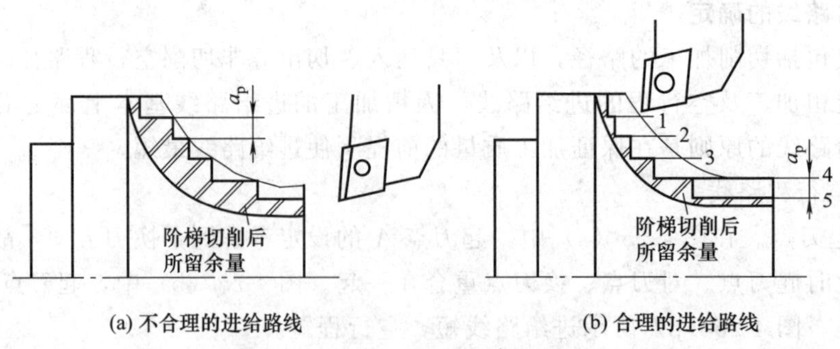

图 4-27 粗车大余量毛坯的阶梯进给路线

表面划伤等缺陷。

⑤ 刀具切入、切出以及接刀点的位置选择。刀具的切入、切出以及接刀点，应选取在有空刀槽或零件表面间有拐点和转角的位置处，曲线要求相切或者光滑连接的部位不能作为加工刀具切入、切出以及接刀点的位置。

4.5.2 数控铣削加工工艺路线设计

(1) 加工方案选择

在铣削加工中，零件按加工表面轮廓可分为平面类零件和曲面类零件，其中平面类零件有三种。

① 平面轮廓的加工。平面轮廓多由直线、圆弧或各种曲线构成，通常采用三坐标数控铣床进行两坐标联动加工。如图 4-28 所示零件，加工外轮廓 $ABCDEA$ 时，采用半径为 r 的立铣刀下刀至加工平面，由 P 点切向切入工件至 A'，再沿圆周依次插补至 B'、C'、D'、E'、A'点，然后切向切出至 K 点，最后切离工件。

② 固定斜角平面的加工。固定斜角平面是与水平面成一固定夹角的斜面。根据零件的尺寸精度、倾斜角的大小、刀具的形状、零件的安装方法、编程的难易程度等，可以有多种加工方法。图 4-29 为采用五坐标数控铣床，铣头摆动加工。该方法没有残留面积，加工质量高，但成本较高。

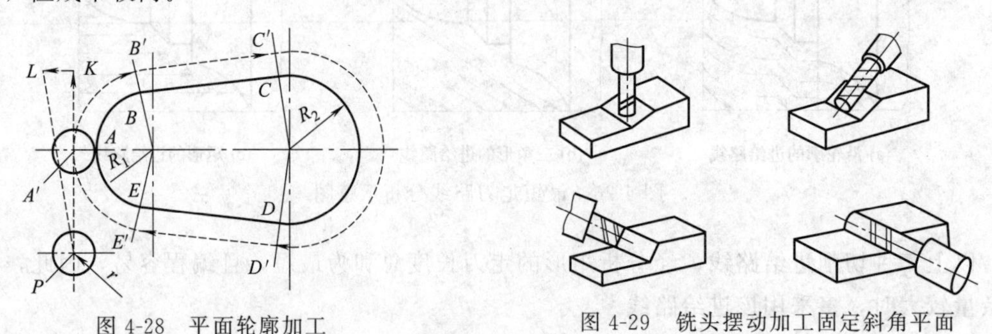

图 4-28 平面轮廓加工

图 4-29 铣头摆动加工固定斜角平面

③ 变斜角面的加工。变斜角面的加工常用有三种方法。

a. 对于曲率变化不大的变斜角面，可选用 x、y、z 和 A 四坐标联动的数控铣床，采用立铣刀（当零件斜角过大，超过机床主轴摆角范围时，可用角度成形铣刀加以弥补）以插补方式进行摆角加工，如图 4-30 所示。加工时，为保证刀具与零件表面在全长上始终贴合，刀具绕 z 轴摆动角度应为 α。

b. 对于曲率变化较大的变斜角面，应选用 x、y、z、A 和 B（或 C 转轴）的五坐标联动的数控铣床，以圆弧插补方式摆角加工，如图 4-31 所示。

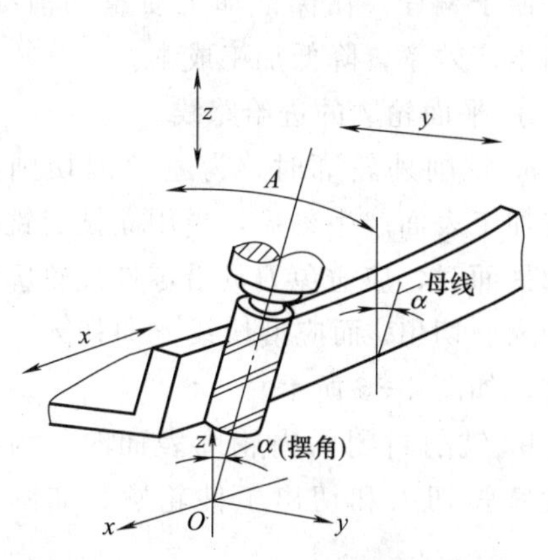

图 4-30 四坐标联动加工变斜角面

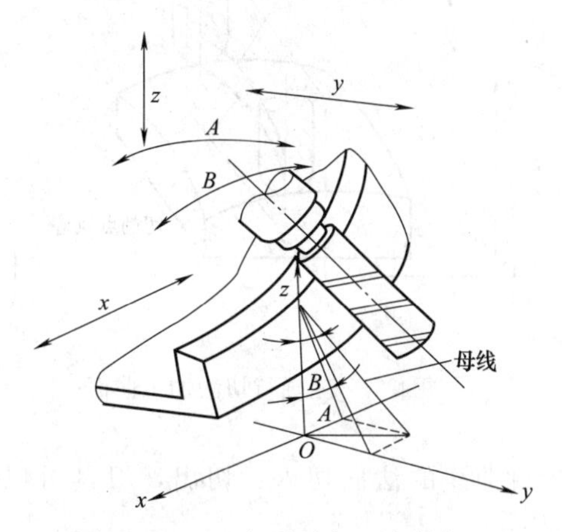

图 4-31 五坐标联动加工变斜角面

c. 采用三坐标数控铣床两轴联动近似加工，利用球头铣刀或鼓形铣刀，以直线或圆弧插补的方式分层铣削，如图 4-32 所示，加工后的残留面积用钳修的方法清除。由于鼓形铣刀的鼓径可做得比球头铣刀的球径大，所以加工后的残留面积高度小，加工效果比球头铣刀更好。

④ 曲面轮廓加工。空间曲面的加工应根据曲面形状、刀具形状以及精度要求采用不同的铣削加工方法，如两轴半、三轴、四轴及五轴等联动加工。

a. 对曲率变化不大、精度要求不高的曲面的粗加工，常采用两轴半数控铣床行切法加工。如图 4-33 所示，行切时球头铣刀沿 yz 面所截的曲线进行铣削，加工完一段后进给 Δx，再加工另一相邻曲线，如此依次切削即可加工出整个曲面。在行切法加工中，行间距 Δx 根据轮廓表面粗糙度要求及刀头不干涉相邻表面的原则选取。球头铣刀的刀头半径应选得大一些，以利于散热，但刀头半径应小于内凹曲面的最小曲率半径。

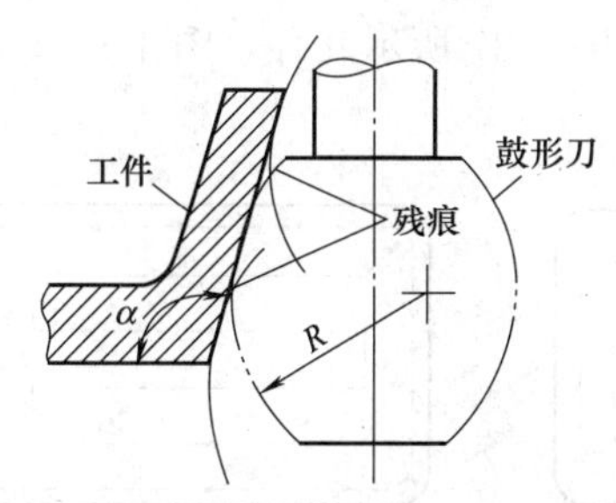

图 4-32 用鼓形铣刀铣削变斜角面

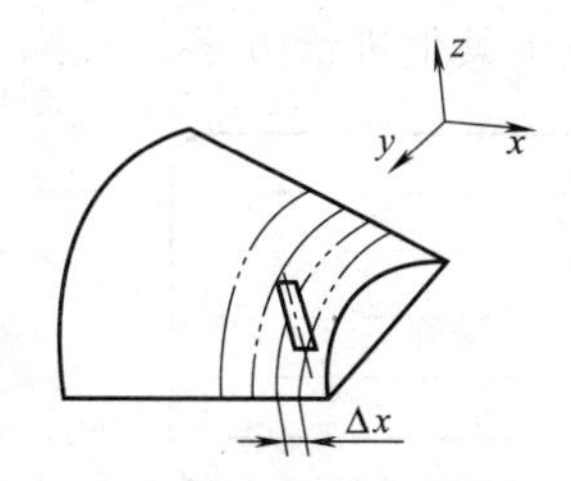

图 4-33 两轴半数控铣床行切法加工曲面

b. 对曲率变化较大、精度要求较高的曲面的精加工，常使用 x、y、z 三坐标联动插补的行切法进行加工。如图 4-34 所示，P_{yz}平面为平行于 yz 坐标平面的一个行切面，它与曲面的交线为 ab。由于是三轴联动，球头刀与曲面的切削点始终处在平面曲线 ab 上，因此可获得较规则的残留沟纹。但这时的刀心轨迹 O_1O_2 不在 P_{yz} 平面上，是一条空间曲线。

c. 对于叶片、螺旋桨等复杂曲面零件，因其形状复杂，刀具容易与相邻表面发生干涉，常采用五坐标联动加工。

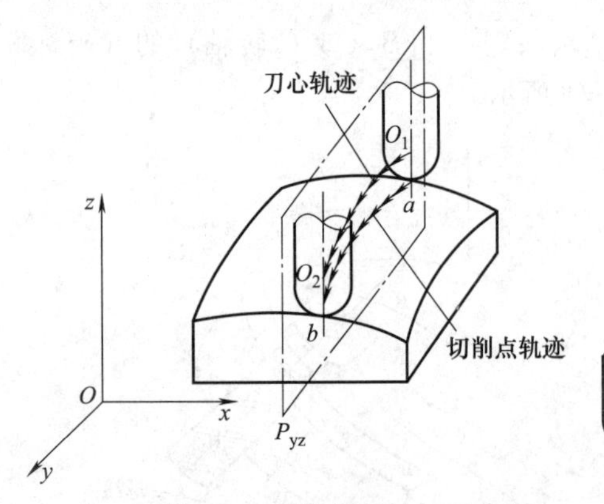

图 4-34　三轴行切法加工曲面

(2) 进给路线的确定

确定铣削进给路线应遵循以下基本原则：便于编程，在保证加工质量的前提下，提高生产效率，降低加工成本。

① 平面轮廓的进给路线。

a. 铣削外轮廓时，为避免因切削力变化在加工表面产生刻痕，当用立铣刀铣削外轮廓平面时，应避免刀具沿零件外轮廓的法向切入、切出，而应沿切线方向切入、切离工件，如图 4-35 所示。

b. 铣削封闭的内轮廓表面时，为避免沿轮廓曲线的法向切入、切出，刀具可以沿一过渡圆弧切入和切出工件轮廓，如图 4-36 所示。

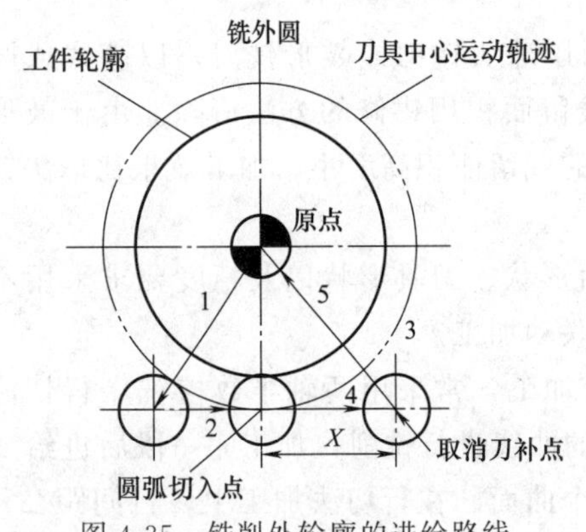

图 4-35　铣削外轮廓的进给路线

X—切出时多走的距离

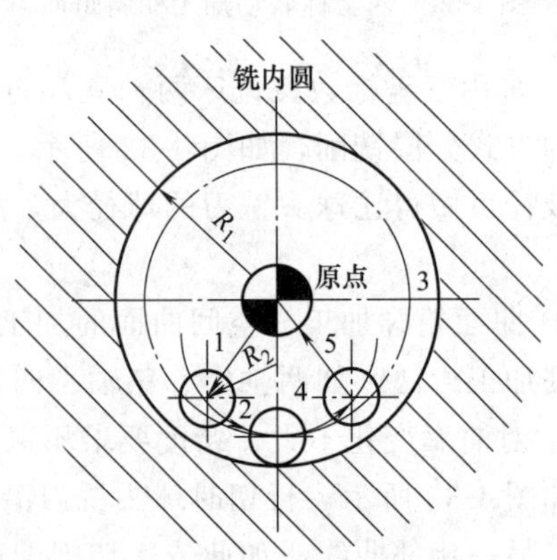

图 4-36　铣削内轮廓的进给路线

c. 铣削封闭曲线为边界的平底凹槽时，进给路线有图 4-37 所示几种，图 4-37（c）所示进给路线优于其他进给方案。

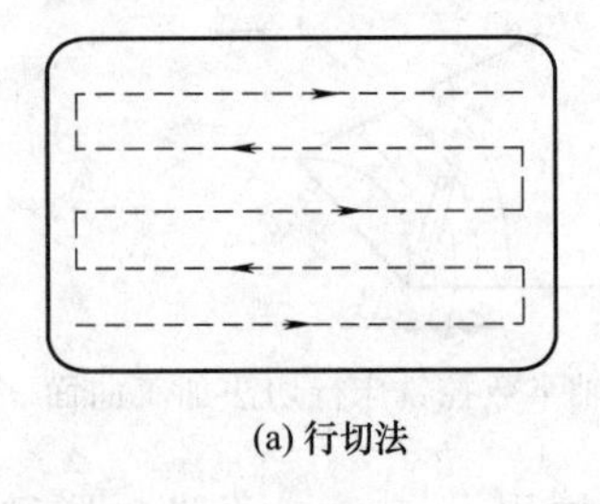

(a) 行切法

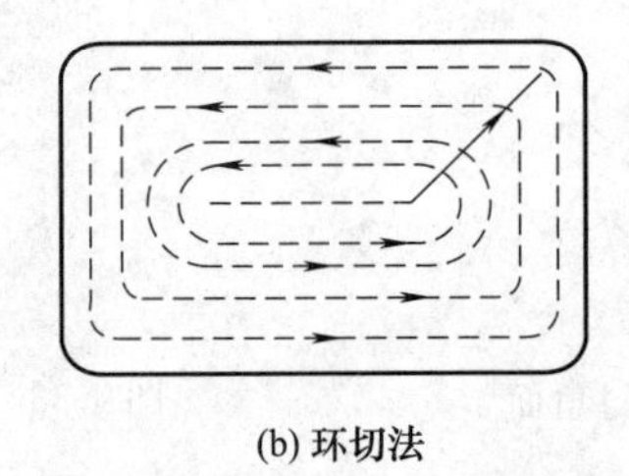

(b) 环切法

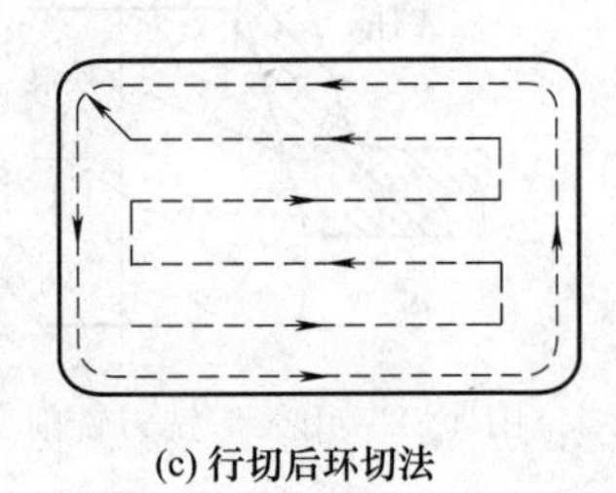

(c) 行切后环切法

图 4-37　铣削内槽的进给路线

② 孔加工的进给路线。

a. 加工孔时，刀具一般在平面内迅速、准确地定位，再进行孔加工。在加工图 4-38 所示零件时，采用图 4-38（a）所示进给路线比图 4-38（b）所示进给路线节省定位时间近一半。

b. 当孔的定位精度要求较高时，往往最短进给路线不能满足定位精度要求。例如，加工图 4-39（a）所示零件，图 4-39（b）所示进给路线无法满足精度要求，此时，采用图 4-39（c）所示进给路线，刀具从同一方向趋近目标位置，因此定位准确。

③ 曲面轮廓的进给路线。

加工边界敞开的三维曲面，可根据曲面形状、精度要求、刀具形状等情况，采用两轴半坐标联动或三坐标联动的方法进行行切加工。

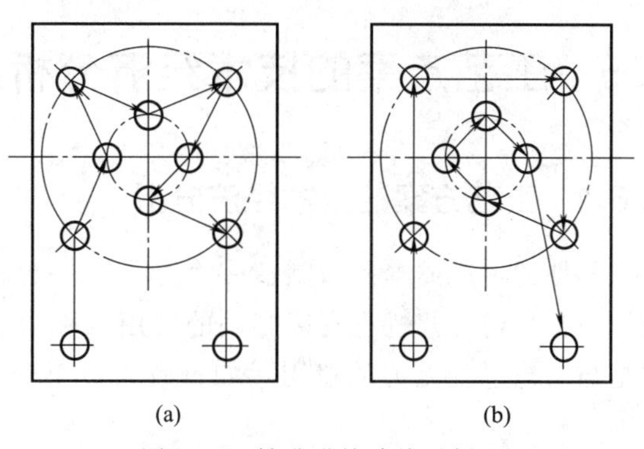

图 4-38 钻孔进给路线示例Ⅰ

用球头铣刀对三维曲面进行行切加工时，先是一行一行地加工曲面，每加工完一行，铣刀要沿一个坐标方向移动一个行距，直至将整个曲面加工出为止，如图 4-40 所示。图 4-40（a）为用三坐标联动加工，球头铣刀沿着曲面一行一行自动连续切削，最后获得整张曲面；图 4-40（b）为用两轴半联动加工，相当于将被加工曲面切成许多薄片，由两坐标联动切削一行就相当于加工出一个平面曲线轮廓的薄片，每加工完一行后，铣刀沿某一坐标进行周期进给移动一个行距，直至加工好整个曲面。

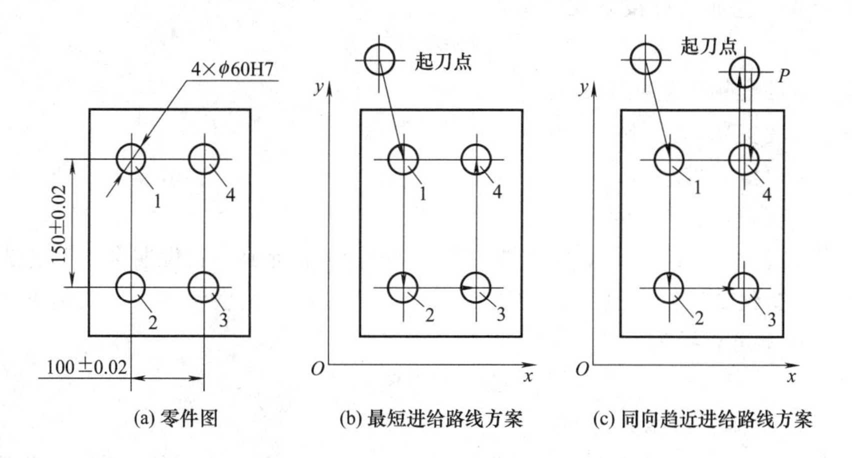

图 4-39 钻孔进给路线示例Ⅱ

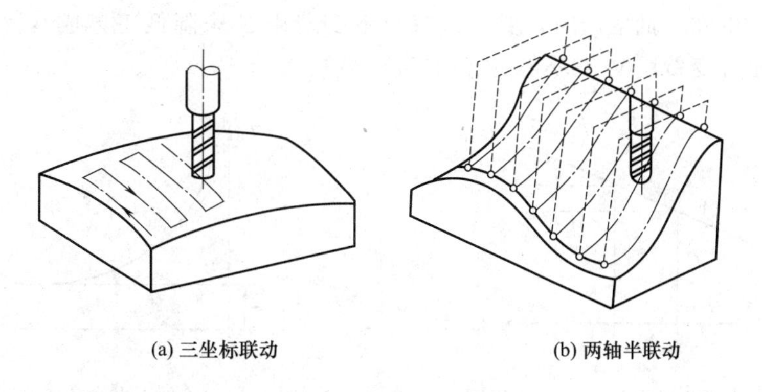

图 4-40 曲面的行切法加工

4.6 工艺方案的技术经济分析及提高生产率的工艺途径

4.6.1 工艺方案的技术经济分析

零件的生产成本是指制造一个零件或一台产品所消耗的费用的总和。生产成本包括两类：一类是与工艺过程直接有关的费用，称为工艺成本，占生产成本的70%～75%；另一类是与工艺过程无关的费用，如行政人员工资、厂房折旧、照明取暖等。在此仅讨论工艺成本。

(1) 工艺成本的组成

工艺成本由可变费用和不变费用两大部分组成。

① 可变费用是与年产量有关，并与之成正比的费用。它包括材料费、操作工人的工资、机床电费、通用机床折旧费、通用机床修理费、刀具费、通用夹具费。

② 不变费用是与年产量的变化没有直接关系的费用。当产量在一定范围内变化时，全年的费用基本上保持不变。它包括专用机床折旧费、专用机床修理费、专用夹具费，以及调整工人的工资等。

(2) 工艺成本的计算

零件的全年工艺成本可按下式计算：

$$E=VN+S \tag{4-9}$$

式中 E——零件全年工艺成本，元/年；

V——可变费用，元/件；

N——年产量，件/年；

S——不变费用，元/年。

全年工艺成本 E 和年产量 N 成线性关系，如图 4-41 所示。它说明全年工艺成本的变化 ΔE 与年产量的变化 ΔN 成正比；又说明 S 为投资定值，不论生产多少，其值不变。

单件工艺成本可表示为：

$$E_{\mathrm{d}}=V+S/N \tag{4-10}$$

式中 E_{d}——单件工艺成本，元/件。

单件工艺成本 E_{d} 与年产量 N 的关系如图 4-42 所示。由曲线可知，当 N 值很小时，产量 N 稍有增加，将使单件成本迅速降低；当 N 值很大时，年产量的变化对单件工艺成本影响不大。因此，单件小批生产时，要通过减小不变费用 S 来降低工艺成本；大批大量生产时，要通过减小可变费用 V 来获得更好的经济效益。

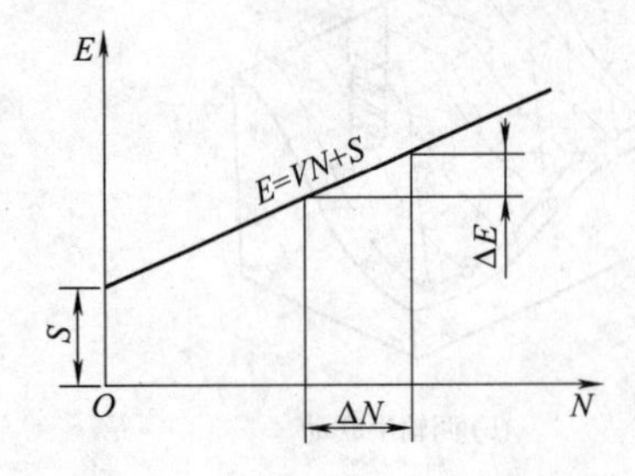

图 4-41 全年工艺成本与年产量关系图

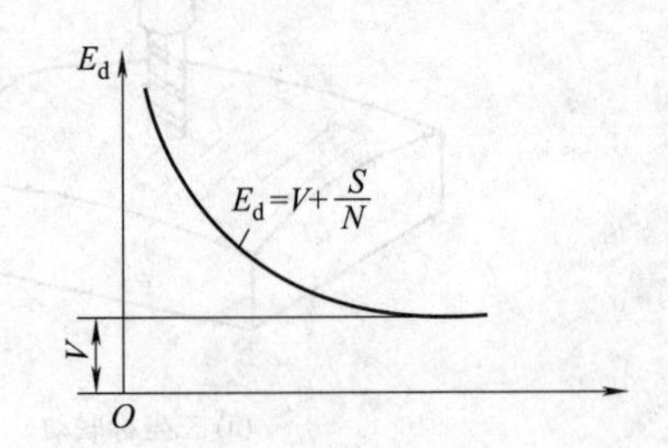

图 4-42 单件工艺成本与年产量关系图

(3) 不同工艺方案的经济性比较

在对不同工艺方案进行经济评价和比选时，通常有以下两种情况。

① 基本投资相近或都使用现有设备的情况。此时，对备选工艺方案的工艺成本进行比较，一般按零件的全年工艺成本进行比较，选择工艺成本最低的工艺方案作为最终的工艺方案。如图 4-43 所示，当产量 $N < N_k$ 时，宜采用方案Ⅱ；当 $N > N_k$ 时，宜采用方案Ⅰ。图中 N_k 为两方案全年工艺成本相等时的年产量，称为临界年产量，它可由下式求得：

$$N_k = \frac{S_2 - S_1}{V_1 - V_2} \tag{4-11}$$

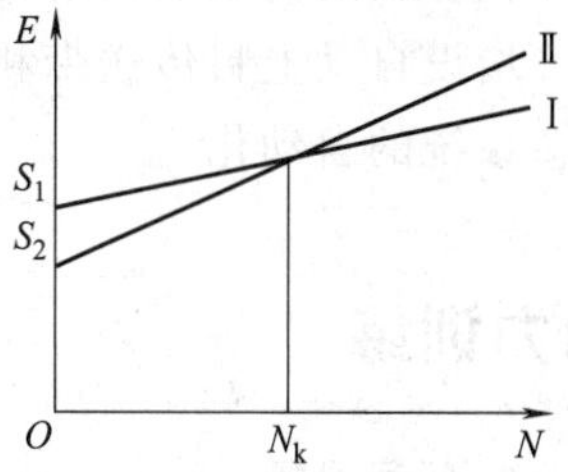

图 4-43　两种工艺方案的经济性比较

② 两方案基本投资相差较大的情况。此时，应比较基本投资差额的回收期。如方案Ⅰ采用价格较昂贵的高效机床及工艺装备，基本投资费用 K_1 较大，但其工艺成本 E_1 较低；方案Ⅱ则采用了生产率较低但价格较便宜的机床和工艺装备，基本投资 K_2 较小，但工艺成本 E_2 较高。此时，用单纯比较工艺成本大小的方法评价工艺方案的经济性是不全面的，还必须考虑两方案基本投资差额的回收期，回收期愈短，经济效果就愈好。

4.6.2　提高生产率的工艺途径

提高劳动生产率涉及产品生产的各个方面，如结构设计、毛坯制造、加工工艺、生产组织管理等，在工艺上可采取以下措施。

(1) 缩短单件工时

① 缩短基本时间。基本时间是直接改变生产对象的尺寸、形状、相对位置、表面状态或材料性质等工艺过程所消耗的时间。生产时，可通过提高切削用量、减少切削行程长度、合并工步、减少加工余量、多件加工等缩短基本时间。

② 缩短辅助时间。辅助时间是为实现工艺过程所必须进行的各种辅助动作所消耗的时间。当大幅度提高切削用量后，缩短辅助时间尤为重要。缩短辅助时间有两种途径：一是使辅助动作实现机械化和自动化，如集中控制、自动调速与变速等；二是使辅助时间与基本时间重合，如采用先进夹具，采用先进的检测设备实现在线主动检测等。

③ 缩短布置工作地的时间。通过采用快速换刀、自动换刀及机外对刀装置，以节省刀具的装卸和对刀的辅助时间；采用机夹刀具和硬质合金刀具，以减少换刀和刃磨时间；利用压缩空气吹切屑等。

④ 缩短准备与终结时间。把结构形状、技术条件和工艺过程相似的工件组织起来，采用成组工艺和成组夹具，可以明显缩短准备与终结时间。有条件时也可选用准备终结时间极短的先进加工设备，如数控机床、加工中心等。

(2) 实施机床多台的看管

多台机床看管是一种先进的劳动组织措施。一个工人同时管理几台机床可以提高生产率是显而易见的，但应满足两个必要条件：一是若一人看管 M 台机床，则任意 $(M-1)$ 台机床上的工人操作时间之和，应小于另一台机床的机动时间；二是每台机床都要有自动停车装置。

(3) 采用先进的工艺方法

尽量采用数控车、数控铣、数控加工中心，采用激光加工、超声波加工、电解加工替代传统的车削铣削加工，可以大大提高生产率，提高加工精度和表面质量。

(4) 实施高效及自动化加工

增设自动上料传送带和自动下料传送带，形成上料、加工、下料的全自动化，逐步实现制造系统的自动化。

能力训练

1. 名词解释

(1) 生产过程、工艺过程

(2) 工序、安装、工位、工步、走刀

(3) 生产纲领、生产类型

(4) 经济加工精度、经济表面粗糙度

(5) 工序集中、工序分散

(6) 加工余量

(7) 工艺尺寸链、封闭环、组成环、增环、减环

2. 简答题

(1) 简述机械加工工艺规程设计的原则和步骤。

(2) 简述粗基准、精基准的选择原则。

(3) 机械加工中加工阶段如何划分？各加工阶段的主要任务是什么？

(4) 确定工序余量考虑哪些因素？如何确定工序余量？

(5) 生产成本和工艺成本有何区别？

(6) 提高生产率的工艺途径有哪些？

3. 分析题

(1) 图 4-44 为箱体简图（图中只标有关尺寸），分析计算：

① 若两孔 O_1、O_2 分别都以 M 面为基准镗孔时，试标注两孔的工序尺寸。

② 检验孔距时，因 (80±0.08) mm 不便于直接测量，故选取测量尺寸为 A_1，试求工序尺寸 A_1 及其上下偏差。

(2) 如图 4-45 所示，零件加工时，图纸要求保证尺寸 (6±0.1) mm，因这一尺寸不便直接

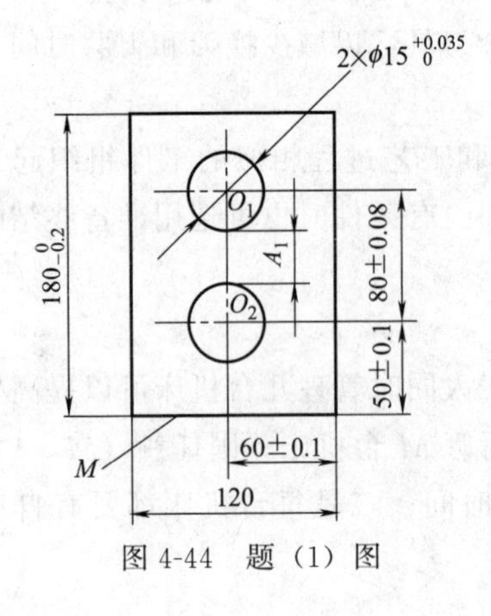

图 4-44　题 (1) 图

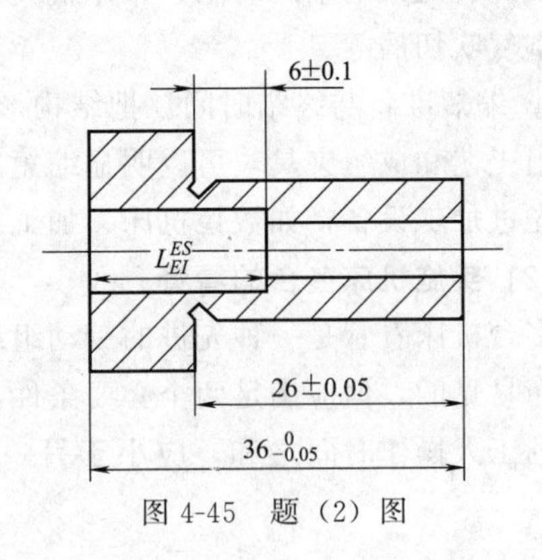

图 4-45　题 (2) 图

测量，只好通过度量尺寸 L 来间接保证，试求工序尺寸 L 及其上下偏差。

(3) 图4-46所示套筒类零件，两端已加工完毕，加工孔底 C 时，要保证尺寸 $16_{-0.35}^{0}$ mm，因该尺寸不便于测量，试标出测量尺寸。

(4) 如图4-47所示套筒零件，除缺口 B 外，其余表面均已加工。试分析保证尺寸 $8_{0}^{+0.2}$ mm的定位方案有几种，计算各种定位方案的工序尺寸及其偏差。

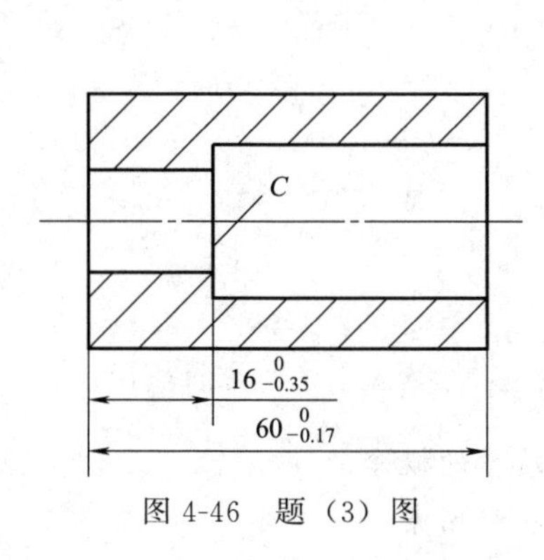

图4-46 题(3)图

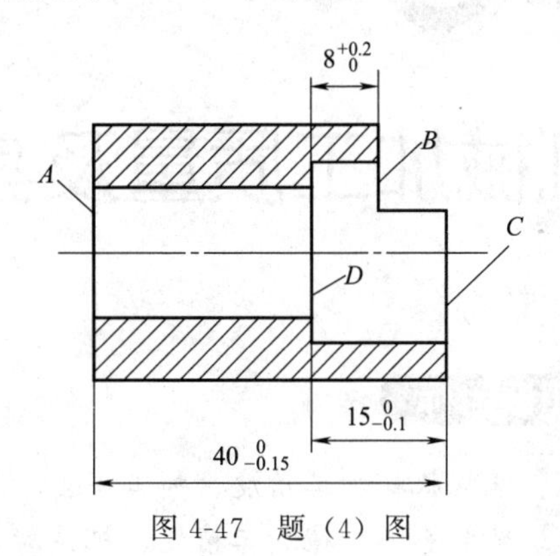

图4-47 题(4)图

机械加工质量及其控制

● 知识目标

① 掌握机械加工精度、加工误差、机械加工表面质量的概念。

② 理解影响机械加工精度、机械加工表面质量的各种因素。

③ 掌握提高机械加工精度和机械加工表面质量的方法。

● 能力目标

① 能根据产品质量，分析影响其精度和表面质量的原因，并提出改进措施。

② 能结合具体加工过程，运用工艺途径提高加工质量。

机械产品的质量是由零件加工质量及其装配质量决定的。衡量零件加工质量有两大指标：一是机械加工精度，二是机械加工表面质量。

5.1 机械加工精度

5.1.1 机械加工精度的概念

机械加工精度是指零件加工后的实际几何参数（尺寸、形状和位置）与理想几何参数之间的符合程度。加工时由于各种误差因素的存在，实际零件不可能做得绝对准确，总会有一些偏差，零件的实际几何参数与理想几何参数之间的偏差值，称为加工误差。加工误差越小，符合程度越高，加工精度就越高。加工精度与加工误差是一个问题的两种提法，加工精度的高低反映了加工误差的大小。加工精度有尺寸精度、形状精度和位置精度三个方面。尺寸精度，限制加工表面与其基准间尺寸误差不超过一定的范围。形状精度，限制加工表面的宏观几何形状误差，如圆度、圆柱度、直线度和平面度等。位置精度，限制加工表面与其基准间的相互位置误差，如平行度、垂直度和同轴度等。

5.1.2 机械加工精度的影响因素

在机械加工过程中，刀具、工件、机床和夹具构成完整的系统，称为工艺系统。由于工艺系统本身的结构和状态、操作过程以及加工中的物理现象而产生的误差，称为原始误差。一部分原始误差与工艺系统的初始状态有关，包括加工原理误差、机床几何误差、刀具制造误差、夹具制造误差、工件的安装误差、工艺系统调整误差等；一部分原始误差与切削过程有关，包括加工过程中力效应引起的变形、热效应引起的变形、工件残余应力引起的变形、刀具磨损引起的加工误差、测量引起的加工误差等。这两部分误差又受环境条件、操作者技术水平等因素的影响。为便于分析，把原始误差对加工精度影响最大的方向称为误差敏感方向。工艺系统的原始误差主要包括以下几个方面。

(1) 加工原理误差

加工原理误差是由于采用了近似的成形运动或近似的刀刃轮廓进行加工而产生的误差。采用原理误差方法加工简化了成形运动或简化了刀具廓形，降低了制造成本，只要把加工误差控制在允许的范围内即可。生产中有很多原理误差的实例，如用模数铣刀铣齿轮，车削模数螺纹（公制蜗杆），用阿基米德基本蜗杆式滚刀代替渐开线基本蜗杆滚刀滚切渐开线齿轮等。

(2) 机床几何误差

零件的加工精度主要受机床的成形运动精度的影响，它主要取决于机床本身的制造、安装和磨损三方面因素，其中对加工误差影响最大的主要有主轴回转误差、导轨导向误差以及传动链误差。

① 主轴回转误差。主轴回转误差是指主轴的实际回转轴线相对其理想回转轴线（实际回转轴线的对称中心）在规定测量平面内的变动量。变动量越小，主轴的回转精度越高，反之越低。主轴的回转误差可分解为径向圆跳动、轴向跳动和角度摆动三种基本形式，如图 5-1 所示。

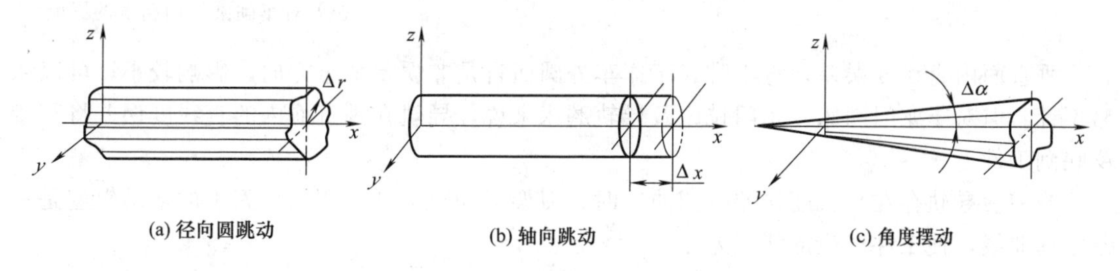

图 5-1　主轴回转误差的基本形式

径向圆跳动——主轴上任意瞬时回转轴线平行于平均回转轴线方向的径向运动。在车削柱形零件时，工件回转，其瞬时回转中心和刀尖之间的径向运动，使刀尖离开或靠近工件，引起背吃刀量变化，这一误差直接传递到工件上，就造成零件表面的圆度误差。

轴向跳动——主轴上任意瞬时回转轴线沿平均回转轴线方向的轴向运动。它对车削工件的内、外圆没影响，但会影响加工端面与内、外圆的垂直度误差，加工螺纹时，产生螺距周期性误差。

角度摆动——主轴上任意瞬时回转轴线与平均回转轴线成一倾斜角度。它影响圆柱面和端面的加工精度。

在主轴回转运动过程中，上述三种基本形式往往同时存在，并以一种综合结果体现，即由几种运动形成的合成运动，统称为主轴“漂移”。

造成主轴回转误差的主要因素有主轴支承轴颈的误差、轴承的误差、轴承的间隙、与轴承配合零件的误差及热变形、箱体支承孔的误差及主轴刚度和热变形等。随着精密加工技术的发展，对机床主轴旋转精度必须有更高的要求。因此，研究主轴旋转中心稳定性对加工精度的影响，对于改进机床主轴结构和改进工艺方法、提高加工精度是很重要的。

② 导轨导向误差。是指机床导轨副运动件实际运动方向与理论运动方向的偏离程度。直线导轨的导向误差一般包括水平面内的直线度误差、垂直面内的直线度误差、前后导轨的平行度误差（扭曲）等，如图 5-2 所示。下面以卧式车床加工外圆柱面为例分析机床导轨误差对加工误差的影响。

由于卧式车床的误差敏感方向在水平面，故机床导轨水平面内的直线度对加工精度的影响极大。当导轨在水平面内的直线度（弯曲）为 Δy，则零件尺寸误差为 $\Delta R=\Delta y$，如图5-3所示。车床导轨在水平面内直线度误差使纵向进给中刀具路径与工件轴线不平行：当导轨向后凸出时，工件产生鞍形误差；当导轨向前凸出时，工件产生鼓形误差。

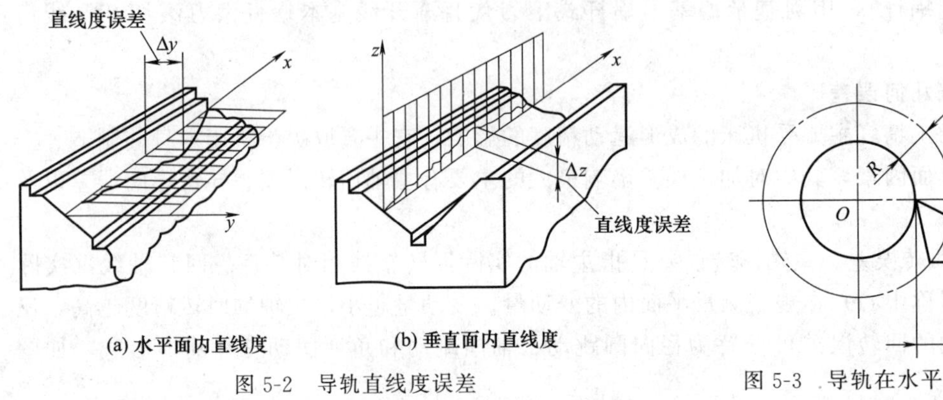

图 5-2 导轨直线度误差

图 5-3 导轨在水平面内的直线度误差对车削圆柱面精度的影响

垂直面内直线度误差，对于卧式车床车外圆而言是非误差敏感方向，影响较小，可以忽略不计。但对于龙门刨床、龙门铣床及导轨磨床来说，导轨在垂直面内的直线度误差将直接反映到工件上。

当前后导轨存在平行度误差（扭曲）时，刀架运动时会产生摆动，刀尖的运动轨迹是一条空间曲线，使工件产生形状误差。

以上分析说明了机床导轨的制造误差对工件加工精度的影响。如果机床在使用中，由于磨损或安装不正确，同样会产生上述误差。为减小机床导轨误差对工件加工精度的影响，采取必要措施保持机床原始精度是很必要的。例如合理选用导轨材料、提高导轨表面硬度、改善摩擦条件等。

③ 传动链误差。是指机床内联系的传动链中两端传动元件间相对运动的误差，它是螺纹、齿轮、蜗轮及其他按展成原理加工时，影响加工精度的主要因素。

提高传动链精度的措施如下：缩短传动链长度；提高末端元件的制造精度与安装精度；提高传动元件的装配精度；降速传动，尤其是传动链末端传动副；采用校正装置对传动误差进行补偿。

(3) 刀具误差

刀具误差包括制造误差和加工过程中的磨损，刀具对加工精度的影响，随刀具的种类不同而不同；采用定尺寸刀具（如钻头、铰刀、键槽铣刀、镗刀块及圆拉刀等）加工时，刀具的尺寸精度直接影响工件的尺寸精度；采用成形刀具（如成形车刀、成形铣刀、成形砂轮等）加工时，刀具的形状误差、安装误差将直接影响工件的形状精度；采用齿轮滚刀、花键滚刀、插齿刀等刀具展成加工时，刀具切削刃的几何形状及有关尺寸，也会直接影响加工精度；对于车刀、铣刀、镗刀等一般刀具，其制造精度对加工精度无直接影响，但刀具磨损后，也会影响工件的尺寸精度及形状精度。

(4) 夹具误差

是指夹具上定位元件、导向元件、对刀元件、分度机构、夹具体等的加工误差，夹具装配后以上各种元件工作面间的相对尺寸、位置误差以及夹具在使用过程中工作表面的磨损。对于因夹具制造精度引起的加工误差，在设计夹具时，应根据工件公差的要求，予以分析和计算。一般精加工用夹具取工件公差的1/2～1/3，粗加工夹具则一般取工件公差的1/3～1/5。

(5) 工艺系统的调整误差

调整是指使刀具切削刃与工件定位基准间在从切削开始到切削终了都保持正确的相对位置，它主要包括机床调整、夹具调整和刀具调整。在机械加工中，工艺系统总要进行一定调整，例如镗床夹具安装时就需要用指示表找正夹具安装面；更换刀具后进行新刀具位置调整。由于调整不可能绝对准确，由此产生的误差，称为调整误差。

引起调整误差的因素主要有测量误差、进给机构的位移误差等。

(6) 工艺系统受力变形对加工精度的影响

切削加工时，工艺系统在切削力、传动力、惯性力、夹紧力及重力等作用下，将产生相应的变形。这种变形将破坏刀具和工件在静态下调整好的相互位置，并使切削成形运动所需要的正确几何关系发生变化，而造成加工误差。变形大小除受力影响，还受系统刚度影响。

① 切削力的影响。如图5-4（a）所示，在车削细长轴时，工件在切削力的作用下会发生变形，使加工出的轴出现中间粗两头细的情况；如图5-4（b）所示，在内圆磨床上采用径向进给磨孔时，由于内圆磨头主轴弯曲变形，磨出的孔会出现锥形圆柱度误差，影响工件的加工精度。

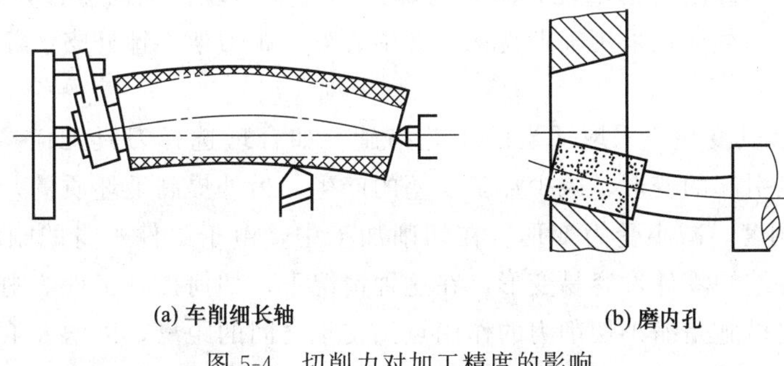

(a) 车削细长轴　　(b) 磨内孔

图5-4　切削力对加工精度的影响

② 夹紧力的影响。如图5-5所示，车床上加工薄壁套的内孔，由于夹紧力作用，工件产生变形，加工后释放夹紧力，卸下工件，其内孔产生加工误差。因此，在加工易变形的薄壁工件时，应使夹紧力在工件圆周上均匀分布，或加弹性开口环，如图5-5（b）所示；或采用软爪，如图5-5（c）所示。

③ 切削力变化的影响——复映误差。切削加工中，由于毛坯本身的误差（形状或位置误差）使实际背吃刀量不均匀，引起切削力的变化，使工艺系统产生相应的变形，从而使工件上保留了与毛坯类似的形状和位置误差，这一现象称为“误差复映”，所引起的误差，称为“复映误差”，如图5-6所示，图中a_{p1}、a_{p2}为背吃刀量，y_1、y_2为受力变形。误差复映程度的大小，主要受系统刚度影响。通过增加系统刚度或增加走刀次数，可减小误差复映对

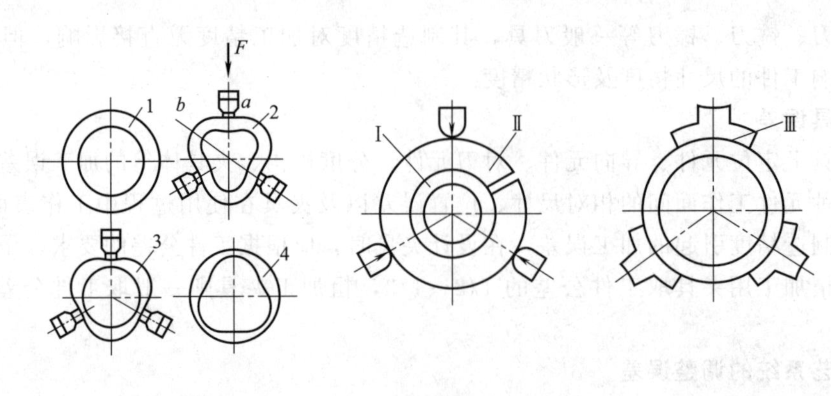

图 5-5 夹紧力对加工精度的影响分析

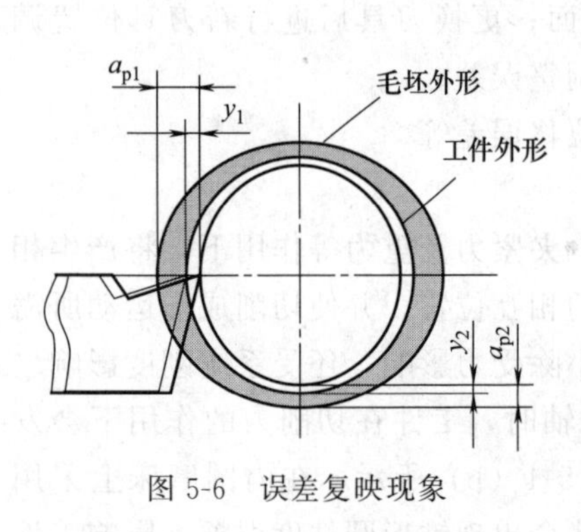

图 5-6 误差复映现象

加工精度的影响。

④ 其他力的影响。除上述分析的切削力及夹紧力外，还受到传动力、惯性力及残余应力等影响。传动力理论上不会使工件产生圆度误差，但周期性的传动力易引起强迫振动，影响表面质量。残余应力影响工件的尺寸及形状稳定性。

减小工艺系统的受力变形是进行加工中保证产品质量和提高生产率的主要途径之一，根据实际情况，可采取以下几方面的措施。

a. 提高工艺系统刚度。例如，合理设计零部件结构和截面形状，注意零件刚度的匹配，防止局部薄弱环节出现；提高零件接合表面的接触质量，给机床部件预加载荷；采用辅助支承，如中心架、跟刀架、镗杆支承等；采用合理装夹和加工方式等。

b. 减小载荷及其变化。采取适当的工艺措施，如合理选择刀具几何参数和切削用量，以减少切削力及其引起的变形，减少加工误差的产生，另外提高毛坯质量，减少复映误差。

c. 提高工件刚度，减小受力变形。在切削加工中，由于工件本身的刚度较低，特别是叉架类、细长轴等结构零件，容易变形。在这种情况下，如何提高工件的刚度是提高加工精度的关键。其主要措施是缩小切削力的作用点到支承之间的距离，以增大工件在切削时的刚度。如车削细长轴时采用中心架或跟刀架增加支承。

d. 合理装夹工件、减小夹紧变形。加工薄壁零件时，由于工件刚度低，因此解决夹紧变形的影响是关键问题之一。

(7) 工艺系统的热变形对加工精度的影响

在机械加工过程中，工艺系统受到各种热的影响而产生变形，从而破坏刀具与工件之间的正确几何关系和运动关系，影响工件的加工精度。

工艺系统热源可分为内部热源和外部热源。内部热源主要指切削热和摩擦热（机械零件运动副之间的摩擦及刀具、工件与切屑之间的摩擦）。外部热源主要指工艺系统外部的环境温度和各种辐射热（包括阳光、照明、暖气设备等发出的辐射热）。工艺系统的热源会引起系统局部温升和变形，破坏了系统原有的几何精度，严重影响加工精度。

精密加工和大件加工中，热变形引起的加工误差占工件总加工误差的40%～70%，高精、高效、自动化加工时的热变形问题更加严重，必须引起足够重视。

减小工艺系统热变形对加工精度影响的措施如下。

a. 减少热源发热并隔离热源。例如，减少切削热和摩擦热，使粗、精加工分开；尽量分离热源，对不能分离的摩擦热源，改善其摩擦特性，减少发热；充分冷却和强制冷却；采用隔热材料将发热部件和机床大件隔离开来。

b. 均衡温度场。减小机床各部分温差，保持温度稳定，以便于找出热变形产生加工误差的规律，从而采取相应措施给予补偿。

c. 采用合理机床结构及装配方案。采用热对称结构，即变速箱中将轴、轴承、齿轮等对称布置，可使箱壁温升均匀，箱体变形减少；采用热补偿结构，以避免不均匀的热变形产生；合理选择装配基准，使受热伸长有效部分缩短。

d. 加速达到热平衡，方法有高速空运转和人为加热等。

e. 控制环境温度，恒温室平均温度一般为（20±1)℃。

5.1.3　提高机械加工精度的工艺措施

提高加工精度的方法大致可概括为以下几种：减少误差法、误差补偿法、误差分组法、误差转移法、就地加工法及误差平均法等。

(1) 减少误差法

该方法是在查明产生加工误差的主要原因后，设法消除或减少误差。如车削细长轴时，因工件刚度较差，加工后出现中间粗两端细的腰鼓形形状误差，如图5-7（a）所示。现采用如图5-7（b）所示工艺措施：一是加装跟刀架以增加系统刚度；二是采用大进给量和93°大主偏角车刀，增大轴向切削分力，使径向分力稍向外指，使工件的弯曲相互抵消；三是采用反向进给方式，进给方向由卡盘一端指向尾座。

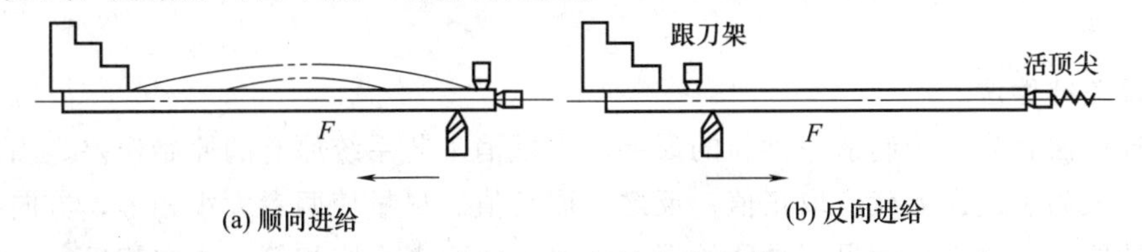

图5-7　加工细长轴方法比较

(2) 误差转移法

就是采取措施把对加工精度影响较大的原始误差转移到误差非敏感方向或不影响加工精度的方向上去。例如，当转塔刀架上的外圆车刀水平安装时，因转塔刀架的转角误差处于误差敏感方向上，对加工精度影响很大，若采用立式装刀，如图5-8所示，则转塔刀架的转角误差转移到非误差敏感方向（垂直方向）上，此时刀架转角误差对加工精度影响很小，可以忽略不计。

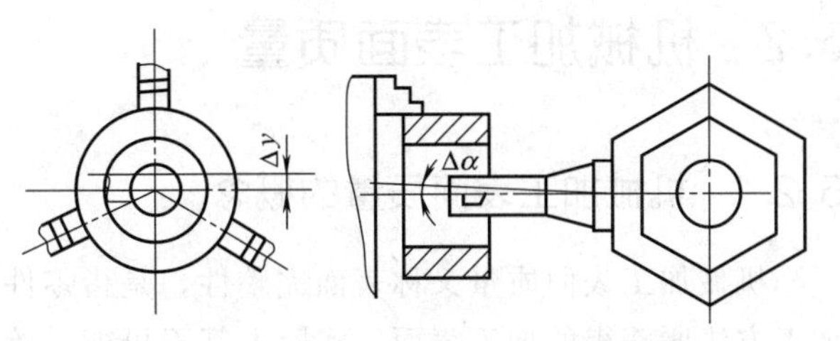

图5-8　六角转塔式车床转角误差转移

又如成批生产中用镗模加工箱体孔系时，把机床主轴回转误差及导轨误差转移，靠镗模质量保证孔系加工精度。

(3) 误差分组法

在加工中，由于毛坯或半成品的误差而引起定位误差或误差复映，从而造成本工序加工误差。此时可根据误差复映的规律，在加工前将这批工件按误差的大小分成 n 组，每组工件的误差范围就缩小为原来的 $1/n$。然后再按各组工件加工余量或相关尺寸变动范围，调整刀具相对工件的准确位置或选用合适的定位元件，使各组工件加工后尺寸分布中心基本一致，大大缩小整批工件的尺寸分散范围。

例如，采用无心磨床贯穿磨削加工一批精度要求很高的小轴时，通过磨前对小轴尺寸进行测量并分组，再根据每组零件实际加工余量及系统刚度调整无心磨砂轮与导轮之间距离，从而解决因毛坯误差复映使加工精度难以保证的问题。

(4) 误差平均法

误差平均法就是利用有密切联系的表面相互比较、相互检查，然后进行相互修正或互为基准加工，使被加工表面的误差不断缩小，并达到很高的加工精度。

例如，对配合精度要求很高的轴和孔，常采用研磨工艺。研具本身并不具有很高的精度，但它在和工件作相对运动过程中对工件进行微量切削，使原有误差不断减小，从而获得精度高于研具原始精度的加工表面。生产中高精度的基准平台、平尺等均用该方法进行加工。

(5) 就地加工法

在加工和装配中有些精度问题，牵涉到很多零件或部件间的相互关系，相当复杂。如果单纯提高零、部件本身精度，有时相当困难，甚至无法实现。若采用就地加工法，就可能很方便地解决这种问题。

例如，龙门刨床和牛头刨床装配时，为了保证其工作平面对横梁和滑枕的平行位置关系，采取待机床装配后，在自身机床上进行“自刨自”的精加工。又如，车床上修正花盘平面度和修止卡爪与主轴同轴度等，也是采用在自身机床上“自车自”或“自磨自”的工艺措施。

(6) 误差补偿法

误差补偿法就是人为制造一种新的误差，去抵消工艺系统原有的原始误差。当原始误差是负值时，人为引进误差就应取正值；反之，取负值。尽量使两者大小相等，方向相反。或者利用一种原始误差去抵消另一种原始误差，尽量使两者大小相等，方向相反，从而达到减少加工误差、提高加工精度的目的。

如在加工高精密丝杠或高精密蜗轮时，通常不是一味提高传动链中各传动元件的制造精度，而是采用螺距误差校正装置和分度误差校正装置的方法来提高传动精度。

5.2 机械加工表面质量

5.2.1 机械加工表面质量的概念

机械加工表面质量又称表面完整性，是指零件经过机械加工后的表面层状态。任何机械加工方法所获得的加工表面，实际上都不可能是绝对理想的表面，总是存在着表面粗糙度、表面波度等微观几何形状误差，以及划痕和裂纹等缺陷，还有零件表面层的冷作硬化、金相组织变化和残余应力等物理力学性能的变化，如图 5-9 所示。表面加工质量主要包括两个方面，即加工表面的几何特征和表面层物理力学性能。

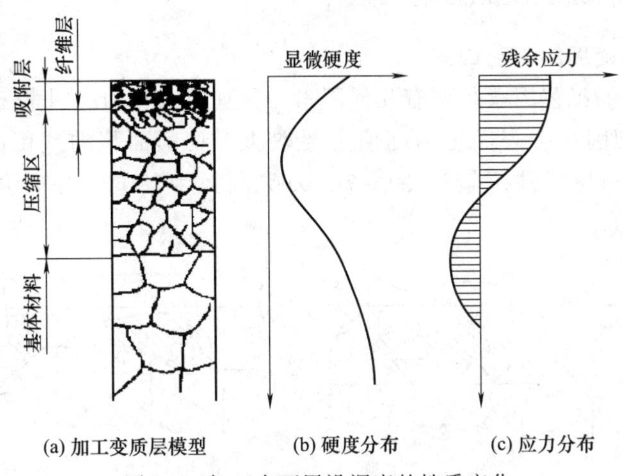

图 5-9　加工表面层沿深度的性质变化

(1) 加工表面的几何特征

加工表面的几何特征主要包括表面粗糙度和表面波度（图 5-10），此外还有纹理方向、划痕等。

① 表面粗糙度是指加工表面上较小间距和峰谷所组成的微观几何形状特征，即加工表面的微观几何误差，其大小是用表面轮廓的算术平均偏差 Ra 和微观不平度平均高度 Rz 表示。

② 表面波度是介于宏观形状误差和表面粗糙度之间的周期性几何形状误差，其大小是用波长 λ 和波高 H 表示。表面波度主要是在加工过程中工艺系统的低频振动引起的，一般指波长与波高比值在 50～1000 的几何形状误差。

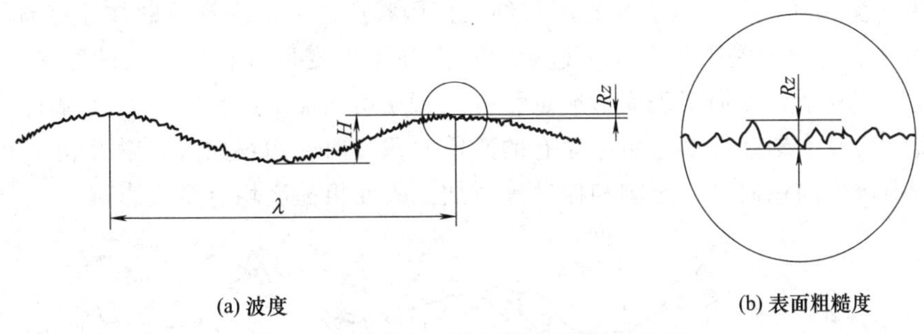

图 5-10　零件加工表面的粗糙度与波度

(2) 表面层的物理力学性能

① 表面层的冷作硬化。机械加工时，工件表面层金属受到切削力的作用产生塑性变形，使晶格扭曲，晶粒间产生剪切滑移，晶粒被拉长、纤维化甚至碎化，从而使表面层的强度和硬度增加，这种现象称为加工硬化，又称冷作硬化。

② 表面层的金相组织变化。它是指由于切削热引起工件表面温升过高，在空气或冷却液影响下表面层金属发生金相组织变化的现象。

③ 表面层的残余应力。它是指由于受切削力和切削热的影响，在没有外力作用的情况下，在工件内部保持平衡而存在的应力，分为残余压应力和残余拉应力。

5.2.2 机械加工表面质量的影响因素

(1) 影响表面粗糙度的工艺因素

影响表面粗糙度的工艺因素主要有几何因素、物理因素和动态因素三个方面。

① 几何因素。切削加工表面粗糙度值主要取决于切削面积的残留高度，如图 5-11 所示。残留面积高度 H 与工件每转进给量 f、刀尖圆弧半径 r_ε、主偏角 κ_r、副偏角 κ'_r 等有关。

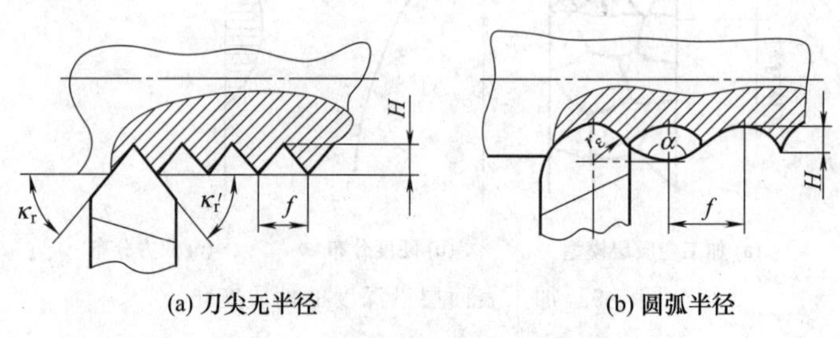

图 5-11 车削残留面积的高度

当 $r_\varepsilon=0$ 时，残留面积的高度为：

$$H=\frac{f}{\cot\kappa_r+\cot\kappa'_r} \tag{5-1}$$

用圆弧刃车刀加工外圆时，残留面积的高度为：

$$H\approx\frac{f}{8r_\varepsilon} \tag{5-2}$$

由此可见，减小进给量、减小主偏角和副偏角，增大刀尖圆弧半径，均能降低表面粗糙度值。

② 物理因素。切削加工后表面轮廓与纯几何因素所形成的理想轮廓往往有着较大差别，如图 5-12 所示，这主要是因为在加工过程中还存在塑性变形等物理因素的影响。物理因素的影响一般比较复杂，与加工表面形成过程有关，在切削加工过程中，刀具对工件的挤压和摩擦使金属材料发生塑性变形，引起原有的残留面积扭曲或沟纹加身，增大表面粗糙度。如在加工过程中产生的积屑瘤、鳞刺和振动等对加工表面粗糙度均有很大影响。

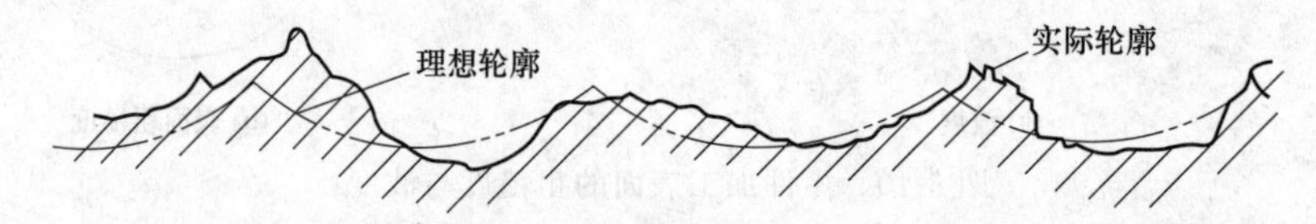

图 5-12 切削加工塑性材料的表面轮廓

③ 动态因素——振动的影响。在加工过程中，工艺系统有时会发生振动，即在刀具与工件间出现的除切削运动外的另一种周期性的相对运动。振动的出现会使加工表面出现波纹，增大加工表面的粗糙度，强烈的振动还会使切削无法继续下去。

除上述因素外，造成加工表面粗糙不平的原因还有被切屑拉毛和划伤等。

(2) 影响表面层物理力学性能的工艺因素

① 表面冷作硬化及其影响。在机械加工过程中，在外力作用下，加工表面层经受复杂的塑性变形，使晶格发生扭曲，晶粒被拉长和纤维化，甚至破碎，阻碍金属进一步变形，其

变形抗力提高，而金属表面呈现强化，其硬度显著提高，这一现象称为冷作硬化。冷作硬化程度受刀具、工件材料及切削用量等因素影响。在一定表面粗糙度值下，加工硬化可以阻碍表面疲劳裂纹的产生和缓解已加工裂纹的扩展，有利于提高疲劳强度。但加工硬化程度过高时，可能出现较大脆性裂纹而降低疲劳强度。因此应有效控制表面层加工的硬化程度。

② 表层金属的金相组织的变化及其影响。机械加工过程中，在加工区，由于加工时所消耗的能量绝大部分转化为热能，使加工表面温度升高。当温度升高到超过金相组织转变的临界温度时，就会产生工件材料内部金相组织变化。影响磨削加工时金相组织变化的因素有工件材料、切削温度、温度梯度及冷却速度等。

在磨削淬火钢时，由于磨削烧伤，工件表面产生氧化膜并呈现出黄、褐、紫、青、灰等不同颜色，相当于钢的回火色。磨削淬火钢时，表层产生的烧伤有以下 3 种情况。

a. 淬火烧伤。磨削时工件表面温度超过相变临界温度（碳钢为 720℃）时，则马氏体转变为奥氏体。在冷却液作用下，工件最外层金属会出现二次淬火马氏体组织。其硬度比原来的回火马氏体高，但很薄，其下为硬度较低的回火索氏体和屈氏体。由于二次淬火层极薄，表面层总的硬度是降低的，这种现象称为淬火烧伤。

b. 回火烧伤。磨削时，如果工件表面层温度只是超过原来的回火温度，则表层原来的回火马氏体组织将产生回火现象而转变为硬度较低的回火组织（索氏体或屈氏体），这种现象称为回火烧伤。

c. 退火烧伤。磨削时，当工件表面层温度超过相变临界温度（中碳钢为 300℃）时，则马氏体转变为奥氏体。若此时无冷却液，表层金属空气冷却比较缓慢而形成退火组织。硬度和强度均大幅度下降。这种现象称为退火烧伤。

磨削热是烧伤的根源，若要防止磨削加工烧伤，其途径主要有：减少磨削热的产生，主要从工件材料、砂轮结构和特征、切削参数选择等入手；加快散热，主要从冷却方式、冷却液和散热性等方面考虑。

③ 表面层金属的残余应力。在机械加工中，工件表面层金属相对基体金属发生形状、体积的变化或金相组织转变时，在工件表面层中产生了互相平衡状态的应力称为残余应力，主要有局部高温引起的残余应力，局部金相组织变化引起的残余应力，表面层局部冷态塑性变形引起的残余应力和金属冷态塑性变形、比体积增大导致的表面层残余应力。

5.2.3 提高机械加工表面质量的途径

随着科学技术的发展，对零件的表面质量的要求已越来越高。为了获得合格零件，保证机器的使用性能，人们一直在研究控制和提高零件表面质量的途径。提高表面质量的工艺途径大致可以分为两类：一类是用低效率、高成本的加工方法，寻求各工艺参数的优化组合，以减小表面粗糙度；另一类是着重改善工件表面的物理力学性能，以提高其表面质量。

(1) 减小表面粗糙度的工艺途径

减小表面粗糙度的方法很多，根据其能否提高工件尺寸精度分为两大类。

① 可提高尺寸精度的精密加工方法。

a. 采用金刚石刀具精密切削。单晶金刚石刀具切削有色金属（铜、铝等）时，尺寸精度可达 IT5，表面粗糙度 Ra 为 0.01μm。

b. 采用超精密磨削和镜面磨削。超精密磨削能获得尺寸精度 IT5、表面粗糙度 Ra 小于 0.025μm 的表面。镜面磨削能获得表面粗糙度 Ra 小于 0.01μm 的表面。

② 光整加工方法。在精密加工中常用粒度很细的油石、磨料等作为工具，对工件表面进行微量切除、挤压和抛光，如超精加工、珩磨、研磨、抛光等。

(2) 改善表面物理力学性能的加工方法

表面强化工艺可以使材料表面层的硬度、组织和残余应力得到改善，有效地提高表面质量。常用的方法有机械强化和化学热处理等。

① 机械强化。是指通过机械冲击、冷压等加工方法使表面层金属发生冷态塑性变形，以降低表面粗糙度值、提高表面硬度，并在表面层产生残余压应力的表面强化工艺。常用方法有喷丸强化、滚压加工等，如图 5-13 所示。

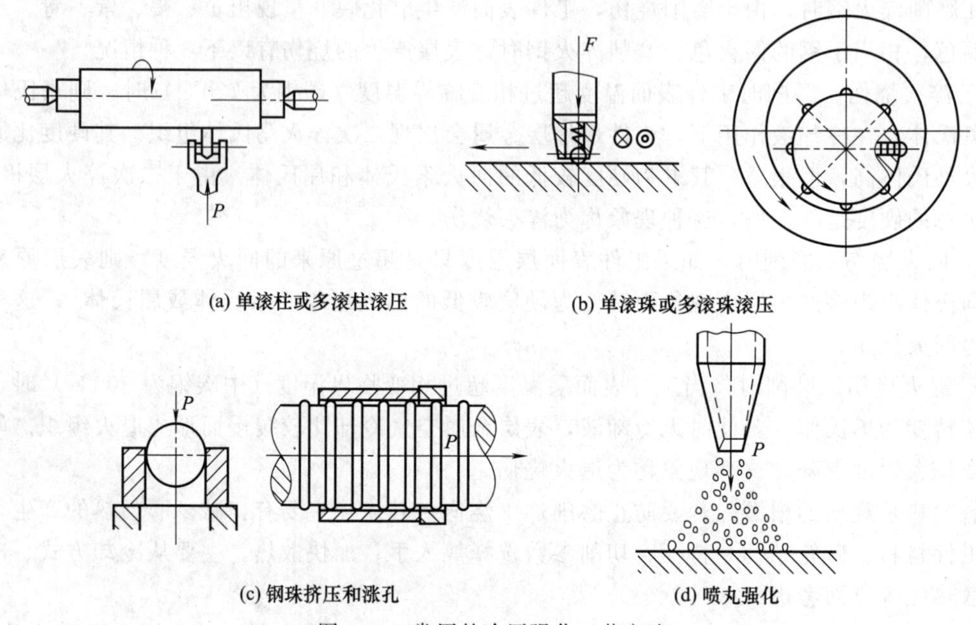

图 5-13 常用的冷压强化工艺方法

a. 滚压加工。滚压加工是在常温下通过淬硬的滚压工具（滚轮或滚珠）对工件表面施加压力，使其产生塑性变形，将工件表面上原有的波峰填充到相邻的波谷中，从而减小表面粗糙度值，并在其表面产生冷硬层和残余压应力，使零件的承载能力和疲劳强度得以提高。滚压加工可以加工外圆、孔、平面及成型表面，通常在普通车床、转塔车床或自动车床上进行。

b. 喷丸强化。喷丸强化利用压缩空气或离心力将大量直径为 0.4～4mm 的珠丸高速打击零件表面，使其产生冷硬层和残余压应力，可显著提高零件的疲劳强度。珠丸可以采用铸铁、砂石以及钢铁制造。喷丸强化工艺可用来加工各种形状的零件，加工零件表面的硬化层深度可达 0.7mm，表面粗糙度值可由 3.2μm 减小到 0.4μm，使用寿命可提高几倍甚至几十倍。

② 化学热处理。用渗碳、渗氮或渗铬等方法，使表层变为密度较小、比体积较大的金相组织，并产生残余压应力。

能力训练

1. 名词解释

(1) 工艺系统

(2) 系统误差

(3) 误差敏感方向

(4) 原理误差

(5) 误差补偿技术

2. 简答题

(1) 普通车床的床身导轨在水平面内和铅垂平面内的直线度要求是否相同，为什么？

(2) 为减小传动链误差对加工精度的影响，应该采取哪些措施？

(3) 简述刀具热平衡之前的热变形及热平衡之后的热变形对加工精度的影响有何不同。

3. 分析题

(1) 在车床上采用双顶尖装夹加工细长轴零件，加工后发现中间粗、两端细，试分析可能原因及解决办法。

(2) 在卧式铣床上铣削键槽，如图5-14所示，加工后经测量发现靠近工件两端的深度大于中间处深度，且都比调整的设定深度尺寸小。试分析产生这一现象的原因。

(3) 试分析在转塔车床上将车刀垂直安装加工外圆时（如图5-15所示），影响直径误差的因素中，导轨在垂直面内和水平面内直线度误差，哪个影响大？与卧式车床比较有什么不同？为什么？

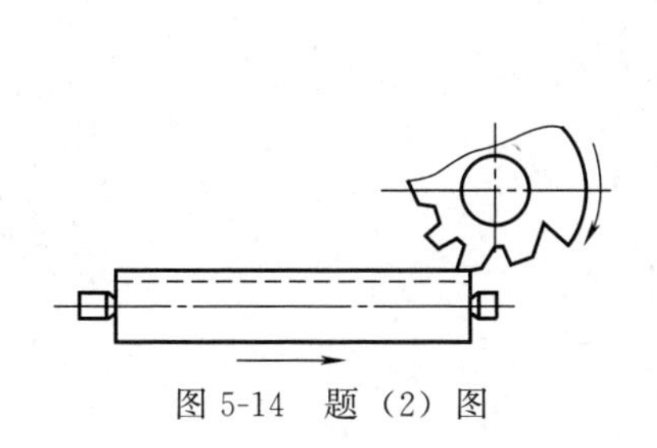

图5-14 题（2）图

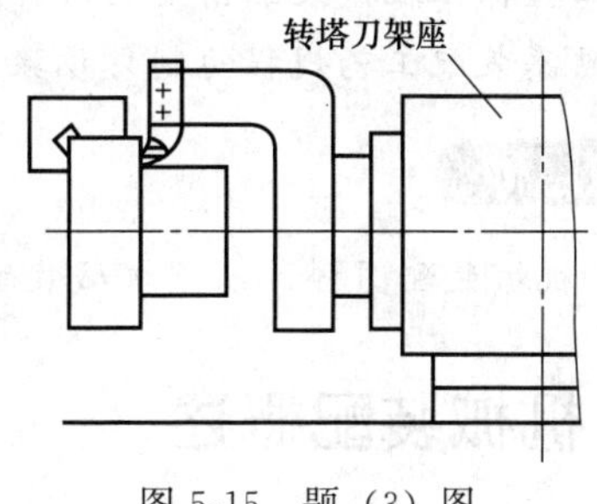

图5-15 题（3）图

第6章 机械装配工艺基础

知识目标

① 掌握机械装配的基本概念。
② 掌握装配尺寸链的计算方法。
③ 掌握保证机械装配精度的四种装配方法。
④ 熟悉装配工艺规程的制订步骤。

能力目标

根据机械装配图样，编制机械装配工艺过程卡。

6.1 机械装配概述

6.1.1 装配的概念

机械产品都是由若干个零件和部件组成的。按照规定的程序和技术要求，将零件组合和连接，使之成为部件或机器的工艺过程称为装配。前者称为部件装配，后者称为总装配。部件进入装配是有层次的：直接进入产品总装配的部件称为组件，直接进入组件装配的部件称为第一级分组件，直接进入第一级分组件装配的部件称为第二级分组件，以下类推。机械产品结构越复杂，分组件的级数就越多。

6.1.2 装配的工艺过程

装配是机械产品生产中的重要环节，其工艺过程如下。

(1) 装配前的准备工作

包括熟悉产品装配图，了解产品结构组成及部分连接形式，熟悉相关工艺文件和技术要求，确定装配方法和装配顺序，准备装配工具等。

(2) 装配工作

结构复杂的机械产品，其装配通常分为部件装配和总装配。装配工作主要内容如下。

① 清洗。进入装配的零部件，装配前要经过认真的清洗，其目的是去除黏附在零件上的灰尘、切屑和油污。常用清洗方法有擦洗、浸洗、喷洗、超声清洗等。

② 连接。装配过程中要进行大量的连接工作，有可拆卸、不可拆卸两种连接方式。可拆卸连接常见的有螺纹、键和销连接等；不可拆卸连接常见的有焊接、铆接和过盈连接等。

③ 校正、调整和配作。校正是在装配过程中通过找正、找平及相应的调整工作来确定相关零部件的相互位置关系。如车床总装中主轴箱主轴中心与尾座套筒中心的等高校正等。调整是指调节零部件的相互位置、配合间隙等，如轴承间隙、导轨副间隙及齿轮与齿条的啮合间隙的调整等。配作是指配钻、配铰、配刮、配磨等在装配过程中附加的一些钳工和机械加工工作。

④ 平衡。对高速回转的机械，为防止使用中出现振动，装配时需对回转零部件进行平衡试验。平衡方法有静平衡和动平衡两种：对大直径小长度零件可采用静平衡；对大长度零件则要采用动平衡。

⑤ 检验和验收。检验是指按机械产品的技术要求对其装配精度进行检测，如车床主轴的端面圆跳动、径向圆跳动等。验收是指机械产品装配完以后，按一定的标准，采用一定的方法，对其规定项目进行检验，以确定是否达到设计要求的技术指标。

⑥ 试车。试车是检查机械产品在动态运行条件下的工作情况，如振动、噪声、转速、功率、工作升温等。

(3) 装配后的工作

包括喷漆、涂油、装箱等。

6.1.3　装配生产的组织形式

根据产品结构特点和生产批量，装配生产通常有两种组织形式。

① 固定式装配。它是将产品或部件的全部装配工作安排在一个固定的场地上进行。其特点是产品位置不变，所需零部件均向它集中，由一组工人完成装配工作。例如，在单件、中小批生产中，因重量和尺寸较大，装配时不便移动的重型机械；以及机体刚性较差，因移动会影响装配精度的产品，均宜采用固定式装配的组织形式。

② 移动式装配。它是将零件或部件置于装配线上，通过连续或间歇的移动使其顺次经过各装配工作位，从而完成全部装配工作。其特点是装配过程分得较细，每个工作地重复完成固定的工序，广泛采用专用的设备及工具，生产率很高，多用于大批生产。

6.1.4　装配精度

(1) 装配精度的概念

装配精度是指产品装配后实际达到的精度，一般包括相关零部件间的距离精度、相互位置精度、相对运动精度、相互配合精度、接触精度、传动精度、噪声和振动等。各类装配精度间有着密切的关系：相互位置精度是相对运动精度的基础；相互配合精度对距离精度、相互位置精度及相对运动精度的实现有一定的影响。为确保产品的可靠性和精度保持性，一般装配精度要稍高于精度标准的规定。

各类通用的机械产品的精度标准已由国家标准、部颁标准所规定。对于无标准可循的产品，应根据用户的使用要求，参照经过实践检验的类似产品的数据，制定企业标准。

(2) 装配精度与零件精度间的关系

机械产品是由许多零部件装配而成的，装配精度与相关零部件制造误差的累计有关，特别是关键零件的加工精度。如图 6-1 中，卧式车床主轴回转中心与尾座套筒中心要求等高，

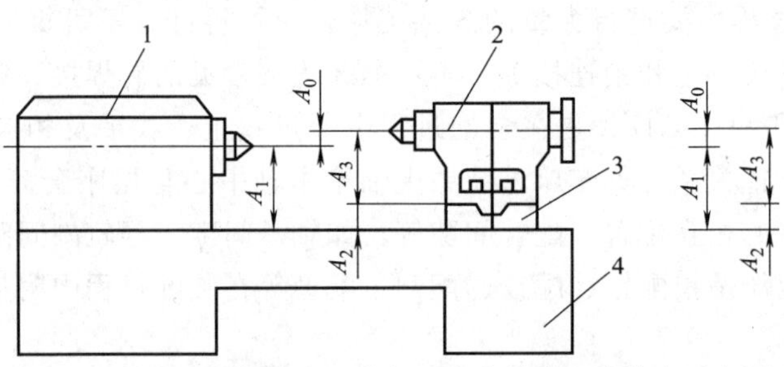

图 6-1　卧式车床主轴中心线与尾座套筒中心线等高示意图

1—主轴箱；2—尾座；3—尾座底板；4—床身

装配精度为 A_0。A_0与主轴箱、尾座和底板的尺寸精度（A_1、A_2和 A_3）直接相关。因此必须合理地规定和控制零件的制造精度，使它们在装配时产生的误差累积不超过装配精度的要求。

另一方面，装配精度又取决于装配方法，在单件小批生产及装配精度要求较高时，装配方法尤为重要。如果靠提高尺寸 A_1、A_2和 A_3的尺寸精度来保证是不经济的，甚至在技术上也是很困难的。此时需要根据生产量、零件加工难易程度和选定的装配方法，确定相关零件的制造精度（通常按经济加工精度来确定零件的精度），使之易于加工。比较合理的办法是在装配中通过检测，对某个零部件进行适当的修配来保证装配精度。

因此，机械产品的装配精度不但取决于零件的制造精度，而且取决于装配方法。

(3) 装配精度的影响因素

① 加工精度。零件的加工精度是保证产品装配精度的基础，一般来说，高精度的零件是获得高精度机器的基础。零件加工精度的一致性对装配精度影响很大。

② 表面质量。零件配合表面的粗糙度、配合表面间的接触质量（如接触面积的大小和位置），对配合性质产生影响，从而影响配合表面的接触刚度。因此，提高配合和接触面质量，有利于提高机器的精度、刚度、抗振性和寿命等。

③ 零件变形。零件在加工和装配过程中，因力、热、内应力等所引起的变形对装配精度也会产生很大的影响。

④ 装配方法。零件的加工精度是影响产品装配精度的首要因素，而装配方法的选用对装配精度也有很大的影响，尤其是在单件小批量生产以及装配要求较高时，靠提高零件加工精度的方法往往不经济甚至不能满足装配要求，此时需要采用合适的装配方法来保证装配精度要求。

6.2 装配尺寸链

6.2.1 装配尺寸链的概念

在产品或部件的装配中，以所要保证的装配精度或技术要求作为封闭环，以与之相关的零件的尺寸和相互位置关系作为组成环，建立的封闭尺寸组，称为装配尺寸链。在装配关系中，对装配精度或技术要求有直接影响的零部件的尺寸和相互位置关系，是装配尺寸链的组成环。它也有增环和减环之分。例如，图 6-2 所示的孔轴配合关系中，配合间隙 A_0与孔径 A_1、A_2构成了一条装配尺寸链。其中 A_0为封闭环，A_1为增环，A_2为减环。

按照装配尺寸链中各组成环的几何特征和所处的空间位置，装配尺寸链分为以下几种形式。

① 线性尺寸链。由相互平行的长度尺寸组成的尺寸链，所涉及的问题一般是长度尺寸的精度问题。如图 6-2 所示的孔轴配合尺寸链。同轴度、对称度等定位性的位置精度相当于基本尺寸等于零的尺寸，因此由这些精度项目组成的尺寸链也属于线性尺寸链。

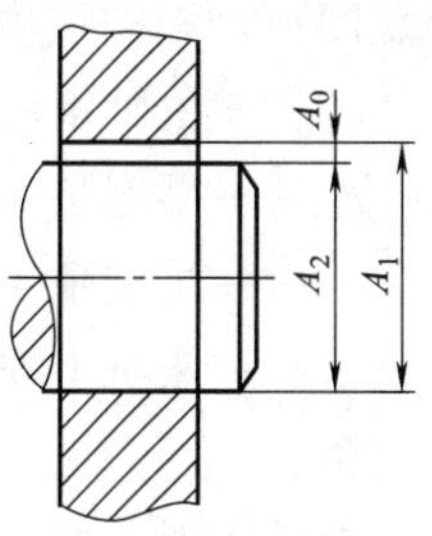

图 6-2　孔和轴的装配尺寸链

② 角度尺寸链。由角度尺寸组成的尺寸链。平行度可看成是基本尺寸等于 0°的角度，垂直度可看成是基本尺寸等于 90°的角度。因此，由平行度、垂直度等定向性的位置精度组成的尺寸链也属于角度尺寸链。如图 6-3 所示的台式钻床，装配精度要求是主轴与工作台面的垂直度 α_0，与其相关的精度是工作台面对立柱导轨面垂直度 α_2、立柱导轨面与主轴平行度 α_1，α_0、α_1 和 α_2 构成了角度尺寸链。

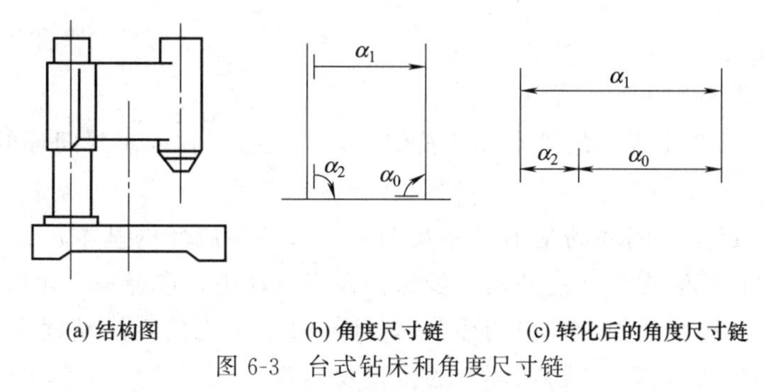

图 6-3　台式钻床和角度尺寸链

③ 平面尺寸链。由位于同一平面或相互平行的平面内的成角度关系布置的长度尺寸和位置精度要求构成的尺寸链。

④ 空间尺寸链。由位于三维空间的成角度关系布置的长度尺寸和位置精度要求构成的尺寸链。

6.2.2　装配尺寸链的建立

正确地建立装配尺寸链是进行尺寸链计算的前提。装配尺寸链建立过程如下。

首先根据装配精度要求确定封闭环，再以封闭环两端的零件为起点，沿着装配精度要求的位置方向，以相邻零件装配基准面为联系线索，按顺序逐个查明装配关系中影响装配精度的各有关零件，直到在同一装配基准面上重合。其间连接两个装配基面的所有几何尺寸和位置关系，都是该装配尺寸链的组成环。最后是判断组成环的性质，即增、减环。

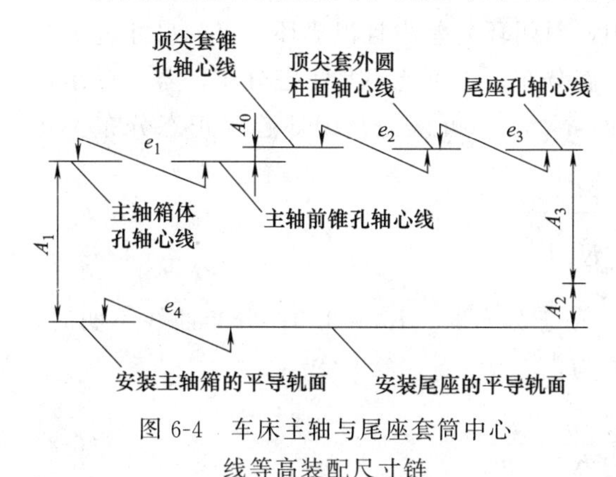

图 6-4　车床主轴与尾座套筒中心线等高装配尺寸链

在确定和查找尺寸链时应注意以下原则。

① 简化原则。确定和查找装配尺寸链时，在保证装配精度的前提下，可忽略那些对封闭环影响很小的组成环，以适当简化装配尺寸链。例如，图 6-4 车床主轴与尾座中心线等高

示意图中，影响该项装配精度的因素除 A_1、A_2、A_3 三个尺寸外，还有：

e_1——主轴滚动轴承外圈与内孔的同轴度误差；

e_2——尾座顶尖套锥孔与外圈的同轴度误差；

e_3——尾座顶尖套与尾座孔配合间隙引起的向下偏移量；

e_4——床身上安装床头箱和尾座的平导轨间的高度差。

由于 e_1、e_2、e_3、e_4 的数值相对于 A_1、A_2、A_3 的误差很小，故忽略。但在精密装配中，应计入对装配精度有影响的所有因素，不可随意简化。

② 最短路线原则。在查找装配尺寸链时，每个相关的零部件只能有一个尺寸作为组成环列入装配尺寸链中，即将连接两个装配基准面间的位置尺寸直接标注在零件图上。这样，组成环的数目就等于有关零部件的数目，即一件一环，这就是零部件的最短路线原则。

6.2.3 装配尺寸链的计算

(1) 计算类型

装配尺寸链计算有以下三种情况。

① 正计算法。已知组成环的基本尺寸及偏差，带入公式，求出封闭环的基本尺寸偏差，计算比较简单。

② 反计算法。已知封闭环的基本尺寸及偏差，求各组成环的基本尺寸和偏差。下面介绍利用“协调环”计算装配尺寸链的基本步骤：在组成环中，选择一个比较容易加工或在加工中受到限制较少的组成环作为“协调环”，其计算过程是先按经济精度确定其他环的公差及偏差，然后利用公式计算出“协调环”的公差及偏差。

③ 中间计算法。已知封闭环及组成环的基本尺寸和偏差，求另一组成环的基本尺寸及偏差，计算也较简单。

(2) 计算方法

装配尺寸链的计算方法有极值法和概率法。

① 极值法。极值法的特点是易于理解，计算简单，但它没有考虑各个环对应零件的实际尺寸出现的频率，当封闭环公差小且组成环较多时，分配给各组成环的平均公差很小，使加工困难，制造成本增加。

② 概率法。概率法是建立在概率论原理上，考虑各环尺寸出现的频率，建立封闭环与各组成环关系的方法。它适合于大批大量生产中，封闭环公差小且组成环又多的尺寸链中。

实际生产时，各组成环的尺寸分布可能是正态分布，也可能不是正态分布。若没有相差很悬殊的公差值，则只要组成环的个数足够（如 $n \geqslant 4$），可认为封闭环趋于正态分布。此时，封闭环与各组成环公差之间的关系有：

$$T_0 = \sqrt{\sum_{i=1}^{n} K_i^2 T_i^2} \tag{6-1}$$

式中，K_i 为第 i 个组成环的相对分布系数。正态分布时，$K_i = 1.0$；分布曲线不明时，取 $K_i = 1.5$。各组成环分布相同时，其平均公差为：

$$T_{av} = \frac{T_0}{K\sqrt{n}} = \frac{\sqrt{n}}{K} \times \frac{T_0}{n} \tag{6-2}$$

式中，n 为组成环的数目。

上式表明，对于各组成环的平均公差，概率法比极值法放大了$\sqrt{n}$倍，n值愈大，放大倍数愈多。

若各组成环呈正态分布，如图 6-5 所示，则组成环尺寸分布中心与公差带中心是重合的，此时组成环的平均尺寸A_{iav}按下式计算：

$$A_{iav}=A_i+\Delta_i \tag{6-3}$$

式中　A_i——组成环的基本尺寸；

Δ_i——组成环公差带中心对基本尺寸的坐标值，称为组成环的中间偏差。

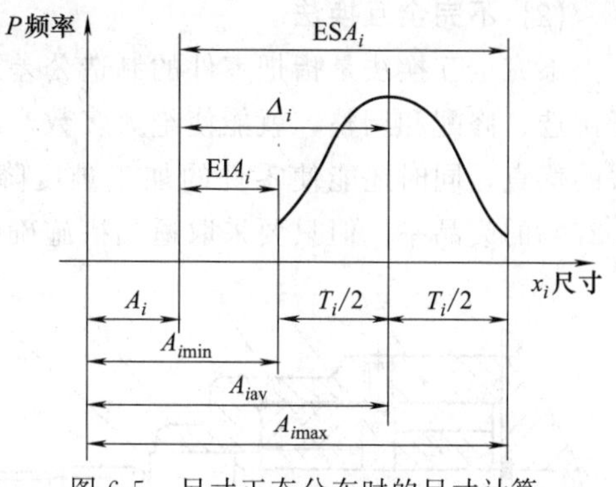

图 6-5　尺寸正态分布时的尺寸计算

（注：$A_{i\max}$、$A_{i\min}$含义同第 4 章，此处不作说明）

根据尺寸链计算公式，封闭环的中间偏差Δ_{0av}等于增环中间偏差的代数和减去减环中间偏差的代数和，即：

$$\Delta_{0av}=\sum_{i=1}^{m}\overrightarrow{\Delta}_{iav}-\sum_{i=m+1}^{n}\overleftarrow{\Delta}_{iav} \tag{6-4}$$

封闭环的上、下偏差可按下式计算：

$$\begin{aligned}ESA_0&=\Delta_{0av}+T_0/2\\ EIA_0&=\Delta_{0av}-T_0/2\end{aligned} \tag{6-5}$$

6.3　保证装配精度的方法

机械产品的装配精度如果均由零件的加工精度来保证，那么装配工作只是简单的连接和组合。但是，当装配精度要求很高时，会因零件加工精度要求高而使加工困难，甚至无法加工。因此，实际生产中零件加工往往是按经济精度要求，使加工容易，而装配时采取一定的工艺措施，如互换、选配、修配、调整等，从而达到装配精度要求。下面介绍机械产品装配中常用的装配方法。

6.3.1　互换装配法

互换装配法是用控制零件的加工误差直接保证产品精度要求，即装配时所有零件不需要挑选、修配和调整，直接组装即可达到规定的装配精度要求的一种方法。按照互换程度的不同，它分为完全互换法和不完全互换法两种形式。

(1) 完全互换法

完全互换法是指零件按图样要求加工，装配时不需要进行任何挑选、修配和调整，就能完全达到装配精度要求的一种方法。完全互换法的优点是装配工作简单，对工人技术水平要求不高，装配生产率高，易于组织装配流水线和自动线，方便企业间协作和用户维修；其缺点是对零件的加工精度要求高，如果组成环较多且装配精度要求高时，零件加工困难甚至无法实现。

因此，只要制造公差能满足机械加工的经济精度要求，无论何种生产类型，均应优先采用完全互换法。完全互换法的装配尺寸链用极值法进行计算。若装配精度要求过高、零件加工困难或不经济，在大批量生产时，可考虑不完全互换法。

(2) 不完全互换法

不完全互换法是指把零件的制造公差适当放大，使加工容易而且经济，装配时不需要进行挑选、修配和调整，就能使绝大多数产品达到装配精度要求的一种方法。它具有完全互换法的优点，同时还能使零件的加工难度降低。从理论而言，该方法使零件装配后，会出现0.27%的废品率。但只要采取适当措施确保加工过程稳定，不合格的数量是很少的，对装配工作影响不大。不完全互换法适合于大批量生产中装配精度较高、组成环又较多的场合。采用不完全互换法装配时，装配尺寸链一般用概率法进行计算。

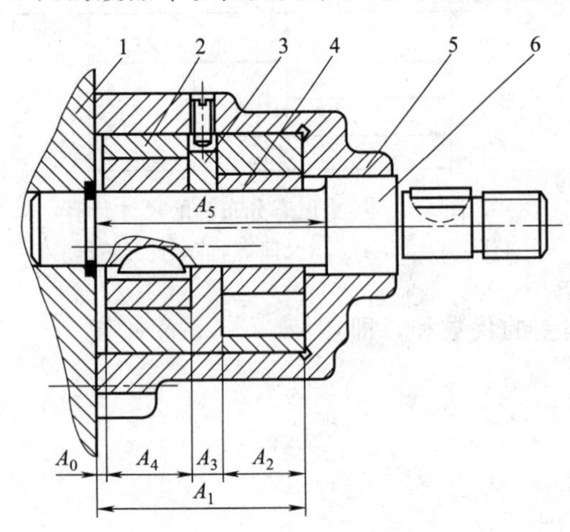

图 6-6 双联转子泵装配简图
1—机体；2—外转子；3—隔板；4—内转子；5—壳体；6—轴

例 1 双联转子泵装配简图如图 6-6 所示，轴向装配间隙要求 0.05～0.15mm，已知各组成环尺寸为：$A_1=41$mm，$A_2=A_4=17$mm，$A_3=7$mm，分别按“极值法”和“概率法”确定各尺寸的公差和极限偏差。

解：

(1) 建立装配尺寸链

根据图 6-6，壳体、左内外转子、隔板、右内外转子的轴向尺寸 $A_1\sim A_4$ 与装配间隙要求 A_0 构成封闭尺寸链，其中 A_0 是封闭环，A_1 是增环，其余为减环。由于内、外转子的厚度尺寸相同，故可看成是一个零件。装配尺寸链见图 6-6。

(2) 极值法计算

① 计算封闭环的基本尺寸及其公差。

由式（4-3）得，$A_0=A_1-A_2-A_3-A_4=41-17-7-17=0$

故 $$A_0=0^{+0.15}_{+0.05}\text{mm}$$

封闭环的公差为 $T_0=0.15-0.05=0.1$mm

② 计算各组成环的平均公差。

由式（4-8）得，组成环的平均公差

$$T_{av}=\frac{T_0}{n}=\frac{0.1}{4}=0.025\ (\text{mm})$$

③ 选协调环，分配各组成环公差，并确定偏差。

选择一个容易加工的尺寸作为“协调环”，留待最后计算。根据组成环平均公差的大小，结合各组成环尺寸大小、加工难易等情况，制订其公差，并按“入体”方向标注其偏差。

由图 6-6 可知，隔板结构简单，加工容易，故选隔板尺寸 A_3 作为协调环；A_1 尺寸较大，又是内表面，加工较难，应多给些公差，故取 $T_1=0.05$mm，$T_2=T_4=0.02$mm。

由式（4-8）得，$T_0=T_1+T_2+T_3+T_4$，则 $T_3=T_0-T_1-T_2-T_4=0.1-0.05-2\times0.02=0.01$ (mm)

按“入体”方向标注偏差，得

$$A_1=41^{+0.05}_{0}\text{ mm},\ A_2=A_4=17^{\ 0}_{-0.02}\text{mm}$$

④ 确定协调环 A_3 的偏差。

由式（4-6）得，$ESA_0=ESA_1-EIA_2-EIA_3-EIA_4$，则

$EIA_3=ESA_1-EIA_2-EIA_4-ESA_0=0.05-(-0.02)-(-0.02)-0.15=-0.06$（mm）

由式（4-7）得，$EIA_0=EIA_1-ESA_2-ESA_3-ESA_4$，则

$ESA_3=EIA_1-ESA_2-ESA_4-EIA_0=0-0-0-0.05=-0.05$（mm）

故 $$A_3=7_{-0.06}^{-0.05}\text{mm}$$

(3) 概率法计算（设各组成环尺寸均为正态分布）

① 计算封闭环的基本尺寸及其公差。同极值法。

② 计算各组成环的平均公差。

由式（6-2）得，

$$T_{av}=\frac{T_0}{\sqrt{n}}=\frac{0.1}{\sqrt{4}}=0.05\ (\text{mm})$$

③ 选协调环，分配各组成环公差，确定其偏差。

选 A_3 为协调环。取 $T_1=0.08$mm，$T_2=T_4=0.04$mm。

由式（6-1）得，

$$T_0=\sqrt{T_1^2+T_2^2+T_3^2+T_4^2}$$

则 $T_3=\sqrt{T_0^2-T_1^2-T_2^2-T_4^2}=\sqrt{0.1^2-0.08^2-2\times0.04^2}=0.02$（mm）

按"入体"方向标注偏差，得 $A_1=41_{0}^{+0.08}$mm，$A_2=A_4=17_{-0.04}^{0}$mm

④ 确定协调环 A_3 的偏差。

计算各环的平均偏差：

$$\Delta_{0av}=\frac{0.15+0.05}{2}=0.1\ (\text{mm})$$

$$\Delta_{1av}=\frac{0.08+0}{2}=0.04\ (\text{mm})$$

$$\Delta_{2av}=\frac{0+(-0.04)}{2}=-0.02\ (\text{mm})$$

由式（6-4）得，$\Delta_{0av}=\Delta_{1av}-\Delta_{2av}-\Delta_{3av}-\Delta_{4av}$，则

$$\Delta_{3av}=0.04-2\times(-0.02)-0.1=-0.02\ (\text{mm})$$

由式（6-5）得

$$EIA_3=\Delta_{3av}-\frac{T_3}{2}=-0.02-\frac{0.02}{2}=-0.03\ (\text{mm})$$

$$EIA_3=\Delta_{3av}+\frac{T_3}{2}=-0.02+\frac{0.02}{2}=-0.01\ (\text{mm})$$

故 $$A_3=7_{-0.03}^{-0.01}\text{mm}$$

由本例可知，用概率法比用极值法可使各组成环获得更多的公差。

6.3.2 选择装配法

选择装配法是将相关零件按经济精度加工，然后选择合适的零件进行装配，以保证规定的装配精度要求的方法。这种方法就是当装配精度要求极高、零件制造公差限制很严时，致使零件几乎无法加工，可将零件的公差放大到经济可行的程度，然后按实测尺寸将零件分

组，按对应组分别进行装配，以达到装配精度要求的一种装配方法。选择装配法有以下三种形式。

(1) 直接选配法

它是装配工人直接从许多待装配零件中凭经验挑选合适的互配件进行装配的方法。其优点是零件的加工公差可取较大，通过选配，达到很高装配精度；缺点是选件费时，装配质量取决于工人的技术水平，不便于流水作业和自动装配。

(2) 分组选配法

它是将互配零件的公差放大几倍，使其按经济精度进行加工。装配前先对零件进行测量，并分组，然后按对应组的相配零件进行互换装配。它适合于装配精度要求较高、组成件较少、成批大量生产的场合，如滚动轴承的装配。

汽车发动机活塞销与活塞销孔的装配如图 6-7 所示，要求冷态时的装配过盈量为 0.0025～0.0075mm，即封闭环公差 $T_0=0.005$mm。当按极值法计算时，各组成环的平均公差 $T_{av}=0.0025$mm，轴径尺寸 $\phi28_{-0.0025}^{\ 0}$ mm，孔径尺寸 $\phi28_{-0.0075}^{-0.005}$ mm。因此，加工困难且不经济。

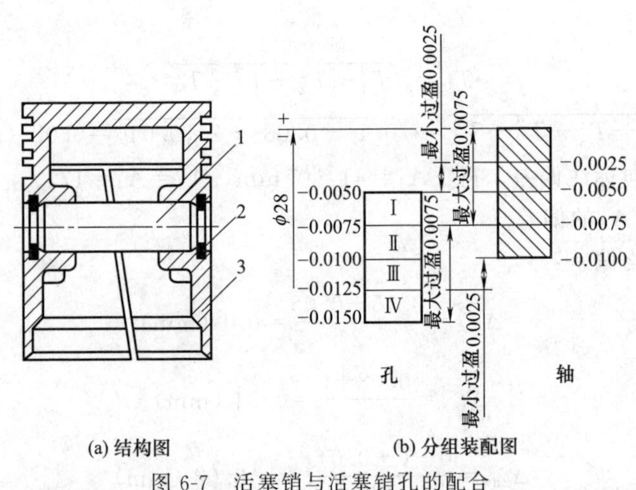

(a) 结构图　　(b) 分组装配图

图 6-7　活塞销与活塞销孔的配合

1—活塞销；2—挡圈；3—活塞

现将孔、轴的尺寸公差往同方向放大 4 倍，得孔径 $D=\phi28_{-0.015}^{-0.005}$ mm，轴径 $d=\phi28_{-0.01}^{\ 0}$ mm，这样活塞销可用无心磨、活塞销孔可用金刚镗的方法加工。加工后用精密量具测量销和销孔的实际尺寸，按实测尺寸将活塞和活塞销分成 4 组，分别涂上不同颜色方便区分。活塞销与活塞销孔的分组尺寸见表 6-1。

表 6-1　活塞销与活塞销孔的分组尺寸　　mm

组别	标志颜色	活塞销孔直径 $D=\phi28_{-0.015}^{-0.005}$	活塞销直径 $d=\phi28_{-0.01}^{\ 0}$	配合情况	
				最小过盈	最大过盈
Ⅰ	黑	$\phi28_{-0.0075}^{-0.0050}$	$\phi28_{-0.0025}^{\ 0}$	0.0025	0.0075
Ⅱ	白	$\phi28_{-0.0100}^{-0.0075}$	$\phi28_{-0.0050}^{-0.0025}$		
Ⅲ	黄	$\phi28_{-0.0125}^{-0.0100}$	$\phi28_{-0.0075}^{-0.0050}$		
Ⅳ	红	$\phi28_{-0.0150}^{-0.0125}$	$\phi28_{-0.0100}^{-0.0075}$		

采用分组选配法时应注意以下几点。

① 配合件的公差应相等，公差要向同方向增大，增大的倍数应等于分组数。

② 配合件的表面粗糙度、形位公差必须保持原设计要求，不能随着公差的放大而降低粗糙度要求和放大形位公差。

③ 为保证零件分组后在装配时各组数量相匹配，应使配合件的尺寸分布为相同的对称分布（如正态分布）。如果为不对称分布曲线，将造成各组相配零件数量不等，使一些零件积压浪费。在实际生产中，常常专门加工一些与剩余件相匹配的零件，以解决零件配套问题。

④ 分组数不宜过多，零件尺寸公差只要放大到经济加工精度即可，否则会因零件的测量、分类、保管工作量的增加而使生产组织工作复杂，甚至造成生产过程的混乱。

(3) 复合选配法

复合选配法是上述两种方法的结合，即零件先分组，再在组内选配。其特点是配合公差可以不等，装配精度高，耗时较少，能满足一定的生产节拍的要求。该方法适合于装配精度要求较高、组成件较少、成批大量生产的场合，如发动机中气缸与活塞的装配。

6.3.3 修配装配法

修配装配法是将各组成环按经济精度加工，装配时，通过锉、刮、研、磨等方法改变尺寸链中某一预定的组成环（修配环）尺寸来保证装配精度的方法。由于对这一组成环的装配是为了补偿其他各组成环的累积误差，故又称为补偿环。这种方法的关键问题是确定修配环在加工中的实际尺寸，使修配环有足够的、最小的修配量。

该方法的优点是可获得很高的装配精度且接触刚度高，而零件按经济精度加工；其缺点是零件修配工作量较大，装配质量受工人技术水平限制，不易预计工时，不便组织流水作业。它适合于成批生产中封闭环公差要求较严、组成环多或单件小批生产中封闭环公差要求较严、组成环较少的场合。修配装配法有以下三种形式。

(1) 单件修配法

它是指在多环尺寸链中，选定某一固定的零件作为修配件，装配时用去除金属层的方法改变其尺寸，装配后再根据超差情况对该修配环进行补充加工，以达到装配精度要求。此方法生产中应用最广泛。

例如，图6-8所示装配关系中，床身导轨与压板之间的间隙 A_0 靠修配压板的 C 面或 D 面来保证，A_2 为修配环。装配时通过多次试装、测量、拆下修配 C 面或 D 面，最后保证装配间隙 A_0。

修配环一般按下述要求选择：结构尽可能简单、重量轻、加工面积小、易加工、容易独立安装和拆卸，此外，修配件修配后不能影响其他装配精度，因此不能选择并联尺寸链中的公共环作为修配环。

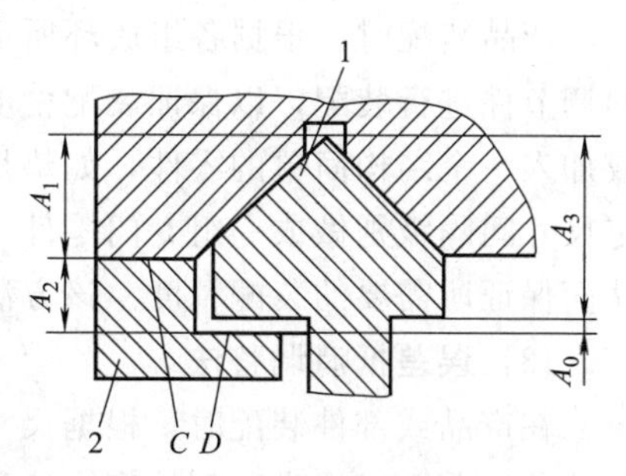

图6-8　机床导轨间隙装配关系

1—床身导轨；2—压板

(2) 合并加工修配法

它是将两个或更多个零件合并或装配在一起进行加工修配的方法。合并后的零件作为一个组成环进入装配尺寸链，减少了组成环数，有利于减少修配量。但经合并加工后的零件不具有互换性，要配对加工，给组织生产带来不便，因此，多用于单件小批量生产中。

例如，图 6-6 所示的双联转子泵中的内外转子，就是用合并加工的办法一起磨削其两端面，从而保证内外转子的厚度尺寸一致。

(3) 自身加工修配法

在机床总装时，利用机床本身的切削加工能力，用自身加工的方法来保证某些装配精度，称为自身加工修配法。

例如，牛头刨床总装时，直接在其刀架上装上刨刀去精刨工作台面，从而直接保证滑枕与工作台面的平行度；平面磨床装配时自己磨削自己的工作台面，以保证工作台面与砂轮轴的平行度；立式车床装配时对其工作台面的“自车”，以保证立式车床主轴相对工作台面的垂直度要求等。

6.3.4 调整装配法

调整装配法与修配装配法相似，即各零件公差仍可按经济精度的原则来确定，并且仍选择一个组成环为补偿环，但两者在改变补偿环尺寸的方法上有所不同。修配法采用机械加工的方法去除补偿环零件上的金属层，改变其尺寸，以补偿因各组成环公差扩大后产生的累积误差。调整法采用改变补偿环零件的位置或对补偿环的更换来补偿其累积误差，以保证装配精度。常见的调整方法有可动调整法、固定调整法和误差抵消调整法三种。

(1) 可动调整法

采用改变调整零件的位置来保证装配精度的方法称为可动调整法。它是通过改变调整件的位置（移动、旋转或两者兼有）来保证精度的装配方法。例如，图 6-9 所示数控机床滚珠丝杠的间隙调整机构，滚珠螺母 2 和 5 均由平键 1 限制其转动，调整时松开锁紧螺母 4，拧动调整螺母 3 即可使螺母 5 产生轴向移动，从而消除滚珠丝杠的间隙。

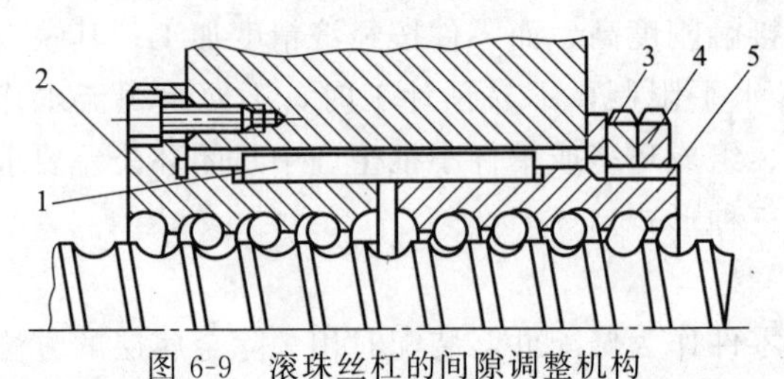

图 6-9 滚珠丝杠的间隙调整机构

1—平键；2,5—滚珠螺母；3—调整螺母；4—锁紧螺母

可动调整法不需拆卸零件，调整方便，能获得比较高的装配精度。常用的调整件有螺栓、楔铁、挡环等。该方法不仅能获得较理想的装配精度，而且在产品使用中，由于零件磨损使装配精度下降时，可重新调整补偿件的位置使产品恢复原有精度。因此，该方法广泛应用于生产实际中。

(2) 固定调整法

产品装配时，根据各组成环所形成累积误差的大小，在调节环中选定一个尺寸等级合适的调节件进行装配，以保证装配精度，这种方法称为固定调整法。它是在装配尺寸链中选择或加入一个结构简单的零件，如垫片、垫圈、隔套等，以此作为调节环，事先将该零件按一定尺寸间隔级别做成一组专门零件，装配时根据具体情况选用其中某一级别的零件做补偿，从而保证所需要的装配精度。该方法适合于大批量生产中。

(3) 误差抵消调整法

在产品或部件装配时，根据尺寸链中某些组成环误差的方向作定向装配，使其误差互相抵消一部分，以提高装配精度，这种方法叫作误差抵消调整法。其实质与可动调整法类似。这种方法可以获得较高的装配精度，但增加了辅助时间，对工人技术水平要求也较高，一般适合于批量不大的机床装配中。如车床主轴装配时，通过调整主轴前后轴承的径向圆跳动方向来控制主轴径向圆跳动。在滚齿机工作台分度蜗轮装配中，采用调整二者偏心方向来抵消误差以提高二者的同轴度。

6.4　装配工艺规程的制订

装配工艺规程是规定产品及其部件的装配顺序、装配方法、装配技术要求及其检验方法、装配所需设备和工夹具以及装配时间定额的技术文件。它是指导现场装配操作和生产技术准备的重要依据。装配工艺规程的制订合理与否对装配质量、装配效率、生产成本及人工劳动强度等均有很大影响。

6.4.1　制订装配工艺规程的基本原则及原始资料

(1) 制订装配工艺规程的基本原则

① 保证产品的装配质量，力求提高装配质量以延长产品的使用寿命。

② 合理安排装配工序，尽量减少钳工装配工作量，缩短装配线的装配周期，提高装配效率，降低装配成本。

(2) 制订装配工艺规程的原始资料

① 产品的总装图和部件装配图，必要时还应有重要零件的零件图。

② 验收技术标准，它是制订装配工艺的主要依据之一。

③ 产品的生产纲领。

④ 现有生产条件，包括本厂装配工艺条件、工人技术水平、车间作业面积等。

6.4.2　制订装配工艺规程的步骤

(1) 研究产品的装配图及验收标准

审核产品图样的完整性和正确性；审核产品装配的技术要求和验收标准；综合产品结构特点、生产条件，选择实现装配工艺的方法，必要时应用装配尺寸链进行分析和计算。

(2) 确定装配组织形式

依据产品的结构特点（尺寸和重量等）和生产纲领，结合现有的生产技术条件和设备，确定装配组织形式，即固定式装配或移动式装配。产品装配的组织形式直接影响装配工艺规程的制订，装配的组织形式不同，相应装配单元的划分、装配工序的集中和分散程度，装配时的运输方式以及工作场地的组织与管理等均有所不同。

(3) 划分装配单元

划分装配单元就是从工艺角度出发，将产品分解成可以独立装配的单元，即分成组件和各级分组件。划分装配单元时，应选定某一零件或比它低一级的装配单元作为装配基准件。装配基准件通常应是产品的基体或主干零部件。基准件应有较大的体积和重量，有足够的支承面，以满足陆续装入零部件时的作业要求和稳定要求。例如，床身零件是床身组件的装配基准件；床身组件是床身部件的装配基准组件；床身部件是机床产品的装配基准部件。

(4) 确定装配顺序

确定装配顺序的要求是，在保证装配精度要求的前提下，尽量使装配工作方便进行，前面工序不妨碍后面工序操作，后面工序不损害前面工序的质量。在确定装配顺序时，需预先选定一装配基准件。确定装配基准件后，可以确定其他零件或装配单元的装配顺序，确定各分组件、组件、部件和产品的装配顺序，最后将装配工艺系统图规划出来。图 6-10 为车床床身装配图，图 6-11 为它的装配工艺系统图。

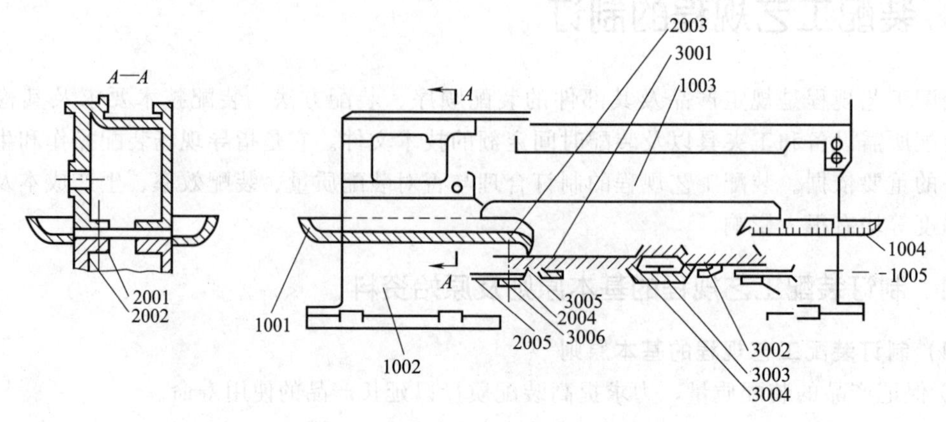

图 6-10　卧式车床床身装配简图

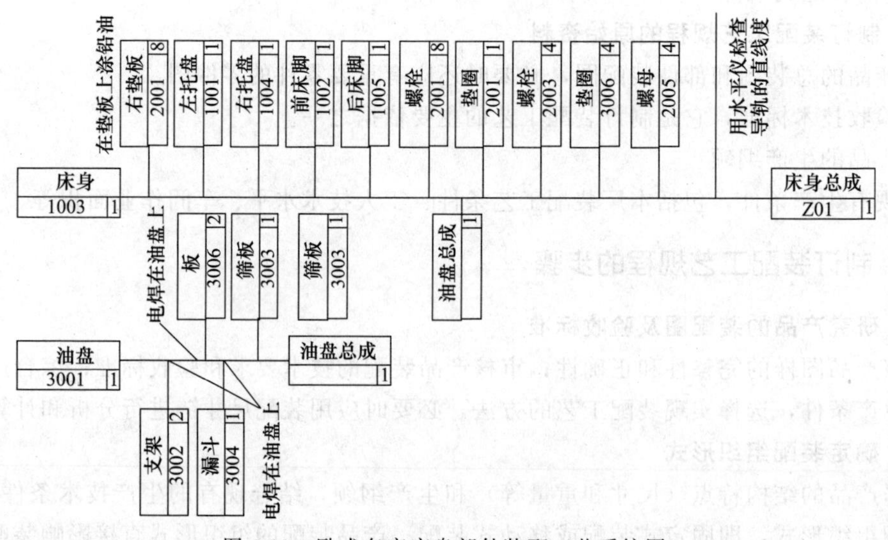

图 6-11　卧式车床床身部件装配工艺系统图

(5) 选择装配方法

根据产品结构、装配精度要求和生产纲领等，选择包括机械化、手工和自动化等装配手段以及保证装配精度的装配方法。大批量生产多采用机械化、自动化的装配手段以及互换法和调整法等装配方法来达到装配精度的要求；单件小批生产多采用手工装配手段以及修配法来达到装配精度的要求。

(6) 划分装配工序

装配工序的划分是根据装配工艺系统图，按照由低级分组件到高级分组件的次序，直至产品总装配完成。工序设计主要如下。

① 确定装配中各工序的顺序、工作内容及装配方法。

② 制订各工序的装配质量要求、检验项目、检测方法和工具等。

③ 制订各工序装配操作规范，如过盈配合的压入力、变温装配的装配温度等。

④ 选择装配设备和工艺装备。

⑤ 确定工序的工时定额，平衡各工序节拍，以便实现流水作业和均衡生产。

⑥ 确定装配中的运输方法和运输工具。

(7) 编制装配工艺文件

装配工艺规程的常用文件形式有装配工艺过程卡和装配工序卡。前者以工序为单位简要说明产品或部件的装配工艺过程，后者是指在工艺过程卡的基础上，单独为某道工序编制卡片，一道工序一张卡片。

单件小批生产时，一般需要编制装配工艺过程卡。中批生产时，通常也只需装配工艺过程卡，可对重点工序编制装配工序卡。成批生产时，还需制订部件、总装的装配工艺卡，写明工序次序、简要工序内容、设备名称，以及工、夹具名称和编号，工人技术等级和时间定额等。在大批大量生产中，除了制订装配工艺卡，还要制订装配工序卡，以直接指导工人进行产品装配。此外，还应按产品图样要求，制订装配检验及试验卡片。

能力训练

1. 名词解释

(1) 装配

(2) 装配精度

(3) 装配尺寸链

2. 简答题

(1) 说明零件加工精度与装配精度之间的关系。

(2) 说明影响装配精度的因素。

(3) 保证产品装配精度的方法有哪些，各适用于什么场合？

(4) 说明制订装配工艺规程的步骤。

3. 分析题

在图6-12中，减速器某轴结构的尺寸分别为 $A_1=40\text{mm}$，$A_2=36\text{mm}$，$A_3=4\text{mm}$；要求装配后齿轮端部间隙 A_0 保持在0.10～0.25mm范围内，如选用完全互换法装配，试确定 A_1、A_2、A_3 的极限偏差。

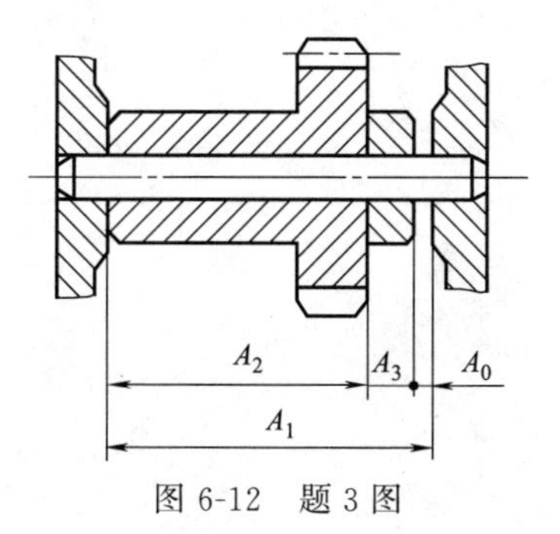

图6-12 题3图

参考文献

[1] 王启仲. 金属切削原理与刀具 [M]. 北京：机械工业出版社，2008.
[2] 刘福库，栾祥. 机械制造技术基础 [M]. 北京：化学工业出版社，2009.
[3] 李凯岭. 机械制造技术基础 [M]. 北京：清华大学出版社，2010.
[4] 孙希禄，等. 机械制造工艺 [M]. 北京：北京理工大学出版社，2012.
[5] 陈明. 机械制造工艺学 [M]. 北京：机械工业出版社，2011.
[6] 蔡光起. 机械制造技术基础 [M]. 沈阳：东北大学出版社，2002.
[7] 卢秉恒. 机械制造技术基础 [M]. 北京：机械工业出版社，2011.
[8] 薛源顺. 机床夹具设计 [M]. 北京：机械工业出版社，2013.
[9] 吴拓. 机械制造工艺与机床夹具 [M]. 北京：机械工业出版社，2006.
[10] 刘守勇，等. 机械制造工艺与机床夹具 [M]. 北京：机械工业出版社，2013.